ISO 14001:2015
(JIS Q 14001:2015)
要求事項の解説

吉田　敬史
奥野麻衣子　共著

日本規格協会

著作権について

本書は，著作権法により保護されています．本書の一部又は全部について，当会の許可なく引用・転載・複製等をすることを禁じます．

まえがき

"Build a bridge". ISO 14001 改訂 WG リーダー（主査）のスーザン・ブリッグスは，3年2か月，述べ48日間という長期にわたった作業会合を通じて忍耐強くこう呼びかけ続けた．審議の中で意見が対立し，議論が平行線をたどることがある．対立する意見の間を橋渡しする提案を求める呼びかけが"Build a bridge"である．それぞれが自らの意見の正当性や根拠を主張するだけでは前に進まない．双方が歩み寄れる"橋（bridge）"を見いだすことに価値がある．

ISO の規格は"コンセンサス（合意）"に基づいて策定される．ISO 及び IEC 規格策定のルールブックである ISO/IEC 専門業務用指針では，"コンセンサス"を"本質的な問題について，重要な利害関係者の中に妥協できない反対意見がなく，かつ，すべての関係者の見解を考慮することに努める過程及び対立した議論を調和させることに努める過程を経た上での全体的な一致"と定義されており，"コンセンサスは，必ずしも全員の一致を必要としない"との注記が付されている．特に，国際規格案（DIS）を回付する決定は，コンセンサスの原則に則って下さなければならず，"一連の原案の検討は，メンバーのコンセンサスが得られるまで継続しなければならない"と規定されている．

スーザンは，この原則を忠実に履行し，女性ならではの丁寧かつ辛抱強い審議運営を行った．本書が解説する ISO 14001:2015 は，世界の多様な概念や意見の対立を乗り越えるため，ISO 14001 改訂 WG メンバーの全員が，早朝から深夜まで真剣に議論し，幾多の賢明な"bridge"がかけられた結果，ようやく到達した国際的なコンセンサスである．独りよがりの意見の主張は簡単であるが価値はない．ISO 規格は，それが国際的なコンセンサスであるということに比類のない価値がある．

本書は，ISO 14001 改訂 WG 会合に参画したメンバーしか知り得ない議論の経緯を踏まえた，要求事項の意図の解説書である．

第1部［3.（ISO 14001 継続的改善調査とその結果）を除く］と第3部を吉田が，第1部3.と第2部を奥野麻衣子さんが執筆した．本書は，吉田が統括責任をもって取りまとめたため，本書の解説内容に関する全ての責任は吉田にある．

ISO 14001:2015 の，"コンセンサス"への長く苦しい，しかし充実した道のりを共に歩んだのは，奥野麻衣子さん（三菱UFJリサーチ＆コンサルティング株式会社）と高井玉歩さん（日本規格協会）である．

奥野さんは日本代表委員として，国際会合では常に自分の意見を堂々と主張し，海外エキスパートとの論戦にひるむことなく，しなやかに対応された．高井さんには，国内委員会事務局の激務を担っていただくとともに，国際会合でも様々な場面で助けていただいた．特に，2015年2月に東京でISO 14001 改訂WG会合を開催するに当たっては大変なご苦労をおかけしたが，多くの海外エキスパートから最高のWG会合であったとの評価をいただいた．

奥野さんと高井さんには心より"お疲れ様でした"と申し上げるとともに，"これからの日本をよろしく"とも付け加えておきたい．

環境管理規格審議委員会・環境管理システム小委員会及びISO 14001 改正検討WGの委員各位にも，業務ご多忙な中多くの時間を割いて委員会に参画いただき，真剣なご議論をいただいた．国内委員各位にも，この場を借りて心より感謝申し上げる．

本書の編集制作に当たっては，日本規格協会 出版事業グループの本田亮子さんに大変お世話になった．本田さんの丁寧な編集によって，筆者の文章の悪い癖や送り仮名の間違いなど，日本語基礎能力の欠如による数多の誤りを完璧に是正していただいた．筆者の悪文と根気強くお付き合いいただいた本田さんにはあらためてお礼申し上げたい．

2015年11月

ISO/TC 207/SC 1 日本代表委員
環境管理システム小委員会委員長

吉田　敬史

目　　次

まえがき

第 1 部　ISO 14001　2015 年改訂の概要

1. 改訂の目的と経緯 ·· 15

　1.1　ISO 14001 改訂の経緯 ··· 15
　　　（1）　ISO 14001 の誕生 ··· 15
　　　（2）　ISO 14001 の改訂 ··· 19
　1.2　ISO 14001 改訂 WG 審議の経緯 ·· 24
　　　（1）　第 1 回 WG 5 会合（ドイツ・ベルリン）····················· 25
　　　（2）　第 2 回 WG 5 会合（タイ・バンコク）························ 29
　　　（3）　第 3 回 WG 5 会合
　　　　　　（アメリカ・ニューヨーク州　ロチェスター）············ 30
　　　（4）　第 4 回 WG 5 会合（スウェーデン・ヨーテボリ）·········· 31
　　　（5）　第 5 回 WG 5 会合（ボツワナ・ガボローネ）··············· 32
　　　（6）　第 6 回 WG 5 会合（コロンビア・ボゴタ）·················· 33
　　　（7）　CD 2 投票の実施 ·· 34
　　　（8）　第 7 回 WG 5 会合（イタリア・パドヴァ）·················· 34
　　　（9）　第 8 回 WG 5 会合（パナマ・パナマ市）····················· 35
　　　（10）　DIS 投票の実施 ·· 37
　　　（11）　第 9 回 WG 5 会合（日本・東京）···························· 37
　　　（12）　第 10 回 WG 5 会合（イギリス・ロンドン）················ 40
　　　（13）　FDIS 投票の実施 ··· 42
　　　（14）　ISO 14001：2015 の発行 ·· 42

1.3 ISO 14001:2015 改訂を終えて ……………………………………… 42

2. EMS の将来課題スタディグループの勧告 ……………………… 44

2.1 EMS の将来課題スタディグループの設置と検討の経緯 …………… 44
2.2 EMS の将来課題スタディグループ報告書 ……………………………… 45

3. ISO 14001 継続的改善調査とその結果 …………………………… 56

3.1 調査の実施 ……………………………………………………………… 56
3.2 調査結果 ………………………………………………………………… 58

4. ISO 14001:2015 の理解のために ………………………………… 64

4.1 ISO 14001:2015 の構成と 2004 年版からの重要な変更点 ………… 64
　（1）戦略的な環境マネジメントへ ……………………………………… 66
　（2）プロセスの概念の導入 ……………………………………………… 67
　（3）事業プロセスへの統合 ……………………………………………… 67
　（4）経営者のリーダーシップ・責任の強化 …………………………… 68
　（5）対処すべき環境課題の拡大 ………………………………………… 69
　（6）環境パフォーマンスの重視 ………………………………………… 69
　（7）順守義務のマネジメントの強化 …………………………………… 70
　（8）ライフサイクル思考に基づく取組み ……………………………… 70
　（9）コミュニケーションの戦略的計画と実施 ………………………… 70
　（10）文書・記録などの電子化の促進 …………………………………… 71
4.2 日本語訳について ……………………………………………………… 72
　（1）JIS 原案作成の基本事項 …………………………………………… 72
　（2）JIS Q 14001:2015 の訳語で特に重要な事項 ……………………… 74
4.3 ISO 14001:2004 からの認証の移行 …………………………………… 75
　（1）認証の移行期間 ……………………………………………………… 76
　（2）認証組織に対するガイダンス ……………………………………… 76

　　　　（3）　認証機関に対するガイダンス ……………………………… 76
　　　　（4）　認定機関に対するガイダンス ……………………………… 77

第 2 部　ISO マネジメントシステム規格の整合化

1. **附属書 SL 開発の経緯** ………………………………………………… 79

   1.1　背景と目的 ……………………………………………………… 79
   1.2　JTCG の概要 …………………………………………………… 81
   1.3　JTCG の検討内容と主なアウトプット ……………………… 82
   　　（1）　マネジメントシステム規格整合化の合同ビジョン …… 83
   　　（2）　上位構造と共通テキスト ……………………………… 83
   　　（3）　用語及び定義の整合化 ………………………………… 85
   　　（4）　ISO ドラフトガイド 83 から附属書 SL へ …………… 86
   1.4　附属書 SL の適用ルール ……………………………………… 88
   1.5　附属書 SL ガイダンス文書 …………………………………… 89

2. **附属書 SL の構成** ……………………………………………………… 90

3. **用語及び定義** …………………………………………………………… 91

   3.1　組　　織 ………………………………………………………… 93
   3.2　利害関係者（推奨用語），ステークホルダー（許容用語） … 94
   3.3　要求事項 ………………………………………………………… 95
   3.4　マネジメントシステム ………………………………………… 96
   3.5　トップマネジメント …………………………………………… 97
   3.6　有　効　性 ……………………………………………………… 97
   3.7　方　　針 ………………………………………………………… 98
   3.8　目的，目標 ……………………………………………………… 98
   3.9　リ　ス　ク ……………………………………………………… 100

3.10　力　　量 ……………………………………………………… 101

　3.11　文書化した情報 ………………………………………………… 101

　3.12　プロセス ………………………………………………………… 102

　3.13　パフォーマンス ………………………………………………… 103

　3.14　外部委託する（動詞）………………………………………… 103

　3.15　監　　視 ………………………………………………………… 104

　3.16　測　　定 ………………………………………………………… 104

　3.17　監　　査 ………………………………………………………… 105

　3.18　適　　合 ………………………………………………………… 106

　3.19　不 適 合 ………………………………………………………… 106

　3.20　是正処置 ………………………………………………………… 107

　3.21　継続的改善 ……………………………………………………… 107

　3.22　その他，共通テキストを読むうえで役に立つ言葉の意図 ………… 107

4. 組織の状況 …………………………………………………………… 109

　4.1　組織及びその状況の理解 ……………………………………… 109

　4.2　利害関係者のニーズ及び期待の理解 ………………………… 111

　4.3　XXXマネジメントシステムの適用範囲の決定 …………… 113

　4.4　XXXマネジメントシステム ………………………………… 114

5. リーダーシップ ……………………………………………………… 116

　5.1　リーダーシップ及びコミットメント ………………………… 116

　5.2　方　　針 ………………………………………………………… 118

　5.3　組織の役割，責任及び権限 …………………………………… 119

6. 計　　画 ……………………………………………………………… 120

　6.1　リスク及び機会への取組み …………………………………… 120

　6.2　XXX目的及びそれを達成するための計画策定 …………… 124

7. 支　　　援 ………………………………………………………… 126

　7.1 資　　　源 ………………………………………………………… 126
　7.2 力　　　量 ………………………………………………………… 126
　7.3 認　　　識 ………………………………………………………… 127
　7.4 コミュニケーション ………………………………………………… 128
　7.5 文書化した情報 ……………………………………………………… 129
　　7.5.1 一　　　般 …………………………………………………… 129
　　7.5.2 作成及び更新 ………………………………………………… 132
　　7.5.3 文書化した情報の管理 ……………………………………… 132

8. 運　　　用 ………………………………………………………… 134

　8.1 運用の計画及び管理 ………………………………………………… 134

9. パフォーマンス評価 ……………………………………………… 137

　9.1 監視，測定，分析及び評価 ………………………………………… 137
　9.2 内部監査 ……………………………………………………………… 138
　9.3 マネジメントレビュー ……………………………………………… 141

10. 改　　　善 ………………………………………………………… 142

　10.1 不適合及び是正処置 ………………………………………………… 142
　10.2 継続的改善 …………………………………………………………… 144

第 3 部　ISO 14001:2015 の解説

序　　　文 ………………………………………………………………… 147

1. 適 用 範 囲 ………………………………………………………… 154

2. 引用規格 ··· 156
3. 用語及び定義 ··· 156
   3.1 組織及びリーダーシップに関する用語 ······················· 158
      3.1.1 マネジメントシステム ······································· 158
      3.1.2 環境マネジメントシステム ································· 158
      3.1.3 環境方針 ·· 159
      3.1.4 組　　織 ·· 159
      3.1.5 トップマネジメント ··· 160
      3.1.6 利害関係者 ··· 160
   3.2 計画に関する用語 ··· 161
      3.2.1 環　　境 ·· 161
      3.2.2 環境側面 ·· 162
      3.2.3 環境状態 ·· 164
      3.2.4 環境影響 ·· 164
      3.2.5 目的，目標 ··· 165
      3.2.6 環境目標 ·· 165
      3.2.7 汚染の予防 ··· 166
      3.2.8 要求事項 ·· 167
      3.2.9 順守義務 ·· 168
      3.2.10 リ ス ク ·· 169
      3.2.11 リスク及び機会 ·· 170
   3.3 支援及び運用に関する用語 ····································· 172
      3.3.1 力　　量 ·· 172
      3.3.2 文書化した情報 ··· 172
      3.3.3 ライフサイクル ··· 173
      3.3.4 外部委託する（動詞） ······································ 174
      3.3.5 プロセス ·· 174

3.4 パフォーマンス評価及び改善に関する用語 ………………………… 175

 3.4.1 監　　査 ……………………………………………… 175
 3.4.2 適　　合 ……………………………………………… 176
 3.4.3 不 適 合 ……………………………………………… 176
 3.4.4 是正処置 ……………………………………………… 177
 3.4.5 継続的改善 …………………………………………… 177
 3.4.6 有 効 性 ……………………………………………… 178
 3.4.7 指　　標 ……………………………………………… 178
 3.4.8 監　　視 ……………………………………………… 179
 3.4.9 測　　定 ……………………………………………… 180
 3.4.10 パフォーマンス ……………………………………… 180
 3.4.11 環境パフォーマンス ………………………………… 181

4. 組織の状況 ……………………………………………………… 181

4.1 組織及びその状況の理解 ……………………………………… 182
4.2 利害関係者のニーズ及び期待の理解 ………………………… 186
4.3 環境マネジメントシステムの適用範囲の決定 ……………… 189
4.4 環境マネジメントシステム …………………………………… 194

5. リーダーシップ ………………………………………………… 200

5.1 リーダーシップ及びコミットメント ………………………… 200
5.2 環境方針 ………………………………………………………… 209
5.3 組織の役割，責任及び権限 …………………………………… 211

6. 計　　画 ………………………………………………………… 212

6.1 リスク及び機会への取組み …………………………………… 212
 6.1.1 一　　般 ……………………………………………… 212
 6.1.2 環境側面 ……………………………………………… 221

　　　　6.1.3　順守義務 …………………………………… 229
　　　　6.1.4　取組みの計画策定 …………………………… 237
　　6.2　環境目標及びそれを達成するための計画策定 ……………… 240
　　　　6.2.1　環境目標 ……………………………………… 240
　　　　6.2.2　環境目標を達成するための取組みの計画策定 ……… 242

7. 支　　　援 …………………………………………………… 246

　　7.1　資　　源 …………………………………………………… 246
　　7.2　力　　量 …………………………………………………… 247
　　7.3　認　　識 …………………………………………………… 249
　　7.4　コミュニケーション ……………………………………… 251
　　　　7.4.1　一　　般 ……………………………………… 251
　　　　7.4.2　内部コミュニケーション …………………… 258
　　　　7.4.3　外部コミュニケーション …………………… 259
　　7.5　文書化した情報 …………………………………………… 261
　　　　7.5.1　一　　般 ……………………………………… 261
　　　　7.5.2　作成及び更新 ………………………………… 266
　　　　7.5.3　文書化した情報の管理 ……………………… 267

8. 運　　　用 …………………………………………………… 268

　　8.1　運用の計画及び管理 ……………………………………… 268
　　8.2　緊急事態への準備及び対応 ……………………………… 286

9. パフォーマンス評価 ………………………………………… 288

　　9.1　監視，測定，分析及び評価 ……………………………… 288
　　　　9.1.1　一　　般 ……………………………………… 288
　　　　9.1.2　順守評価 ……………………………………… 293
　　9.2　内部監査 …………………………………………………… 296

	9.2.1　一　　般 …………………………………… 296
	9.2.2　内部監査プログラム ……………………… 297
9.3	マネジメントレビュー ……………………………… 298

10. 改　　善 ………………………………………… 302

  10.1　一　　般 …………………………………………… 302
  10.2　不適合及び是正処置 ………………………………… 303
  10.3　継続的改善 …………………………………………… 304

附　属　書 ………………………………………… 310

  附属書 A（参考）この規格の利用の手引 ……………………… 310
    A.1（一　　般）………………………………………… 310
    A.2（構造及び用語の明確化）………………………… 312
    A.3（概念の明確化）…………………………………… 312
  附属書 B（参考）JIS Q 14001：2015 と JIS Q 14001：2004 との対応 …… 315

索　　引　　317

第1部
ISO 14001
2015年改訂の概要

1. 改訂の目的と経緯

1.1 ISO 14001 改訂の経緯

（1） ISO 14001 の誕生

　環境マネジメントシステム（EMS：Environmental Management Systems）の国際規格 ISO 14001 は，1993 年に開発作業が始まり 1996 年に初版が発行された．開発着手から既に 20 年を超え，初版発行と企業での適用が始まって 15 年以上が経過した．当初から規格開発に携わった人々や，企業で初めて環境マネジメントシステムの構築を推進した人々，その認証審査を行った人々は既にほとんど退任し，2 代目，3 代目へと世代交代が進んでいる．時間の経過の中で，規格開発の意図や当初の熱気が徐々に風化し忘れられてゆくのは致し方ないことであろう．しかし今回の全面抜本大改訂に対処するうえで，ISO 14001 とはそもそも何を目的として開発されたのか，改めてその原点を確認しておく必要があるだろう．

　ISO 14001 は，産業界が自ら必要不可欠な規格であるとして開発を主導したものである．外圧で策定され，仕方なく対応するという受け身のものではない．この基本的認識は今後とも決して忘れられてはならない．

　かつての公害問題に対しては，特定の汚染源に対する法的規制によって有効に対応できた．現在の地球環境問題は，エネルギーや資源の利用が自然環境の許容限度を超えたことが主たる原因であるが，世界中の消費者，すなわち一般市民の生活に深くかかわっており，製造業だけでなく，小売業や，輸送，通信

などのサービス業に至るまで，全ての企業・組織が問題の原因に関与している．

このような問題に法規制だけで対応することは不可能である．活力ある市場経済システムを維持するためにも，過度の規制を排除し，自主的な環境配慮の取組みが競争優位につながるような仕組みを確立することで，持続可能な社会に移行していくことが最も望ましい姿である．

そのような背景から，1992年にリオデジャネイロで開催された国連の地球サミットに向けて，世界の環境優良企業のフォーラムである"持続可能な開発のための経済人会議"（BCSD：Business Council for Sustainable Development）が，環境マネジメントのための国際規格化の必要性を提言した．それを国際標準化機構（ISO：International Organization for Standardization）が受ける形で，1993年に環境マネジメントのためのシステムやツールの国際標準を開発する専門委員会（Technical Committee）であるTC 207が設置された．TC 207の中の第一分科委員会であるSC 1（Sub Committee 1）が，環境マネジメントシステムの規格開発を担当した．

ISO 14001の初版の内容が事実上確定したのは，7回のWG（Working Group：作業グループ）を経てDIS（Draft International Standard：国際規格案）の合意が成立した，1995年6月の第3回TC 207/SC 1オスロ会合であった．なお，DISはその後圧倒的多数で承認され，オスロ以降は会合をもつことなく1996年9月に国際規格として発行された．

20年以上にわたりISO 14001の規格開発及び改訂作業に携わってきた筆者にとって最も印象に残っていることは，オスロ会合のレセプションでの当時のノルウェー首相ブルントラント女史のスピーチである．ブルントラント首相は，1987年，国連の"環境と開発に関する世界委員会"の委員長として"Our Common Future（邦題：地球の未来を守るために）"を取りまとめ，"持続可能な開発"の理念を確立した人物である．彼女はスピーチで次のように述べた．

あなた方の努力は真の進歩を目指すべきで，時代遅れの考えを固定化することであってはなりません．我々の共通の関心事は産業界の環境パ

フォーマンスを不断に改善することで，産業界はその道を指図されたくなければ自ら先導しなければなりません．さらに皆さんは主導権を確保するためには急がなくてはなりません．規制は割高となることがあります．それでも進歩があまりにも遅いようなら規制が必要とされるでしょう．

冒頭の"あなた方"という呼びかけはTC 207会合への各国からの参加者を指しており，"産業界"が中心メンバーであるとの認識で語られていることがわかる．産業界が自主的な取組みの基盤となる先進的な規格を早急に策定することに期待を表明し，もしそれに失敗すれば，非効率な規制を導入せざるを得なくなることを指摘している．

TC 207設立以降，我が国の産業界も経団連（日本経済団体連合会）地球環境部会の下に専門WGを設置し国内での議論を深めるとともに，国際会議への代表委員（ISOではエキスパートと呼ばれる）を産業界から多数派遣し，その費用負担も含めて全面的な支援を行ってきた．

1996年7月，ISO 14001の初版発行の2か月前，経団連は"経団連環境アピール ―21世紀の環境保全に向けた経済界の自主行動宣言―"を公表した[*1]．

この中で"環境管理システムの構築と環境監査"というテーマが，"地球温暖化対策"，"循環型経済社会の構築"，"海外事業展開にあたっての環境配慮"とともに4大テーマの一つとして明記され，次のように述べられている．

1. 環境管理システムの構築と環境監査

環境問題に対する自主的な取り組みと継続的な改善を担保するものとして，環境管理システムを構築し，これを着実に運用するため内部監査を行う．さらに，今秋制定されるISOの環境管理・監査規格は，その策定にあたって日本の経済界が積極的に貢献してきたものであり，製造業・非

---

*1 全文は，一般社団法人日本経済団体連合会のウェブサイトに掲載されている（執筆時現在）．

製造業問わず，有力な手段としてその活用を図る．

　経団連は京都議定書による我が国の削減義務に貢献するため，1997年から温室効果ガス（GHG：Greenhouse Gas）の削減の自主行動計画を発足させ，自主的な取組みを実行する仕組みとしてISO 14001を位置付けている．経団連の環境アピールに呼応する形で，我が国の大企業でのISO 14001の導入が急速に進んだのである．経団連によるTC 207への支援体制は1999年まで継続した．

　もう一つ忘れてはならないのは，ISO規格というものはいずれも自由貿易を促進するために，貿易に対する技術的障壁の排除が基本的な使命の一つとなっており，ISO 14001も例外ではないことである．1992年頃，イギリスをはじめ幾つかの国で環境マネジメントシステムの国家規格制定の動きがあり，EUとしても環境管理・監査スキーム（EMAS：Eco Managenet and Audit Scheme）の制度をEU規則として制定し，環境マネジメントシステムの企業への普及拡大を図ることを目指していた．国や地域によって，ばらばらな環境マネジメントシステムの要求事項が乱立すれば，多国籍企業は国によって個別の対応を求められ，また，要求事項の違いは技術的な貿易障壁となることも懸念されていた．こうした背景から，産業界は自ら環境マネジメントシステムの国際規格化を推進したのである．

　ISO 14001には認証制度がある．環境マネジメントシステムに関する唯一の国際規格に対する認証制度であれば，国際的な相互承認によって技術的な貿易障壁は回避できる．

　ここで，ISO規格に対する認証の意味と意義についても認識しておく必要がある．近年，環太平洋戦略的経済連携協定（TPP）やその他地域との自由貿易協定の話し合いが進んでいる．第二の開国といわれるように，我が国は今後本格的なグローバル化の渦中に投げ込まれていく．"ガラパゴス○○"といわれるような，日本国内でしか通用しない考え方や技術，制度，法律も今後は世界標準に合わせていかなければ，我が国の経済や社会は立ちゆかない．

1. 改訂の目的と経緯   19

本書では，ISO 14001:2015 の要求事項について説明していくが，個々の要求事項の理解の前に，これまで述べてきた ISO 14001 とはそもそも何のための規格なのか，その認証にはどういう意味があるのかという原点に，まずは立ち戻ってからスタートしていただきたい．

(2) ISO 14001 の改訂

表 1.1 に，ISO 14001 の開発及びその後の改訂の経緯を示す．

ISO 14001 は，2004 年に，1996 年版の要求事項の明確化と品質マネジメントシステムの規格である ISO 9001 との整合性の向上に目的を限定した，マイナー改訂が行われた．この 2004 年改訂では新しい要求事項の追加は一切なく，要求事項は基本的に 1996 年版から変わっていない．つまり，現在認証用途で使用されている全てのマネジメントシステム規格（MSS：Management System Standards）の中で，ISO 14001 は最古のものといえる．

表 1.1 ISO 14001 開発及び改訂の経緯

1993年 6 月	TC 207/SC 1 設置
1993年11月	ISO 14001 開発着手
1996年 9 月	**ISO 14001：1996 発行**
1996年10月	JIS Q 14001：1996 発行
1998年12月	定期見直し →改訂
2000年 6 月	ISO 14001：1996 改訂を決議
2000年11月	ISO 14001：1996 改訂作業着手
2004年11月	**ISO 14001：2004 発行**
2004年12月	JIS Q 14001：2004 発行
2008年 1 月	定期見直し →確認（改訂せず）
2008年 6 月	EMS 将来課題研究グループ設置
2010年 7 月	EMS 将来課題研究グループ報告承認
2011年 6 月	ISO 14001：2004 改訂を決議
2011年 8 月～11月	改訂に関する新業務項目提案投票　→可決
2012年 2 月	ISO 14001：2004 改訂着手

注　2015 年改訂審議の経緯は，表 1.3 に示す．

確かに ISO 9001 は，1987 年に初版が発行され 1994 年に最初の改訂が行われたが，この時点での規格の標題は"品質システム―設計，開発，生産，設置及びサービスの品質保証のためのモデル"であり，"マネジメントシステム"という用語は使用されていない．ISO 9001 は 2000 年に"プロセスアプローチ"と ISO 14001:1996 に導入された PDCA モデルを採用して全面的な改訂が行われ，この時点で標題が"品質マネジメントシステム―要求事項"に変わり，環境マネジメントシステムに続く 2 番目のマネジメントシステム規格となったのである．

ISO 14001 が最古のマネジメントシステム規格であるということは，その共通要求事項（本書第 2 部参照）を基盤とした今回の改訂の及ぼす影響が ISO 9001 に比べて大きく，組織の対応もそれだけ大幅なものになることを意味している．

2004 年版の発行から 3 年が経過した 2008 年には，ISO のルールに基づいて"定期見直し"が実施された．"定期見直し"とは，規格の内容が陳腐化してニーズからかい（乖）離していないか，引き続き有用かどうかをチェックするメカニズムで，この当時は新規発行もしくは改訂後の初回見直しは 3 年後，以降は 5 年ごとと定められていた（現在は一律 5 年）．

2008 年時点でも組織をとりまく環境課題は 1990 年代から大きく変化しており，ISO 14001 の要求事項についても再考すべきとの認識は広まっていたものの，既にマネジメントシステム規格の共通要求事項の開発が進んでいたため，その完成を待ってから改訂したほうが得策であるとして，定期見直しの結果は"確認"(改訂せずそのまま継続) となった．

改訂は見送りとなったが，次期改訂にあたって考慮すべき課題の抽出と整理を目的として，SC 1 の中に"EMS の将来課題スタディグループ"("Future Challenge for EMS" Study Group．以下，"スタディグループ"とも呼ぶ) が設置され，2010 年の SC 1 総会で報告書が提出された．この報告書が 2015 年改訂ではきわめて大きな影響を与えることになった（本書第 1 部 2. 参照）．

ISO 全体としては，2005 年秋に情報セキュリティマネジメントシステムの国際規格である ISO/IEC 27001 や，食品安全マネジメントシステムの国際規

格である ISO 22000 が発行され，マネジメントシステム規格が品質，環境から多様な分野に広がりを持ち始めた．こうした動向に対処するため，ISO 全般の戦略・行政を所管する技術管理評議会（TMB：Technical Management Board）の主導によってマネジメントシステム規格の共通要求事項及び共通用語の定義の開発が推進され，2011 年末には ISO 加盟国投票を経て内容が確定した（本書第 2 部参照）．

それらの開発が最終段階に入った 2011 年 6 月，TC 207/SC 1 はオスロ総会で ISO 14001：2004 の改訂の枠組みを定めるマンデート（指示書）を採択し，正式な改訂プロセス（新業務項目提案：NWIP，New Work Item Proposal）に入ることを決議した．採択されたマンデートは次のような内容である．

ISO 14001 改訂のマンデート（指示書）

1　改訂は，技術管理評議会（TMB）が承認したマネジメントシステム規格のための上位構造及びその共通テキスト，共通用語及び中核となる定義に基づかなければならない．

2　改訂は，TC 207/SC 1 "EMS の将来課題スタディグループ" の最終報告を考慮しなければならない．

3　改訂は，ISO 14001：2004 の基本原理の維持と改善，及びその要求事項の保持と改善を確実にしなければならない．

マンデートに記載されている "マネジメントシステム規格のための上位構造及びその共通テキスト，共通用語及び中核となる定義" とは，本書第 2 部（マネジメントシステム規格の整合化）で解説する，"ISO/IEC 専門業務用指針―第 1 部，統合版 ISO 補足指針―ISO 専用手順，附属書 SL"（ISO/IEC Directives—Part 1，Consolidated ISO Supplement—Procedure specific to ISO, Annex SL）で規定される内容を指している．また，"EMS の将来課題スタディグループ" の最終報告の内容については，本書第 1 部 2.（EMS の将来課題スタディグループの勧告）で詳しく解説する．

オスロ総会決議を受けて，ISO 14001 改訂に関する NWIP がマンデートを添付して各国に回付され，2011 年 8 月 1 日から同年 11 月 1 日までの期間で投票に付された．NWIP にはスタディグループの ISO 14001 改訂に関する勧告事項をリスト化した文書（**表 1.2**）が添付された．

この結果，NWIP は反対なしで可決された．ISO 14004（環境マネジメントシステム―原則，システム及び支援技法の一般指針）の改訂についても同様に NWIP が可決された．2015 年改訂は 2 回目の改訂であるが，実質的には初の全面的大改訂といえる．

1996 年の初版の開発及び 2004 年改訂は，TC 207/SC 1 の下に ISO 14001 対応として WG 1，ISO 14004 対応として WG 2 をそれぞれ設置して実施され，2004 年改訂の終了とともに両グループは解散された．そして今回，2 度目の改訂作業のために，WG 5 と WG 6 が新たに設置されたのである．

図 1.1 に示すように，ISO 14001 を担当する WG 1 の主査は従来フランスが，事務局はイギリスが担当してきたが，2015 年改訂では WG 5 の主査にアメリカのスーザン・ブリッグス（企業所属，女性）が選出され，事務局は英国規格協会（BSI：British Standards Institution）とドイツ規格協会（DIN：Deutsches Institut für Normung）が共同で務める体制となった．

表 1.2 ISO 14001 改訂マンデート添付の EMS 将来課題スタディグループ勧告事項

〈ISO 14001 改訂に関する勧告〉

　新たな要求事項を導入する際は，先進組織のことだけを考えるのではなく，入門レベルの組織についても排除したり躊躇させることのないように設定する．
　要求事項の適用が徐々に広がるような，成熟度評価の適用について考慮する．
1. 組織は，ISO 14001 のプロセスを自らの環境・ビジネスの優先順位と整合させる責任をもつべきである．
2. 以下の課題への考慮を強化する．
　　a. 環境マネジメント／課題／パフォーマンスに関する透明性／説明責任
　　b. バリューチェーンへの影響／責任
3. 環境マネジメントを持続可能な発展への貢献の中に，より明確に位置付ける．
4. 汚染の防止の概念を拡大／明確化する．

1. 改訂の目的と経緯

5. ISO 26000 の 6.5 の環境原則への対応を考慮する.
6. ISO 26000 と ISO 14001 の言葉の整合性を考慮する.
7. ISO 14001 の中で環境パフォーマンス(とその改善)の要求事項を明確化する.
8. ISO 14001 の 4.5.1 で環境パフォーマンス評価(指標の使用など)を強化する：これに関して，ISO 14031，ISO 50001 及び ISO 外の EMAS-Ⅲ，GRI などでのパフォーマンスの取扱い方法を考慮する.
9. ISO 14001 で法令順守を達成するアプローチ／メカニズムを明確に記述し伝達する.
10. 法令順守へのコミットメントを実証するという概念に対応する.
11. 組織の順守状況に関する知識及び理解を実証するという概念を含むことを考慮する.
12. 環境マネジメントの戦略的考慮，組織にとっての便益と機会について，序文だけでなく要求事項の中で考慮する.
13. 環境マネジメントと組織の中核ビジネスとの関係，すなわち，製品及びサービスと利害関係者との相互作用について（戦略レベルで）強化する.
14. "組織の状況" に関する JTCG 共通テキストを，環境マネジメントと組織の全体戦略の間のリンクを強化することに使用する.
15. 新たな（戦略的）ビジネスマネジメントモデルの示唆を ISO 14001 に適用することを考慮する.
16. ISO 14001 の要求事項を明確に，あいまいさがないように記述する.
17. 必要な部分について，附属書 A で明確な指針を提供する.
18. シンプルでわかりやすい要求事項を記述／維持することで，ISO 14001 の中小企業への適用性を維持する.
19. CEN ガイド 72（中小企業のニーズを考慮した規格記述の指針）による指針を考慮する.
20. 製品及びサービスの環境側面の特定と評価において，ライフサイクル思考及びバリューチェーンの観点に対応する.
21. 組織の優先順位と整合して，環境に関する戦略的考慮，設計及び開発，購買，マーケット及び販売活動に関連する明確な要求事項／指針を含む.
22. JTCG 共通テキストに基づき，環境課題の特定，利害関係者との協議，コミュニケーションのためのより体系的なアプローチを導入する.
23. ISO 14001 の改訂は，コミュニケーションの目的，関連する利害関係者の特定，何をいつコミュニケーションするかの記述を含む外部コミュニケーション戦略を確立するための要求事項に対応する.
24. 外部の利害関係者に対する製品及びサービスの環境側面に関する情報について，附属書 A で指針を提供する.

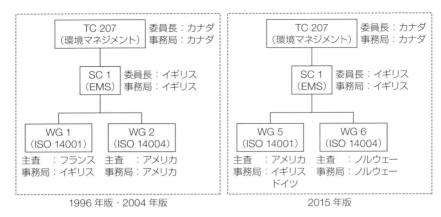

図 1.1　ISO 14001 の開発体制

1.2　ISO 14001 改訂 WG 審議の経緯

2015 年改訂の初会合から改訂版発行までの審議の経緯を，表 1.3 に示す．

表 1.3　ISO 14001 改訂審議の経緯

時　期	WG（作業会合）と開催場所	アウトプット
2012年2月	第 1 回 WG：ベルリン（ドイツ）	運営原則，WD 1
6 月	第 2 回 WG：バンコク（タイ）	WD 2
9 月	第 3 回 WG：ロチェスター（アメリカ）	WD 3
2013年2月	第 4 回 WG：ヨーテボリ（スウェーデン）	CD 1
6 月	第 5 回 WG：ガボローネ（ボツワナ）	中間文書
10 月	第 6 回 WG：ボゴタ（コロンビア）	CD 2
2014年2月	第 7 回 WG：パドヴァ（イタリア）	中間文書
5 月	第 8 回 WG：パナマ市（パナマ）	DIS
2015年2月	第 9 回 WG：東京（日本）	中間文書
4 月	第 10 回 WG：ロンドン（イギリス）	FDIS

注
　WD X：第 X 次作業原案（WD：Working Draft）
　CD X：第 X 次委員会原案（CD：Committee Draft）
　DIS：国際規格案（DIS：Draft International Standard）
　FDIS：最終国際規格案（FDIS：Final Draft International Standard）

(1) 第1回 WG 5 会合(ドイツ・ベルリン)

WG 5 は,2012 年 2 月 20 日から 22 日まで,ベルリンのドイツ規格協会本部で第 1 回 WG 会合を開催し,改訂作業がスタートした.

WG 5 の初会合では,まず今後の改訂プロセスの"運営原則(Operational Principles)"が策定された(**表 1.4**).この"運営原則"は,改訂作業を通じて要所要所で参照され,要求事項の肥大化に歯止めをかけ,文書化や手順の要求を必要最小限に抑制することに一定の役割を果たした.

改訂作業に当たっては,まず附属書 SL の共通要求事項に対する ISO 14001:2004 の要求事項との対応関係を検討して,両者の要求事項を統合したテキストを作成した.

表 1.4 改訂プロセスの運営原則

改訂プロセスの運営原則(2012 年策定)
全ての課題への対処は,中小企業や途上国のユーザーのニーズと影響を特に考慮することを含め,以下の事項に照らして検討する.
テキストに関して,
a) 容易性,明確性並びに透明性
b) 簡潔で冗長性を避ける
c) 柔軟性並びに規格の使いやすさ
d) 検証可能性
e) 規格の他の要素との両立性
開発プロセスに関して,
a) 有効性と効率性(煩雑な手続きを増大しない)
b) 透明性
c) 全ての箇条で,そのアウトプットと成果を明確にする
d) WG メンバーは個人や国のポジションの秘密性を維持する
e) ISO ルールに準拠し,WG 文書の配布の範囲を管理する
f) ISO 14001 改訂に関する提案は,各国標準化機関及びリエゾン組織を通す
結果に関して,
a) 規格の目的に合致する
b) ユーザーに対するコストと資源配分の影響(プラス面並びにマイナス面)
c) 環境マネジメントにおいてユーザーに価値を提供する
d) 各規格の特有の意図の違いを認識した ISO 9001 及びその他 MSS との両立性
e) 有効性を目指す(煩雑な手続きを増大しない)

続いて，スタディグループの勧告事項（表 1.2）をどの細分箇条[*2] で反映させるかを審議し，個々の勧告事項ごとに審議すべき主たる細分箇条を割り当てた．こうして作成された文書を，第一次作業原案（WD 1）とすることが合意されて改訂作業がスタートした．**図 1.2** に作業原案の作成プロセスを示す．

附属書 SL の規定内容への分野固有のテキストの追加については，次に示す規定がある（本書第 2 部 1.4 参照）．

- 追加の細分箇条（第 2 階層以降の細分箇条を含む）を，共通テキストの細分箇条の前又はその後ろに挿入し，それに従って箇条番号の振り直しを行う．
- 分野固有のテキストを共通の中核となるテキスト及び／又は共通用語・中核となる定義に，追加又は挿入する．追加の例を次に示す．
  - **a）** 新たなビュレット項目[*3] の追加
  - **b）** 要求事項を明確化するための，分野固有の説明テキスト（例えば，注記，例）の追加
  - **c）** 共通テキストの中の細分箇条（等）への，分野固有の新たな段落の追加
  - **d）** 共通テキストの要求事項を補強するテキストの追加

図 1.3 に，分野固有のテキストの追加方法の図解を示す．

分野固有の細分箇条の追加はもちろん，附属書 SL の細分箇条の中で，附属書 SL のテキストに分野固有のテキストを追加する a）から c）までの方法であれば，少なくとも文章（センテンス）単位で，附属書 SL で規定されるものと

[*2] "箇条"とは，1. のように番号一つで表す項目をいう．また，1.1 や 1.1.1 のように，箇条を更に区分して番号を付けた項目を，"細分箇条"という［参考　JIS Z 8301: 2008（規格票の様式及び作成方法）］．

[*3] "ビュレット項目"の原文は"bullet points"であり，ここでは主に"—"から始まる箇条書きを示す．

1. 改訂の目的と経緯　　　　　　　　　27

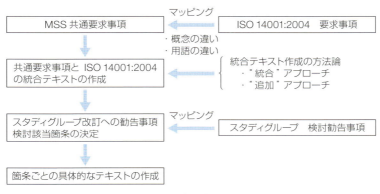

図 1.2　作業原案（WD）の作成プロセス

```
分野固有の細分箇条を追加する
  N.1 CCC
  CCCC CC CCCCCCCC C CCC CCCCCCCC
  CC CCCC CCC
  N.2 DDDDDD
  DDDD DDDDDDDDDDDD DD
  DD DDDDDDD DDD

附属書 SL のテキストに分野固有のテキストを追加又は挿入する
  a）新たなビュレット項目の追加
    （例）　CCCC CC CCCCCCCC C CCC CCCCCCCC
           —DDD DD DDDDDDDD D
  b）分野固有の説明テキスト（例えば，注記，例）の追加
    （例）　CCCC CC CCCCCCCC CCC CCCCCCCC
           注記：DDD D DDDDDDD DDD DDDDDDD
  c）分野固有の新たな段落の追加
    （例）　CCCC CCC CCCCCCCCC
           CC CCCCCCC CCC
           DDDD DDD DDDDDDDDD
           DDD DDDDDDD DDD
  d）附属書 SL の中の既存の要求事項を補強するテキストの追加
    （例）　CCCC CC CCCC C DDD CCC CCCCCCCC DDD DDDDDDDD DDD
```

注
CCC：共通テキスト
DDD：分野固有テキスト

図 1.3　分野固有のテキストの追加方法の例

分野固有で追加したものが明確に分離できる．

しかし d) の方法で追加すると，一つの文章の中に附属書 SL で規定される部分と，分野固有に追加した単語やフレーズが混在することになり，結果的に他のマネジメントシステム規格での該当部分と違った文章になってしまう．一方で d) の利点は，文章を一体化することでユーザーにとって理解しやすくなり，全体としての文章量を減らすことに貢献する．

ISO 14001 改訂 WG では，分野固有の細分箇条を追加する形式と，附属書 SL が規定するテキストに対して a) ～ c) までの方法で分野固有の要求事項を追記する方法を合わせて "追加アプローチ"，d) の方法で要求事項を記載する方法を "統合アプローチ" と名付けた．

附属書 SL と分野固有の要求事項を合体させるに当たって，どのような記述形式が望ましいか，ISO 14001 改訂審議では激論が展開された．その結果，ユーザーの理解容易性と規格の簡素化のため，"統合アプローチ" を主体に，細分箇条ごとに最適な形式とする柔軟な方針で進めることになった．

テキストの形式を決定した後は内容面での審議が進み，細分箇条 9.3, 10.1, 10.2 を除く全ての箇条についてひととおりの審議を終えた．しかし，改訂プロセスを通じて最終段階まで合意形成に難航することとなる細分箇条 4.1, 4.2 と 6.1 については，十分な議論が尽くされずに時間切れとなった．審議未了となった部分については，SNS（ソーシャル・ネットワーク・サービス）の一つである LinkedIn によるネット審議を行うことが決定された．筆者の 20 年にわたる ISO での規格開発作業でも，初めての本格的なネット審議の採用であった．また，WG 会合に参加できないエキスパートのために，インターネット経由で参加できる WebEx の適用も始まり，毎回数名が参画した．PC とプロジェクターすらなく，OHP と大きな模造紙に国際幹事（セクレタリー）が手で書きながら審議をしていた時代を振り返ると，まさに隔世の感がある．

ISO 14001 改訂初会合の結果と，その後のエキスパートによる LinkedIn による追加審議の結果を合わせた第 1 次作業原案（WD 1）が 2012 年 4 月 30 日に回付された．

（2） 第2回 WG 5 会合（タイ・バンコク）

第2回 WG 5 会合は，TC 207 バンコク総会の中で 2012 年 6 月 24 日から 27 日までの 3 日半にわたって開催し，第 2 次作業原案（WD 2）を起草した．

第2回会合では特に，共通要求事項によって導入された細分箇条 4.1（組織及びその状況の理解），4.2（利害関係者のニーズ及び期待の理解）及び 6.1（リスク及び機会への取組み）と，ISO 14001：2004 の"環境側面"及び"法的及びその他の要求事項"との関係をどう位置付けるかが最大の論点となった．

審議の結果，細分箇条 4.1 及び 4.2 は，環境側面などの決定の前に，組織の戦略的な状況認識を求めるものであり，具体的な計画策定は箇条 6 で取り扱うことで合意した．この認識に基づき，"環境側面"や"法的及びその他の要求事項"は細分箇条 6.1（リスク及び機会への取組み）と統合する方向で検討することになった．

しかしこの時点では，環境マネジメントシステムで扱う"リスク"とは何か，"著しい環境側面"との関係をどう捉えるかといった基本的な概念については様々な意見が交わされていたものの，合意にはほど遠い状況であった．

バンコク会合では，環境影響の定義について，従来のように"組織が環境に与える影響"という一方向のものから，"環境が組織に与える影響"を含めた双方向の定義に変更する案がイギリスから提案され，多くの支持を集めた．

組織と環境の間の影響を双方向で捉えるという考え方は，バンコク以降の審議でも継承されることになった．最終的には"環境影響"の定義は変更せず，新たに"環境状態"という用語を定義し，"環境状態"が組織に与え得る影響を外部の課題（4.1）の一つとして考慮するという要求事項が形成されていった．

また，スタディグループの勧告事項（表 1.2）に則り，ISO 50001：2011（エネルギーマネジメントシステム—要求事項及び利用の手引）にならって"環境パフォーマンス指標"を導入することについても，概ね合意された．

バンコクで起草された第 2 次作業原案（WD 2）に対しては会議後，今回の改訂プロセスでは初めてエキスパートのコメント提出が求められ，これに対して 675 件のコメント（日本は 44 件）が提出された．

ISO の規格策定ルールでは，作業原案（WD）段階では各国を代表して改訂 WG に参加しているエキスパートの個人的なコメントに基づいて議論が進められるが，委員会原案（CD）の段階以降は，各国の国内委員会で合意したナショナルコメントの提出を求め，それに基づいて審議が行われる．

(3) 第 3 回 WG 5 会合（アメリカ・ニューヨーク州　ロチェスター）

第 3 回会合は，2012 年 9 月 30 日から 10 月 3 日まで，アメリカのニューヨーク州ロチェスター市で開催され，WD 2 に対するコメントに基づき，第 3 次作業原案（WD 3）作成に向けて審議を行った．

審議において具体的な要求事項のテキストの合意までは至らないものの，検討の方向性に合意が得られたものは勧告事項（Recommendation）として採択し，以降のテキスト起草の枠組みとなる．なお，WG の勧告事項は SC の決議（Resolution）に該当する．

附属書 SL に規定された共通要求事項では，これまでの ISO 14001 のように"手順"を求める要求事項（例えば，自覚させるための手順）ではなく，"認識をもたなければならない"というように，絶対的な状態（結果）を直接要求する形式で記述されている．こうした要求事項の形式ではシステム規格にならないとする立場と，手順又はプロセスを逐一要求することは官僚的な形式主義であるとする立場の対立が表面化した．附属書 SL では，細分箇条 4.4 と 8.1 で包括的なプロセスの確立が要求されているが（本書第 2 部参照），環境マネジメントシステム固有の要求事項としてどこまで手順又はプロセスの要求を付加するか，付加する場合は"手順"か"プロセス"かについて，長い議論が交わされたが結論には至らなかった．

この議論はこれ以降，最終会合まで継続することになったが，個々の細分箇条への付加は最小限とし，付加する場合は"プロセス"を要求する方向に徐々に合意が形成されていった．

また，バンコク会合で方向性が合意された細分箇条 4.1 及び 4.2 と 6.1 の位置付けや要求事項の流れ（フロー），そして，環境と組織の影響関係を双方向で捉える考え方が改めて確認された．

1. 改訂の目的と経緯

しかし依然として"著しい環境側面"と"リスク"の関係については議論百出で合意にはほど遠い状況であった．実際に，"リスク"と"著しい環境側面"の関係についての合意が成立するまで，さらに5回のWG会合を要することになる．

スタディグループ勧告事項に基づいてバリューチェーンでの対応に関する要求事項の強化については，積極的な推進を主張する欧州勢と，それに歯止めをかけたい北米勢で意見の対立が顕在化した．

ロチェスター会合ではコメント審議を完了できなかったため，タスクグループ（TG）を二つ設置して対処することになった．TG1は，細分箇条6.2（環境目的及びそれを達成するための計画策定）及び7.4（コミュニケーション）を担当し，TG2は，細分箇条9.3（マネジメントレビュー），10.1（不適合及び是正処置）及び10.2（継続的改善）を担当することとした．タスクグループは2012年11月中旬までにネット審議でドラフトの作成を終え，12月初旬に第3次作業原案（WD3）が各国に回付された．

WD3に対しては，各国エキスパートからコメントが647件（日本は51件）提出された．

(4) 第4回WG5会合（スウェーデン・ヨーテボリ）

第4回WG5会合は，2013年2月2日から6日まで，スウェーデンのヨーテボリ市で開催された．ヨーテボリ会合では過去最長の5日間の集中審議の結果，ほぼ全てのコメント処理を終え，委員会原案（CD）への移行を決定した．

WD3までは附属書SLからの逸脱が多々あったが，日本や欧州諸国から，ユーザーの混乱を避けISO 9001改訂との整合性を確保するためにも附属書SLからの逸脱はできる限り回避すべきとのコメントが多数提出されたことから，逸脱部分を全て回復し，今後とも逸脱を避ける作業方針が確認された．

環境マネジメントシステムとしての内容面では，欧州での開催ということもあって，"バリューチェーンの計画及び管理"と題した細分箇条（8.2）や，"外部コミュニケーション及び報告"と題した細分箇条（7.4.3）を設置するなど，先進的な内容が取り込まれた．

環境目標（environmental target）は削除し，環境目的（environmental objective）に一本化することになったが，環境目的には一つ以上の"指標"を設定することも織り込まれた．なお，詳しくは本書第3部3.2.6（環境目標）で説明するが，ISO 14001:2015のJIS（日本工業規格）化に当たっては，"environmental objective"は，"環境目標"と訳出することになった．

序文，用語の定義及び附属書Aについては，会議後に少人数のアドホックグループ（Ad Hoc Group）を設置して起草することになった．

こうして，序文から附属書Aまでの規格全体をカバーするドラフトが作成され，2013年3月8日に第一次委員会案（CD 1）として各国に回付された．CD 1では，細分箇条6.1に含まれる"リスク及び機会"と従来の"著しい環境側面"との関係の整理が不十分であるため，"リスク及び機会"について論点を整理するホワイトペーパー（白書）を作成するタスクグループが設置されることになり，日本もこれに参加した．

CD 1の回付後，5月9日を期限として各国のコメント提出が求められ，提出されたコメントは，1,282件（日本は55件）に達した．

また，"リスク及び機会"に関する論点整理文書（白書）は第5回WG会合に先立って6月13日に各国に回付された．

(5) 第5回WG 5会合（ボツワナ・ガボローネ）

第5回WG 5会合は，2013年6月20日から23日まで，アフリカ南部のボツワナ共和国ガボローネ市で開催された．

提出されたコメントが1,000件を超えたため，ボツワナ会合でのコメント処理完了は不可能な状況となった．このため主査から，CD 1のうち相対的に重要度の低い細分箇条（4.3，4.4，5.3，7.1，7.2，7.3，7.5，9.2，9.3，10.1，10.2）に対するテキスト修正案が事前に回付された．これらの細分箇条については，各国のコメントを逐一審議するのではなく主査提案をベースに議論し，重要な箇条及び細分箇条（4.1，4.2，6.1，6.2，8，9.1）は，全体会議で方向性を議論したうえで細分箇条ごとのタスクグループに分かれて修正案を起草し，全体会合で確認するというプロセスが提案された．これ以降，幾つかのグルー

プに分けて審議し，その結果を全体会合で確認するという会議の運営方法がしばしば適用されることになった．

主査提案の審議プロセスは了承されたが，要求事項の出発点となる細分箇条4.1及び4.2についてはタスクグループに分かれることに反対が多く，この部分は全体会議で全て議論することとなった．結局この部分の審議だけで2日（全会期の半分）を費やすこととなった．こうして審議予定は大幅に遅延し，最終的に概ね審議を終えた箇条及び細分箇条は，重要度の高い4.1，4.2，4.3，6.1，6.2，7.4，8，9.1.1にとどまる結果となった．

CD 1に対するコメントの残件処理について，インターネットベースで処理を終える選択肢もあげられたが，最重要局面であることから，臨時のWG会合を開催して対面審議すべきとの意見が多数となった．これにより改訂規格の発行予定は当初計画の2015年1月から数か月は遅れることが不可避となった．

次の会合で確実にコメント処理を終えるべく，審議未了となった細分箇条に対しては六つのタスクグループ（TG）［TG序文／適用範囲，TG 4.1/4.2，TG 6.1，TG 7.4，TG 8.1/8.2，TG 9.1］を設置して，インターネットベースで審議を継続するとともに，規格全体に関係する包括的事項について主査から合意の方向性に関する提案が事前に回付された．

（6）　第6回WG 5会合（コロンビア・ボゴタ）

第6回WG会合は2013年10月6日から11日まで，コロンビアのボゴタ市で開催された．ボゴタ会合では，六つのタスクグループによるインターネットでの審議結果と，主査からの包括的な提案をベースに審議が行われた．

主査からの提案には，従来の"法的要求事項及び組織が同意するその他の要求事項"という長い表現を"順守義務"という用語に置き換えるというものも含まれており，了承された．

"順守義務"という用語の導入は，規格の表現の簡素化に貢献するものであり，我が国においては何ら問題のない変更であったが，後に，スペイン語圏やISO中央事務局で大きな問題となることは，この時点では誰も予想していなかった．これについては後述する．

"リスク"の定義や，"リスク及び機会"と"著しい環境側面"の関係については合意に至らなかったが，CD 1に対するその他のコメントは全て審議を終え，第2次委員会原案（CD 2）に進むことが合意された．

CD 2に対しては，特に"リスク"の概念の明確化に関連する各国のコメントを求めるとともに，国際的な合意レベルを確認するため，今回の改訂プロセスでは初めて投票に付すことになった．

(7) CD 2 投票の実施

CD 2は2013年10月22日に各国に回付され，3か月間の投票及びコメント募集期間に入った．なお，このISO 14001 CD 2は，各国に回付されると同時にISO及び日本規格協会で一般向けに発売された．CD段階の草案が一般に販売されたのは，筆者の経験では初めてのことである．

CD 2に対する加盟国投票は，賛成45，反対6，棄権5，で"承認"という結果になり，CD 2に対するコメント処理を完了すれば国際規格案（DIS）に移行することが確実となった．

CD 2に対して提出された各国コメントは1,588件（日本は113件）に達し，CD 1に対するコメント1,282件を大幅に上回る数で，コメント処理には2回のWG会合が必要な状況となった．

(8) 第7回WG 5会合（イタリア・パドヴァ）

第7回WG会合は，2014年2月25日から3月1日にイタリアのパドヴァ市で開催された．パドヴァ会合では，個別コメント審議に入る前に全体で重要な概念について合意形成を行い，その後各箇条のタスクグループ（TG）に分かれて詳細審議するプロセスがとられた．

CD 2のページ数はISO 14001:2004の2倍を超え，明らかに肥大化しすぎであることから，日本，アメリカなどが思い切った簡素化を強く主張した．この結果，冗長な記述や処方箋的で詳細な要求事項が削除され，簡素化が進んだ．

タスクグループでの審議は，最も難しい細分箇条6.1（リスク及び機会への取組み）を担当するタスクグループで当初予定は半日だったところ，2日半以上の審議時間がかかり，その他のタスクグループでも遅れが続出した．結局，

1. 改訂の目的と経緯　　　　35

箇条 5（リーダーシップ）及び細分箇条 8.1（運用の計画及び管理），8.2（バリューチェーンの管理）は審議に着手すらできず，"リスク"の定義も含めて次回会合へ先送りとなった．

　ISO 9001 改訂との整合化に関しては，ISO 9001 改訂審議において細分箇条 7.5（文書化した情報）では品質固有の要求事項は一切追加しないことで合意し，その結果"品質マニュアル"の要求が撤廃されたため，ISO 14001 でも細分箇条 7.5 には環境固有の要求事項を追加しないこととした．こうして，ISO 14001 においても従来では事実上の"環境マニュアル"であった"環境マネジメントシステムの主要な要素，それらの相互作用の記述"を求める要求事項が削除されることが決定した．

　その他の ISO 9001 改訂との整合性の向上については，ISO 9001 側の DIS 起草を待って，次回 WG で審議することとした．

（9）　第 8 回 WG 5 会合（パナマ・パナマ市）

　第 8 回 WG 会合は，2014 年 5 月 23 日から 5 月 28 日に，パナマ共和国のパナマ市で開催された．パナマ会合では先の第 7 回 WG で審議未了となった第二次委員会原案（CD 2）に対するコメントの残件に対する全ての審議を完了し，国際規格案（DIS）への移行が承認された．

　パナマ会合でも引き続き簡素化を強く意識して審議が進み，起草された DIS は CD 2 と比べてページ数で約 15％削減された．

　環境マネジメントシステムにおける"リスク及び機会"と"著しい環境側面"との関係のあり方に関する議論は，今回の改訂作業を通じて最も時間を要した．このテーマに関する議論は，第 4 回 WG 5 会合の直後に設置されたリスクに関するタスクグループでの白書作成以降，第 5 回 WG 5 会合で本格的な議論に入り，以降約 1 年にわたって議論が続いた．

　リスクの定義や概念については，ISO 31000:2009（リスクマネジメント―原則及び指針）を所管する TC 262（リスクマネジメント）の委員長であるケビン・ナイト氏から，附属書 SL によるリスクの定義や，"リスク及び機会"という表現は誤りであるといった指摘がなされている．同氏は，ISO 31000

でのリスクの定義である"目的に対する不確かさの影響"から"目的に対する"を削除した．附属書 SL のリスクの定義"不確かさの影響"は意味をなさないと指摘し，併せて"リスク"と"機会"は対の関係ではないため"リスク及び機会"という表現も正しくないと述べている．

こうした指摘も踏まえ，WG 5 ではリスクの定義を ISO 31000 による定義に整合させるとともに，"リスク及び機会"という表現を全て"脅威及び機会に関連するリスク"に置き換えることが合意された．それでも"著しい環境側面"，"順守義務"，"脅威及び機会に関連するリスク"の関係については合意には至らず，それぞれの要求事項を独立した形で提示し，三つの課題を個別に決定するか，又は組み合わせて決定するかというような実施の手法については組織に任せるという考え方で妥協が成立した．

CD 2 では，細分箇条 8.2 に"バリューチェーンの管理"が配置されていたが，パナマ会合ではこれを細分箇条 8.1（運用の計画及び管理）に統合することで合意した．

組織もバリューチェーンの一部であり，組織の上流・下流に対する管理や影響は組織内のプロセスを通じて実行されるため，組織内の運用プロセスに関する要求事項である細分箇条 8.1（運用の計画及び管理）と分離する必要はないとされた．組織の上流に対しては購買プロセス，下流（物流・販売・使用・廃棄）に対しては設計プロセスを介して管理又は影響を及ぼすという考え方で整理され，"バリューチェーンの管理"というタイトルは消滅した．

2004 年版で 13 か所も登場する"手順"の要求を，附属書 SL による"プロセス"の要求に置き換える議論は第 3 回会合から始まり，徐々に"手順"から"プロセス"への置換えが進んだ．CD 2 では 5 か所で"手順"が要求されていたが，パナマ会合では"緊急事態への準備及び対応"を除く全ての箇所で"手順"から"プロセス"に変更された．

パナマ会合では ISO 14001 の附属書 A についてのドラフト作成作業は完了せず，記載すべき内容に関する方針と要旨について合意し，仕上げ作業は北米，南米，アジアなど，地域別に代表を選出して編集グループを構成（日本も参画）

1. 改訂の目的と経緯

し，一任することとした．編集グループはインターネットを使用した WebEx 会合を 3 回開催し DIS の仕上げ作業を実施した後，DIS は 6 月 28 日付で ISO 中央事務局から正式に回付された．

(10) DIS 投票の実施

DIS は 6 月 28 日の回付後 2 か月間の各国語への翻訳期間を経て，8 月 28 日から 11 月 28 日までの 3 か月間の加盟国投票に付された．

DIS 投票は，改訂作業に参画する諸国（P メンバー）の 3 分の 2 以上の賛成と，棄権を除く投票総数の 4 分の 1 以上の反対がない，という二つの基準をクリアすれば可決（承認）される．

DIS に対する投票の結果は，賛成：54，反対：5，棄権：7，で，P メンバーの賛成率 92％，反対票の投票総数に対する割合は 8％となり，可決された．

反対した 5 か国は，アルメニア，オーストリア，カナダ，コロンビア，スペインであった．投票とともに提出された各国コメントは 1,361 件（日本は 94 件）であった．

日本の投票ポジション（賛成，反対など）の決定と，ISO に提出するコメントの審議及び決定は，環境管理システム小委員会[*4]（以下，国内委員会）が行う．まず国内委員（及びその所属団体）にコメント提出を求め，加えて日本規格協会主催の ISO 14001 改訂説明会において一般コメントを募集し，提出された全てのコメントを国内委員会でレビューし，意見の集約を行って日本として提出するコメントの取りまとめを行う．今回の DIS に対しては 200 件以上のコメントが寄せられ，約半日の WG 会合を 5 回開催して 94 件のコメントをとりまとめ，ISO に提出した．投票ポジションも国内委員会で決定するが，今回の DIS に対しては国内委員からの反対はなく，賛成票を投じることとした．

(11) 第 9 回 WG 5 会合（日本・東京）

第 9 回 WG 会合は，2015 年 2 月 2 日から 2 月 7 日に東京で開催した．会場

[*4] 正式名称は，環境管理システム小委員会であるが，一般に，"ISO/TC 207/SC 1 対応国内委員会" という呼称が用いられることもある．

は東京大学本郷キャンパス山上会議所（2月5日のみ同キャンパス内の伊藤国際学術研究センター）であった．今回の改訂プロセスが始まってから，しばしばWG5事務局（イギリス及びドイツ）をはじめ，様々な国のエキスパートから東京での開催を求められてきたが，第6回ボゴタ会合で主査及び事務局から正式に要請があり，2013年秋の国内委員会において東京招致を決定した．

東京会合では，要求事項の箇条の中で最もコメントが多く，かつ，いまだに十分な共通理解が確立されていない箇条6と，それに深く関連する"リスク"の定義及び"順守義務"の定義に対するコメントの審議から着手し，この部分の審議だけで当初計画していた1.5日をはるかに超過する5日を費やすこととなった．その後，箇条4の審議に入り，箇条6と箇条4及び関連する上記二つの定義に対するコメントを含む計333件（全コメントの24.5％）の審議を何とか6日間の日程で終えたところで時間切れとなった．

それでも東京会合では，最難関であった附属書SLによる"リスク及び機会"を環境マネジメントシステムの中でどのように概念付けるかという基本的問題と，それに深く関係する箇条4と箇条6について徹底した議論を経て，最終テキストが起草された．

最大の変更点は，"リスク及び機会"というフレーズを，"潜在的で有害な影響（脅威）及び潜在的で有益な影響（機会）"と定義すると決定したことである．

この定義の導入によって，"脅威及び機会に関連するリスク"という表現は全て"リスク及び機会"に戻すことになった．結果的に附属書SLの表現に回帰することになったが，これは附属書SL順守ありきの議論の結果ではない．"リスク及び機会"，"脅威"や"機会"の概念，これらと"著しい環境側面"との関係をどう捉えるか，これまでの議論を踏まえたうえで，エキスパート間の合意が最も高くなるように長く苦しい審議の末にたどり着いた結果である．

なお，"リスク及び機会"というフレーズを定義するという提案はどこの国からもなく，様々な提案を審議する過程で浮上してきたアイデアである．

この定義に基づき，"リスク及び機会"と"著しい環境側面"及び"順守義務"の相互関係を一層明確化するために，細分箇条6.1の構成が見直された．

1. 改訂の目的と経緯

　既述のように，"順守義務"という用語は，第6回WG 5 ボゴタ会合で主査からの提案により導入されたが，しばらくしてスペイン語圏の諸国から，この用語をスペイン語には翻訳できないとの主張が相次いだ．筆者はスペイン語を知らないため理解できないのであるが，"compliance（順守）"と"obligation（義務）"という二つの言葉の意味がスペイン語では別の概念であるため，これを結合した用語は翻訳不能という主張である．

　さらに，ISO中央事務局からこの用語を最初に定義したPC 271（コンプライアンスマネジメントシステムに関するISOのプロジェクト委員会）に対して，法的要求事項や法的に拘束される契約義務などと，順守することを選択しても自由に破棄できるような"自主的義務"を一体化する用語を定義することは好ましくないとして，見直しの勧告がなされた．

　ISO及びIEC規格の策定に関するルール集である"ISO/IEC専門業務用指針"の第2部6.3.3（要求事項）では，要求事項に"契約上の要求事項（賠償事項，保証，経費負担など）及び法的要求事項は含めない"との規定があり，さらに，追加のISOルールを定めた"統合版ISO補足指針"の附属書SRでは，2012年のISO/TMB決議でこのルールの適用が強化されたと説明している．つまり，ISO中央事務局としては，"順守義務"という言葉に法的要求事項が含まれるため，"順守義務を果たさなければならない"というような要求事項が規定されると，法令順守を要求することになって，ISOのルールに抵触する可能性があることを懸念している．

　PC 271が開発したISO 19600:2014（コンプライアンスマネジメントシステム—手引）は，ISO中央事務局の懸念に対して，組織が順守しなければならない"順守要求事項（compliance requirement）"と，組織が順守することを選択した"順守コミットメント（compliance commitment）"という用語を分けて定義したうえで，"順守義務（compliance obligation）"を"順守要求事項又は順守コミットメント"と定義することで，この用語の使用を継続することにした．

　東京会合には，ISO中央事務局の技術責任者も出席して上記のような主旨

を説明して，WG 5 でも同様の配慮を確実にするように要請した．しかし，WG 5 はこの用語を引き続き使用することを確認し，定義のテキストは修正されず，スペイン語圏諸国には翻訳可能性について更に検討することが求められた．こうして，"順守義務"の定義をめぐる議論は，最終会合まで継続することになった．

東京会合で DIS に対するコメント処理が完了できなかったため，追加の第 10 回 WG 会合を 4 月 20 日の週にロンドンで開催し，FDIS（Final Draft International Standard：最終国際規格案）の起草を完了させることになった．

(12) 第 10 回 WG 5 会合（イギリス・ロンドン）

第 10 回 WG 会合は，2015 年 4 月 20 日から 24 日まで，ロンドンの英国規格協会（BSI）本部で開催された．

初日に早速"順守義務"の定義に関する審議に入り，スペイン語圏の代表委員から，東京会合以降スペイン語圏のエキスパートで翻訳可能性を検討してきたが，成案が得られなかったとの報告がなされた．また，東京会合に続いて WG 5 会合に出席した ISO 中央事務局の技術責任者より，改めてこの用語の定義の見直しが要請された．結局，"順守義務"の定義を，"組織が順守しなければならない法的要求事項，及び組織が順守しなければならない又は順守することを選んだその他の要求事項"とするとともに，"順守義務"を"推奨用語"とし，スペイン語圏向けに"法的要求事項及びその他の要求事項"という用語を"許容用語"として選択可能な定義とすることを決定した．

このような選択のできる定義は，附属書 SL で"利害関係者（推奨用語）"と"ステークホルダー（許容用語）"を提示していることにならったものである［本書第 2 部 3.（用語及び定義）参照］.

"順守義務"の定義が決着した後，東京会合で審議未了となった箇条 5，7，8，9，10 及び序文，箇条 3，附属書について粛々とコメント審議が進められ，4 日目にはほぼ全てのコメント審議を完了した．東京会合で"リスク及び機会"というフレーズを定義したことで，紆余曲折してきた"リスク"の定義を，最終的には附属書 SL の定義に戻すことで合意された．

1. 改訂の目的と経緯

要求事項では，細分箇条8.2（緊急事態への準備及び対応）に唯一残っていた"手順"を求める要求事項が，"プロセス"を求めるものに変更された．これによって，ISO 14001:2015 からは"手順"に関する要求事項が全廃され，併せて"手順"に対する用語の定義が削除された．ここに，ISO 14001で長く続いた"手順"の文化が終焉し，"プロセス"によるマネジメントシステムへと進化することになった．

また，箇条10（改善）の冒頭に新たな細分箇条10.1（一般）を新設し，"組織は，環境マネジメントシステムの意図した成果を達成するために，改善の機会（9.1，9.2及び9.3参照）を決定し，必要な取組みを実施しなければならない"という要求事項を規定した．これは，ISO 9001:2015 で追加された内容と整合しており，この結果，箇条10の細分箇条の構成は，ISO 9001:2015 と整合した形になった．

附属書Aでは，規格の箇条構成と組織の文書化した情報を合わせる必要性がないこと，及び規格の用語を組織内で使用する必要はないことが明記された．この説明は ISO 9001:2015 の附属書Aでも掲載されており，規格ユーザーにとってはきわめて重要な情報となるだろう．

ロンドン会合では，規格の表現がいっそう明確なものになったとともに，附属書SLへの準拠の度合いが高まった．全てのコメントの審議を完了後，最終日は規格全体の総合レビューを実施して，不整合な箇所を検出し，技術的問題のない修正は"編集グループ"を設置して一任することで合意した．"編集グループ"には日本からも参画することとした．

最後に今後の進め方の確認が行われ，2012年の"ISO/IEC 専門業務用指針，統合版ISO補足指針"の改訂から導入された，FDISをスキップする選択肢も提示されたが，WG 5 全員一致でFDIS投票を経由する従来のプロセスを選択することで合意し，ロンドン会合が終幕した．

編集グループは，2015年5月15日までに，対応が必要な課題をメールのやりとりを介して集約し，その後インターネットを使用した3回のWebEx会議による延べ8時間に及ぶ審議を経て，FDISのテキストを完成させた．

（13） FDIS 投票の実施

FDIS は6月1日に回付され，1か月間の各国語への翻訳期間を経て，2015年7月2日から9月2日までの2か月間の加盟国投票に付された．

FDIS 投票の承認基準は，DIS の承認基準と同じである．FDIS に対して"承認（賛成）"投票する場合は，いっさいコメントは提出できない．反対票を投じる場合には，反対の技術的理由を付して投票しなければならない．

FDIS に対する加盟国投票の結果は，賛成：62，反対：1，棄権：5，で，P メンバーの賛成率98％，反対票の投票総数に対する割合は2％となり，可決された．反対した国は，カナダ1か国のみであった．

（14） ISO 14001：2015 の発行

ISO 14001：2015 は，2015年9月15日に発行された．

表1.5に，ISO 14001：2015 の目次構成を ISO 14001：2004 と対比して示す．この対比表は，ISO 14001：2015 の附属書Bに掲載されている内容と整合しており，網掛けした部分が2004年版には対応箇所のない細分箇条である．すなわち，これらの細分箇条に規定された要求事項は100％新たに導入されたものである．

本書第3部では，この目次構成に沿って逐条で内容を解説する．

1.3　ISO 14001：2015 改訂を終えて

FDIS で改訂内容が確定するまでに，10回の WG 会合，延べ48日に及ぶ時間を要する結果となった．これに対して1996年版（初版）開発時は，WG 会合7回と少人数のアドホックグループ会合2回，総日数30日であり，また2004年改訂では，WG 会合7回と少人数のアドホックグループ会合3回，総日数27日で作業を完了している．この比較だけでも，2015年改訂は1996年版策定時の約1.6倍，2004年改訂の1.7倍という日数を要しており，その改訂作業の大きさがわかるだろう．

ここまで長い審議時間を要した原因は，附属書 SL で導入された"リスク"の概念と，従来の"著しい環境側面"の概念をいかに調和，あるいは統合するかに関する議論が延々と行われたことが大きく影響している．

1. 改訂の目的と経緯

表1.5 ISO 14001:2015 と ISO 14001:2004 の対比

ISO 14001:2015 (JIS Q 14001:2015)	ISO 14001:2004 (JIS Q 14001:2004)
4.1 組織及びその状況の理解	
4.2 利害関係者のニーズ及び期待の理解	
4.3 環境マネジメントシステムの適用範囲の決定	4.1 一般要求事項
4.4 環境マネジメントシステム	
5.1 リーダシップ及びコミットメント	
5.2 環境方針	4.2 環境方針
5.3 組織の役割,責任及び権限	4.4.1 資源,役割,責任及び権限
6.1 リスク及び機会への取組み	
6.1.1 一般	
6.1.2 環境側面	4.3.1 環境側面
6.1.3 順守義務	4.3.2 法的及びその他の要求事項
6.1.4 取組みの計画策定	
6.2 環境目標及びそれを達成するための計画策定	4.3.3 目的,目標及び実施計画
6.2.1 環境目標	
6.2.2 環境目標を達成するための取組みの計画策定	
7.1 資源	4.4.1 資源,役割,責任及び権限
7.2 力量	4.4.2 力量,教育訓練及び自覚
7.3 認識	
7.4 コミュニケーション	4.4.3 コミュニケーション
7.4.1 一般	
7.4.2 内部コミュニケーション	
7.4.3 外部コミュニケーション	
7.5 文書化した情報	4.4.4 文書類
7.5.1 一般	
7.5.2 作成及び更新	4.4.5 文書管理
7.5.3 文書化した情報の管理	4.5.4 記録の管理
8.1 運用の計画及び管理	4.4.6 運用管理
8.2 緊急事態への準備及び対応	4.4.7 緊急事態への準備及び対応
9.1 監視,測定,分析及び評価	4.5.1 監視及び測定
9.1.1 一般	
9.1.2 順守評価	4.5.2 順守評価
9.2 内部監査	4.5.5 内部監査
9.2.1 一般	
9.2.2 内部監査プログラム	
9.3 マネジメントレビュー	4.6 マネジメントレビュー
10.1 一般	
10.2 不適合及び是正処置	4.5.3 不適合並びに是正処置及び予防処置
10.3 継続的改善	

注 左欄 (ISO 14001:2015) で,**黒字**は EMS 固有の,青字は附属書 SL どおりの細分箇条を示す.

加えて，附属書SLをどこまで厳密に順守するか，"プロセス"と"手順"は何が違うのか，といった議論も改訂審議を通じて最後まで続いた．

遅々たる歩みではあったが，議論を積み重ねるうちに，改訂内容に関する国際的な合意レベルは少しずつ向上していった．

ISO 14001:2015は決して完璧な内容ではない．なぜもっと理解しやすく規定できないのか，ISO 9001:2015との整合も不十分ではないか，など多くの欠点を指摘することは可能であろう．それでもISO 14001:2015は，現時点での国際合意であり，世界各国のエキスパートが何度も深夜まで議論した末に合意した内容なのである．

改めて述べるが，ISO 14001:2015は従来と同様，世界のどの地域でも，どのような業種でも，またどのような規模の組織でも適用できる"ミニマム・コア・スタンダード（最小限の中核となる標準）"であって，ベストプラクティスを規定しているわけではない．本書第1部1.1.1で述べたように，ISO 14001は法令順守を越えて（Beyond compliance）自主的な取組みを実行する仕組みである．

1993年にスタートしたISO 14001の開発作業に初めから参画し，以来20年以上にわたりこの規格について国際会合で議論を続けてきた筆者にとって，ISO 14001:2015は，今後20年にわたって環境経営を推進するためのインフラとして有効な機能を具備した規格に生まれ変わったものと考えている．

2. EMSの将来課題スタディグループの勧告

2.1 EMSの将来課題スタディグループの設置と検討の経緯

EMSの将来課題スタディグループ（"Future Challenges for EMS" Study Group）は，TC 207/SC 1の2008年ボゴタ総会で設置が決議され，オランダ規格協会のディック・ホルテンシウス氏を主査とし，26か国，2機関（EC：欧州委員会，EFAEP：欧州環境専門家ネットワーク）から筆者を含む39名が参画した．

2. EMS の将来課題スタディグループの勧告

スタディグループは，2008年秋から電子メールで多様な意見を収集し，2009年のTC 207/SC 1カイロ総会で初会合を開催した．同会合では，課題を次に示す11のテーマに分類して提言を取りまとめることに合意し，作業を進めた．

《EMS の将来課題スタディグループの検討テーマ》

1 持続可能な開発及び社会責任の一部としての環境マネジメントシステム
2 環境マネジメントシステムと環境パフォーマンス及びその改善
3 環境マネジメントシステムと法令及び外部利害関係者の要求の順守
4 環境マネジメントシステムと全体的・戦略的ビジネスマネジメント
5 環境マネジメントシステムと適合性評価
6 環境マネジメントシステムと小組織での適用
7 環境マネジメントシステムと製品サービスの，バリューチェーンを含む環境影響
8 環境マネジメントシステムとステークホルダーエンゲージメント
9 環境マネジメントシステムとパラレル又はサブシステム（セクター／側面）
10 環境マネジメントシステムと，製品情報を含む外部コミュニケーション
11 国際政治アジェンダの中での環境マネジメントシステムの位置付け

スタディグループは2010年のTC 207/SC 1レオン総会で報告書の骨子について合意し，その結果がTC 207/SC 1総会において審議・了承された．レオン会合で出された意見を反映したスタディグループの最終報告書は2010年9月にSC 1メンバーに回付された．

2.2 EMS の将来課題スタディグループ報告書

スタディグループ報告書には，一般勧告（General Recommendations）と，

11のテーマごとの課題の説明，分析，分析のまとめ，ISO 14001改訂に関する勧告（Recommendations），その他の勧告が記載されている．ISO 14001改訂に対する一般勧告としては，次の3点が記載されている．

〈一般勧告〉
- スタディグループが特定した全てのテーマはISO 14001の将来の適切性にとって重要な事項であり，本報告書の勧告を次期改訂において考慮することが望ましい．
- 新たな要求事項を導入する際は，先進組織のことだけを考えるのではなく，入門レベルの組織についても，排除したり躊躇させることのないように策定されることが望ましい．要求事項の適用が徐々に広がるような，成熟度評価の適用について考慮されることが望ましい．
- 組織は，ISO 14001のプロセスを自らの環境・ビジネスの優先順位と整合させる責任をもつことが望ましい．

一般勧告に続いて，テーマ1～11に関する検討結果と改訂作業において考慮すべき事項が述べられており，改訂に対する勧告事項として表1.2に示した24項目が提起された．

《テーマ1》 持続可能な開発及び社会責任の一部としての環境マネジメントシステム

今や多くの組織が持続可能な開発及び社会的責任に関する方針をもち，環境への対応はその一部となってきている．ISO 26000：2010（社会的責任に関する手引）は，組織の社会的責任に関する包括的なガイダンス文書で，かつ同じISO規格であることから，本テーマの分析のための参照文書とされた．ISO 26000には，持続可能な開発には"経済"，"社会"，"環境"という三つの側面があり，これらは相互に依存していると記されている．社会的責任は，組織に焦点を合わせたもので，持続可能な開発と密接に結び付いており，持続可能な

開発は全ての人々に共通の"経済","社会"及び"環境"に関する目標であるから,組織の社会的責任の包括的な目的は,持続可能な開発に貢献するものであるべきと指摘している.

ISO 26000 は,社会的責任の中核主題として七つの主題を示しており,その一つとして環境が位置付けられている(ISO 26000, 6.5).

ISO 26000 の分析の結果,ISO 14001 と ISO 26000 のアプローチには概念的な違いはなく,ISO 14001 は,ISO 26000 による社会的責任の環境に関する部分を実施するための基盤として使用できると結論付けている.そのうえで,次の五つの勧告事項を提示している.

〈ISO 14001 改訂に関する勧告事項〉
- 以下の課題への考慮を強化する.
  ― 環境マネジメント/課題/パフォーマンスに関する透明性/説明責任
  ― バリューチェーンへの影響/責任
- 環境マネジメントを持続可能な開発への貢献の中により明確に位置付ける.
- 汚染の防止の概念を拡大/明確化する.
- ISO 26000 細分箇条 6.5 の環境原則への対応を考慮する.
- ISO 26000 と ISO 14001 の用語の整合性を考慮する.

ISO 26000 はきわめて包括的な内容を扱っているため,環境に関連する事項も本テーマだけでなく,テーマ7(環境マネジメントシステムと製品サービスの,バリューチェーンを含む環境影響),テーマ8(環境マネジメントシステムとステークホルダーエンゲージメント)及びテーマ 10(環境マネジメントシステムと,製品情報を含む外部コミュニケーション)にも関係している.

また,環境マネジメントシステムの実践において,事業所の環境マネジメントシステムと本社の戦略的な持続可能な開発に関する方針の間のリンクが多くの場合弱いという問題は,テーマ4(環境マネジメントシステムと全体的・戦略的ビジネスマネジメント)で対応されている.

《テーマ2》 環境マネジメントシステムと環境パフォーマンス及びその改善

　ISO 14001 は，全体的な環境パフォーマンスの改善を達成することを目指しているが，要求事項としては必ずしも明確に示されていない．継続的改善と環境パフォーマンスの定義を合わせて読めば，環境マネジメントシステムの改善には環境パフォーマンスの改善が含まれることが示されるが，理解しやすいとはいえない．また，ISO 14031:1999（環境マネジメント―環境パフォーマンス評価―指針）と ISO 14001 の間には明確なリンクがなく，環境パフォーマンスの定義が異なる．ISO 14031 は広く知られている，又は使用されているとはいいがたい．

　こうした分析から，次の勧告事項が提示された．

〈ISO 14001 改訂に関する勧告事項〉

- ISO 14001 の中で，環境パフォーマンスとその改善の要求事項を明確化する．
- ISO 14001 の 4.5.1 で，環境パフォーマンス評価（指標の使用など）を強化する．これに関して，ISO 14031，ISO 50001 及び ISO 外の EMAS-Ⅲ，GRI などでのパフォーマンスの取扱い方法を考慮する．

　二つ目の勧告事項で，ISO 50001（エネルギーマネージメントシステム）について言及されているが，ISO 50001 では，"エネルギーパフォーマンス指標"とその評価のための"ベースライン"を決定することが要求事項となっており，ISO 14001 でもこのような要求事項を採用することが望ましいとの意見が，SC 1 での大勢を占めた．

　EMAS-Ⅲ とは，EU の環境管理・監査スキーム（EMAS）の第 3 次改正版（2009 年）で，環境マネジメントシステムの継続的改善ではなく，環境パフォーマンスの継続的改善を明確に求めている．また，GRI（グローバル・レポーティング・イニシアティブ）は国際的な持続可能性報告の指針を 2000 年から策定している国際 NPO である．GRI による"持続可能性報告ガイドライ

ン"*5 では，環境への取組みを示す指標が 34 項目にわたって詳細に定義されている．組織はその中で，該当するものについて指針の定義に準拠して報告することが求められ，報告しない指針については除外理由の報告が求められる．

こうした多くの国際的な規範では，環境マネジメントシステムという"仕組み"があるだけではもはや十分と見なされることはなく，環境マネジメントシステムが実施され，継続的に改善される結果として，実際の環境パフォーマンスが継続的に改善されることがいっそう重要になってきている．

《テーマ 3》 環境マネジメントシステムと法令及び外部利害関係者の要求の順守

法令順守は環境マネジメントシステムの重要課題の一つであるが，いかなる組織でも常に法令を順守していると実証するのは不可能であり，そうした実証は，特定の場所と時に対して実施可能である．したがって，環境マネジメントシステムに対する認証は，完全な法令順守の保証にはならない．

法令順守に対するコミットメントとは何を意味するのかについては，様々な見方があるが，組織は，法令順守に関する要求事項を実施し，その順守状況に関する知識をもち，もし不順守が見つかれば，順守を達成するための取組みがなされなければならない．こうした分析の結果，次の勧告事項が採択された．

〈ISO 14001 改訂に関する勧告事項〉
- ISO 14001 で法令順守を達成するアプローチ／メカニズムを明確に記述し，伝達する．
- 法令順守へのコミットメントを実証する，という概念に対応する．
- 組織の順守状況に関する知識及び理解を実証する，という概念を含むことを考慮する．

---

*5　最新版は 2013 年発行の第 4 版で，G4 と呼称されている（執筆時現在）．

ここでも，単に手順や仕組みがあるというだけではなく，法令及びその他の要求事項についての知識・理解が重要で，知識と理解について実証できるだけの力量が求められることを認識しなければならない．

《テーマ4》 環境マネジメントシステムと全体的・戦略的ビジネスマネジメント

このテーマは多面的な課題を含み，次の四つの側面が記載されている．

① 環境マネジメントシステムを，組織の全体的な事業マネジメントに統合・整合させる．これには組織を通じた水平的な統合（購買，設計，技術など）と垂直的な統合（戦略レベル，運用レベルなど）がある．
② 組織の持続可能性や社会的責任のマネジメントとの関係（テーマ1）．
③ 他のISOマネジメントシステム規格の統合的利用に関する課題．
④ リスクマネジメントと環境マネジメントシステムの関係．

これらの課題に関する分析結果としては，ISO 14001は組織の戦略的事業プロセスとの統合を妨げたり，困難にすることはないが，実際のところ，環境マネジメントシステムはほとんど運用（操業）レベルで構築されており，戦略的な事業マネジメントにリンクされていないと指摘している．ISO 14001の適用の実態は国内でも同様の状況にあると思われ，環境マネジメントシステムの適用レベルを戦略レベルに持ちあげることは世界的な課題であり，今回の改訂の主要な目的の一つである．

本テーマに関する勧告事項は次のとおりである．なお，"JTCG共通テキスト"とは，本書第2部（マネジメントシステム規格の整合化）で解説する，"ISO/IEC専門業務用指針―第1部，統合版ISO補足指針―ISO専用手順，附属書SL"で規定される内容を指している．

〈ISO 14001改訂に関する勧告事項〉
- 環境マネジメントの戦略的考慮，組織にとっての便益と機会について，序文だけでなく要求事項の中で考慮する．
- 環境マネジメントと組織の中核ビジネスとの関係，すなわち，製品及び

2. EMSの将来課題スタディグループの勧告

サービスと利害関係者との相互作用について（戦略レベルで）強化する．
- "組織の状況"に関するJTCG共通テキストを，環境マネジメントと組織の全体戦略の間のリンクを強化することに使用する．
- 新たな（戦略的）ビジネスマネジメントモデルの示唆を，ISO 14001に適用することを考慮する．

《テーマ5》 環境マネジメントシステムと適合性評価

　第三者による適合性評価（認証・登録）の信頼性は，規格の規定内容以外の多くの要素によって影響を受けており，ISO 14001に限った課題ではない．

　規格についていえば，要求事項の解釈を世界的に整合したものとするように，あいまいな表現や検証に困難を生じるような要求事項を排除することが重要である．解釈に離齬（そご）が生じた場合の公式な解釈プロセスを提供することも必要であり，これは改訂に関する勧告事項とは別に指摘されている．

〈ISO 14001改訂に関する勧告事項〉
- ISO 14001の要求事項を，明確に，あいまいさがないように記述する．
- 必要な部分について，附属書Aで明確な指針を提供する（要求事項の誤った解釈を防止するという現在の目的に従って）．

　国内委員会にも，解釈の要請に応える役割があり，2004年版に対するユーザーからの解釈要請に対する回答が，日本規格協会のウェブサイトで開示されている[*6]．

　国内委員会が受け付けた解釈要請内容とそれに対する回答は，ISO/TC 207/SC 1に報告され，SC 1全体会合で毎年各国の解釈をレビューし，問題があれば是正される．なお，ISO/TC 207/SC 1及びその国内委員会が受け付ける解

[*6] 日本規格協会ウェブサイトの「ISO 14000ファミリー規格開発情報」参照．

釈要請は，あくまで普遍的な内容をもつものに限られ，個々の組織に適用するためのアドバイスのような個別の解釈要請は，検討の対象外である．

《テーマ 6》 環境マネジメントシステムと小組織での適用

ISO 14001 の適用が中小企業（SME：Small and Medium-sized Enterprise）では相対的に難しく，何らかの配慮が必要ではないかという議論は，1993 年に TC 207/SC 1 が発足以来継続しており，多様な意見があるために評価は定まっていない．TC 207/SC 1 の公式な見解としては，ISO 14001 は小（small）組織にも適用可能としているが，一方で中小企業のための"簡易版環境マネジメントシステム"というものが，日本をはじめ欧州，その他諸国にも多数存在している．こうした状況を踏まえて，スタディグループでは本テーマに対しては，次の勧告事項を取りまとめた．

〈ISO 14001 改訂に関する勧告事項〉
- シンプルでわかりやすい要求事項を記述／維持することで，ISO 14001 の中小企業への適用性を維持する．
- CEN ガイド 17（マイクロ，及び中小企業のニーズを考慮した規格作成の指針）によるガイダンスを考慮する．

ここで，CEN とは欧州標準化委員会[*7]のことで，CEN ガイド 17 とは，正式には CEN と CENELEC（欧州電気標準化委員会）[*8]が共同で 2010 年 6 月に策定したガイダンス文書"CEN-CENELEC ガイド 17"である．ISO では CEN-CENELEC ガイド 17 に基づいて，同じタイトルの ISO ガイダンス文書を 2013 年 4 月に公表し，"ISO/IEC 専門業務用指針，統合版 ISO 補足指針"の 2013 年版から統合版 ISO 補足指針 附属書における参考文書として採用し

---

*7 CEN：European Committee for Standardization
*8 CENELEC：European Committee for Electrotechnical Standardization

2. EMS の将来課題スタディグループの勧告

ている．この文書は，2014年2月に ISO 14001 改訂 WG 内にも回付された．

《テーマ7》 環境マネジメントシステムと製品サービスの，バリューチェーンを含む環境影響

バリューチェーンでの環境マネジメントは，ISO 14001 の管理できる及び影響を及ぼせる環境側面として対処されており，また従来から，運用管理では組織が使用する物品とサービス及びそのサプライヤーや請負者の著しい環境側面が管理対象とされている．しかし，ライフサイクルの視点やバリューチェーンマネジメントは明確に規定されておらず，組織の対応には大きなばらつきがある．

こうした実態を踏まえて，次の勧告事項が提示された．

〈ISO 14001 改訂に関する勧告事項〉
- 製品及びサービスの環境側面の決定と評価において，ライフサイクル思考及びバリューチェーンの観点に対応する．
- 組織の優先順位と整合して，環境に関する戦略的考慮，設計及び開発，購買，マーケット及び販売活動に関連する明確な要求事項／指針を含む．

スタディグループ報告書では，バリューチェーンやライフサイクルでの取組みは時間をかけて成熟し強固なものになっていくとしており，初めから全ての課題に対して一律な対応を求めるものではない．

《テーマ8》 環境マネジメントシステムとステークホルダーエンゲージメント

このテーマは，テーマ1（持続可能な開発及び社会責任の一部としての環境マネジメントシステム）から派生したものである．附属書 SL では，"利害関係者"を推奨用語とし，"ステークホルダー"は全く同じ意味の"許容用語"として定義されている［本書第2部3.（用語及び定義）参照］．

ISO 14001 では，利害関係者に対応してはいるが，ISO 26000 ほど包括的なものではない．JIS Z 26000:2012（ISO 26000:2010 と一致の日本工業規格）

では，"ステークホルダーエンゲージメント"を，次のように定義している．
　"組織の決定に関する基本情報を提供する目的で，組織と一人以上のステークホルダーとの間に対話の機会を作り出すために試みられる活動"
また，同規格の箇条5では，それに関する取組みの指針が提供されている．
　ISO 14001の要求事項として，どこまで"ステークホルダーエンゲージメント"を求めることができるのか，適切なのかは，きわめて難しい問題である．このテーマの勧告は，体系的なアプローチを導入するという表現で，組織に戦略的なレベルでの対応を求めているものである．

〈ISO 14001 改訂に関する勧告事項〉
- JTCG共通テキストに基づき，環境課題の決定，利害関係者との協議，コミュニケーションのためのより体系的なアプローチを導入する．

《テーマ9》 環境マネジメントシステムとパラレル又はサブシステム（セクター／側面）

　このテーマは，テーマ2（環境マネジメントシステムと環境パフォーマンス及びその改善）の議論の中から浮上してきた．エネルギーマネジメントシステムなど，特定の環境側面に対して別の（サブ）システムを構築したり，特定業種（セクター）向けの規格開発を目指す動きも広がる傾向にある．こうした動向に対して，TC 207/SC 1としては，ISO 14001はエネルギーの使用を含む全ての環境側面や全ての業種に対して一般的に適用できるものであるとの立場を堅持しようとしている．
　このテーマについては，ISO 14001改訂に関する勧告事項はなく，その他の取組みに対する勧告事項として，次のように述べられている．

2. EMS の将来課題スタディグループの勧告

〈その他の取組みに関する勧告事項〉
- ISO14001 の広範な適用可能性と，環境側面ごとに分けて対応するのではなく，より広い観点で考慮することの利点をコミュニケートする．

具体的には，TC 207/SC 1 として，環境側面別や，業種別規格の乱立を防止すべく，ISO 14001 がどのような側面及び状況に対しても適用できることを示す参考文書を開発し，普及する活動に注力するとしている．

《テーマ10》 環境マネジメントシステムと，製品情報を含む外部コミュニケーション

このテーマも，テーマ2及び部分的にはテーマ7及び8から派生したものである．これは，環境パフォーマンス情報のコミュニケーションより広い課題を想定している．ISO 14001:2004 は先行的な(プロアクティブな)外部コミュニケーションを要求してはおらず，製品やサービスの環境側面に関する情報提供の要求事項もない．現状の要求事項は今後の社会的要請から見て不十分であるとの認識が共有され，次の勧告事項が採択された．

〈ISO 14001 改訂に関する勧告事項〉
- ISO 14001 の改訂は，コミュニケーションの目的，関連する利害関係者の特定，いつ何をコミュニケーションするかの記述を含む外部コミュニケーション戦略を確立するための要求事項に対応する．
- 外部の利害関係者に対する製品及びサービスの環境側面に関する情報について，附属書 A で指針を提供する．

ここでも"戦略"という言葉が使用されているように，外部コミュニケーションへの対応のあり方を決定するのは，組織の戦略レベルの役割である．

《テーマ11》国際政治アジェンダの中での環境マネジメントシステムの位置付け

ISO 14001 の認証取得組織は，全世界で 18 万件[*9] あり，対前年度比で 22% 増加するなど普及が急速に拡大している．一方で，2009 年 12 月にデンマークのコペンハーゲンで開催された，第 15 回気候変動枠組条約締約国会議（COP 15）に集まった世界の首脳達からは，低炭素社会を実現する必要性についての多くのコメントが発信されたが，誰一人として ISO 14001 に言及した首脳はいなかった．

国際政治の舞台では，ISO 14001 が低炭素社会への移行に向けて重要なツールとなるというような認識は共有されていない．このテーマは，ISO 14001 の地位を世界の首脳が注目するようなところまで引きあげないと，環境の世紀において，十分な貢献ができないのではないかという危機感から提起されたものである．このテーマへの対応については，気候変動問題や資源問題など，広範な課題への ISO 14001 の適用可能性を PR，すなわちプロモートすべきという提言が記されているが，ISO 14001 改訂に関する勧告事項はない．

改訂マンデートの中で，"EMS 将来課題スタディグループ" の最終報告書を考慮することが明記され，NWIP にはスタディグループの ISO 14001 改訂に関する勧告事項をリスト化した文書（表 1.2）が添付された．この文書を含んだ NWIP が，加盟国投票で反対なしで可決されたことによって，スタディグループの勧告事項は 2015 年改訂の内容にきわめて大きな影響を与えるものとなった．

3. ISO 14001 継続的改善調査とその結果

3.1 調査の実施

前節で見てきたように，ISO 14001 改訂に向けて ISO/TC 207/SC 1 にスタディグループが設置され，そこで各国のエキスパート（代表委員）により，環

[*9] スタディグループ報告書記載の 2008 年末のデータであり，2013 年末には 30 万件を超えている．

3. ISO 14001 継続的改善調査とその結果

境マネジメントシステムの将来課題についての検討が行われ，24 の勧告事項が得られた．しかし，それだけでは ISO の中にいる専門家だけの見解に終わってしまう．ISO 14001 のユーザーは，認証件数だけでも世界 170 か国で約 30 万件にのぼる．実際に規格を使用している人々の意見を聞いて，ISO 14001 の規格の改善を図ろうということを，2011 年オスロ総会にて日本が提案した．その結果，アドホックグループが設置され，ISO 14001 継続的改善調査（ユーザーサーベイ）が実施されることになった．

ISO 14001 継続的改善調査プロジェクトは，2012 年から 2013 年にかけて実施された．まず，アドホックグループにおいて調査設計や調査手法の検討を行った．調査の目的は，環境マネジメントシステムの将来課題にどの程度取り組むべきかについて，規格ユーザーの見解を調査し，ISO 14001 と ISO 14004 改訂検討作業の参考とすることである．ここで規格ユーザーとは，認証取得などによって現在 ISO 14001 を運用している組織のほかに，過去に運用経験のある組織，今後認証取得などの利用を予定している組織，研究者や学生など ISO 14001 の知識を有する個人，ISO 14001 規格の関係者（適合性認定機関や認証機関，教育機関，コンサルタント，行政など）と幅広く対象にした．

設問の概要を**表 1.6** に示す．その主眼は，環境マネジメントシステム規格の

表 1.6 ISO 14001 継続的改善調査の設問概要

セクション 1	回答者プロフィール ・ISO 14001 規格運用組織か否か ・所在地，組織規模など
セクション 2	ISO 14001 などの価値 ・ISO 14001 は事業経営や環境管理にどのように役立つか ・要求事項本文の解釈や実施の手引きはどの程度使われているかなど
セクション 3	将来課題について ・環境マネジメントシステムの将来課題についてどのように規格へ反映すべきか

［資料：ISO/TC 207/SC 1 Ad Hoc Group User Survey 各種資料より筆者作成．］

将来課題についてである．例えば，社会的責任原則，サプライチェーン管理，ライフサイクル思考，環境報告のあり方などについて，どの程度ユーザー側に受容度があるのか，大企業と中小・零細企業の意見はどう異なるのか，国や地域によって温度差はあるのか，といった点に関心があった．

調査方法はインターネット上でのアンケートとし，日本語を含め11か国語で作成され，2013年1月末～4月末の3か月間，世界各国で実施された．なお，本調査ではサンプリング（標本抽出）を行っておらず，得られた結果は統計的に処理されていない．つまり"有志の回答者の意見"の合計であって，特定の国やグループの意見を代表しているとはいえないことに留意しながらも，一定程度は参考になるデータとして，改訂時に考慮することになった．

3.2 調査結果

調査結果の概要を以下に示す．回答者全体の状況としては，世界110か国から約5,000件の回答を得た．ただし，このうち全ての設問に回答された数は3分の2程度にとどまった．特に，環境マネジメントシステムの将来課題に関するセクションの途中で回答を中断しているケースが多く見られた．設問が少し複雑すぎたのかもしれず，反省点である．なお，日本語での回答は約400件あった．

回答者の54％が環境マネジメントシステム運用経験のある，又は将来の導入予定者を含む，いわゆる規格ユーザーであった（図1.4）．ユーザーと答えた回答者の所属組織規模は，501人以上の大組織が37％，101人～500人の中規模組織が36％，100人以下が28％であった（図1.5）．また所在地は，半分以上（57％）は欧州であり，北米17％，中南米12％，日本を含む東アジア及び太平洋地域10％などとなっている（図1.6）．産業別（複数回答可）で見ると，約68％が製造業であり，サービス業が26％，第一次産業は7％であった（図1.7）．

3. ISO 14001 継続的改善調査とその結果

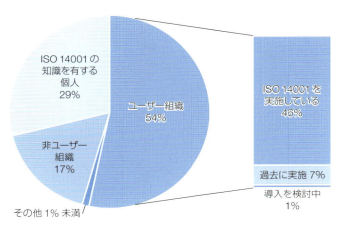

図 1.4　調査回答者の性質

［資料：ISO 14001 Continual Improvement Survey 2013：Executive Summary，Feb 2014］

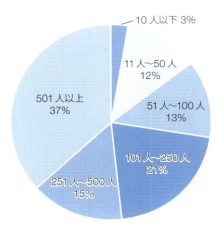

図 1.5　ユーザー回答者の組織規模（従業員数）

［資料：ISO 14001 Continual Improvement Survey 2013：Executive Summary，Feb 2014］

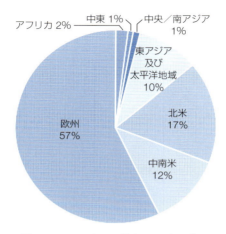

図 1.6 ユーザー回答者の地域別内訳

［資料：ISO 14001 Continual Improvement Survey 2013：Executive Summary，Feb 2014］

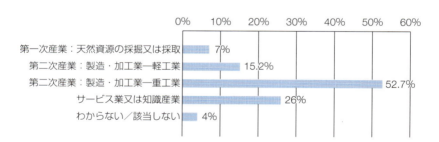

図 1.7 ユーザー回答者の産業別内訳（複数回答）

［資料：ISO 14001 Continual Improvement Survey 2013 Final Report and Analysis，Feb 2014 に基づき筆者作成．］

3. ISO 14001 継続的改善調査とその結果

ISO 14001 の導入による事業経営上の利点を複数回答してもらったところ，ユーザー組織では"利害関係者の要求に応える"を"高い"，"とても高い"とした回答者が最も多く，合わせて 59％に上った．次いで"パブリックイメージ向上"(58％) であった．この結果は，"ISO 14001 適用の要因"(複数回答) で一番多くあげられたが"顧客要求"であったことと符合している．事業経営上の利点で 3 番目に多かった回答は"戦略目標の達成"(55％) であるが，これは規格適用の要因回答で 3 番目に多かった"負の環境影響に関するリスクの低減"とも合っていて興味深い．一方，支援情報である ISO 14001 の附属書 A については，64％のユーザー回答者が"ほとんど／全く参照しない"あるいは"わからない"としており，利用度が低いことがわかった．改善の方向性としては，64％が"明確性の向上"又は"内容の拡充"をすべきと回答している．

環境マネジメントシステムの将来課題に関する回答傾向は，概して，①"規格要求事項にすべき"という強い意見よりは，②(要求事項化ではなく)"手引きや説明の充実"，③"限定的な解釈明確化"といった程度にすべきという，前向きながらも弱い意見が多かった．こうした中でも，"汚染の予防"，"エコ・エフィシェンシー(環境効率)"，"ライフサイクル思考"については要求事項化への意向(又は受容度) が比較的高いことがわかった(**図 1.8**)．これに対して，マーケティングや販売における取組みや，外部コミュニケーションの強化については，③"変更を望まない・現状どおりであるべき"とする意見が強かった．

なお，環境マネジメントシステムの運用を自ら行わない利害関係者(うち 7 割がコンサルタント) の回答は，全ての勧告事項において"規格化すべき"との強い意見であった．環境マネジメントシステムの運用者である規格ユーザーがあまり変化を好まないのとは対照的である．

さらに，筆者が独自に行った日本のユーザーの回答についての分析を紹介したい．ここでは，ISO 14001 を現在又は過去に運用経験のある"ユーザー"の回答プロファイルに更に絞り込んで(すなわち，これから運用予定という将

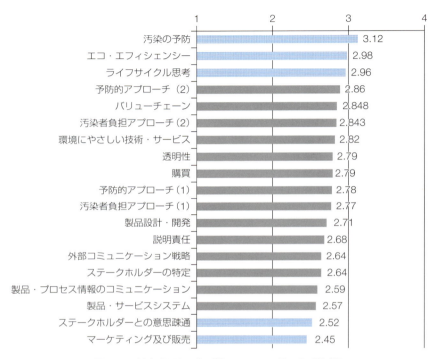

図 1.8　将来課題の重要性について（加重平均値）

［資料：ISO 14001 Continual Improvement Survey 2013：Executive Summary，Feb 2014］

来のユーザーを除き）比較を行った．無回答を除き，世界 1,773 件，日本 126 件の回答があった．世界においても環境マネジメントシステムを 6 年以上運用している組織からの回答が最も多く 52％を占めているが，それに比べても日本のユーザー回答群の方が，より大規模で成熟した環境マネジメントシステムの組織になっている（図 1.9）．

　環境マネジメントシステムの将来課題については，世界と同じ傾向であった．ただし，製品情報開示については，世界平均よりも積極的であり，バリューチェーンについては，より消極的であることが見てとれた．（図 1.10）

3. ISO 14001 継続的改善調査とその結果

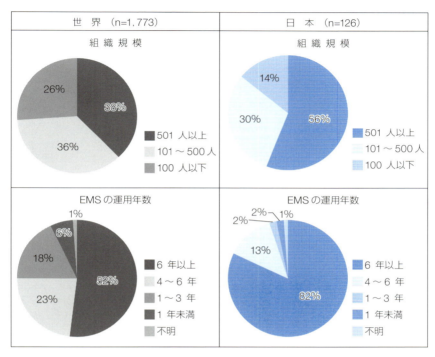

図 1.9 日本と世界の"ユーザー"回答者のプロファイル比較

［資料：ISO/TC 207/SC 1 Ad Hoc Group User Survey 各種資料を用いて筆者作成．］

　環境マネジメントシステムの将来課題については，かなり積極的な内容であるにもかかわらず，今回の回答ユーザーの受容度は予想よりも高いという印象を受けた．個人的には，もっと強い拒絶反応があるかもしれないと思っていたためである．調査結果を踏まえ，改訂 WG では，24 の勧告事項の反映のあり方を検討していった．

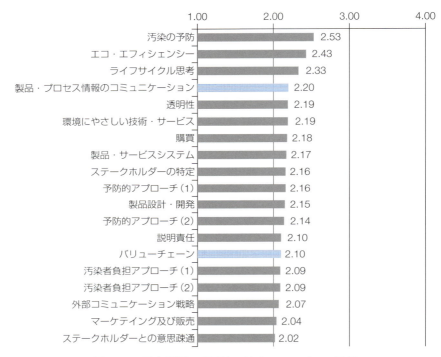

図 1.10 将来課題の重要性：日本のユーザーの回答

［資料：ISO/TC 207/SC 1 Ad Hoc Group User Survey 各種資料を用いて筆者作成．］

4. ISO 14001：2015 の理解のために

4.1 ISO 14001：2015 の構成と 2004 年版からの重要な変更点

　規格の逐条解説に入る前に，ISO 14001：2015 の要求事項の重要なポイント，特に 2004 年版にはなかった要求事項や，大きな変更について概要を把握しておくことは，個々の要求事項を理解するためにも効果的であると思われる．

　ISO 14001：2015 の改訂作業を通じて，特に重点を置いて考慮された事項については，ISO 14001 を所管する ISO/TC 207/SC 1 による公式な公表文書

"ISO 14001 の改正，スコープ，スケジュール及び変更点に関する情報文書（2014 年 7 月更新版）"の中で，"改正によってどのような変更が生じてきているのか？"と題した部分で，以下の 7 項目が掲載されている[*10]．

- 戦略的な環境管理
- リーダーシップ
- 環境保護
- 環境パフォーマンス
- ライフサイクル思考
- コミュニケーション
- 文書類

この 7 項目は，本書第 1 部 4.3（ISO 14001：2004 からの認証の移行）で解説する，国際認定フォーラム（IAF）による ISO 14001：2015 への移行計画の指針（IAF ID 10：2015）[*11] に転載されている．このため，ISO 14001：2004 を基準とした認証から，ISO 14001：2015 を基準とした認証に移行する場合に重点的に確認される事項となる．

上記 7 項目の内容については公開文書を参照していただきたいが，これらの 7 項目は一般向けに総括された内容であり，ISO 14001：2015 の重要な変更点を全て含んでいるわけではない．例えば，ISO 14001：2015 では"手順"を求める要求が全廃され，"プロセス"に基づくシステム要求に変わっている．このような技術的内容については公開文書では触れられていない．

ここでは，ISO 14001：2015 の内容を詳細に理解したい読者のために，公式

[*10] この文書は世界中で公開されており，和訳は日本規格協会ウェブサイト（ISO 14000 シリーズ関連情報）で公開されている．
なお，2015 年 3 月 18 日以降に日本規格協会が公開する文書では，"revision"の日本語訳について，JIS の場合は"改正"，ISO 規格，IEC 規格の場合は"改訂"という表記を原則として用いている（JIS Z 8002 に基づく）．この文書は 2014 年 7 月に公表されたものであるため，"改訂"ではなく"改正"という言葉を使用している．

[*11] IAF の指針の邦訳版は，公益財団法人日本適合性認定協会（JAB）のウェブサイトで，2015 年 3 月 3 日付けで公開されている（執筆時現在）．

に表明された7項目を包含したうえで，2015年改訂で導入された主要な事項を10項目に整理して解説する．

以下に解説する10項目のうち，(1)，(2)，(3)，(4)，(10) は主として附属書SLの適用による変更で，(5)，(6)，(7)，(8) 及び (9) はスタディグループの勧告事項に起因する変更である．

(1) 戦略的な環境マネジメントへ

ISO 14001の適用は製造業の事業所から始まったこともあり，現在でも現場管理レベルでの適用が多い．一方で，環境問題の深刻化に対応するためには，企業の戦略レベルでの対応が不可欠である．附属書SLの共通要求事項は"組織とその状況"の認識を求めること（箇条4）から始まり，環境マネジメントシステムが意図した成果を達成するために，経営戦略的に考慮すべき"リスク及び機会"の決定を求めている（6.1）．これらの要求事項は，ハイレベル（経営戦略的）な視点での課題の認識と取組みの決定を求めるものである．

ISO 14001:2015では，"リスク及び機会"というフレーズを"潜在的で有害な影響（脅威）と潜在的で有益な影響（機会）"と定義したうえで，"リスク及び機会"には三つの原因，すなわち細分箇条6.1.2で決定される"環境側面"，6.1.3で決定される"順守義務（2004年版の法的及びその他の要求事項と同じ意味）"及び4.1及び4.2で決定される"組織の状況や利害関係者のニーズ及び期待"があることを明確にした．

"リスク及び機会"は附属書SLに準拠して，①環境マネジメントシステムが，その意図した成果を達成できるという確信を与える．②外部の環境状態が組織に影響を与える可能性を含め，望ましくない影響を防止又は低減する．③継続的改善を達成する，という三つの目的に照らして決定し，それに対する取組みの計画を戦略レベルで策定することを求めている．

なお，"著しい環境側面"と"順守義務"は"リスク及び機会"に関連しなくとも，従来どおり環境マネジメントシステムの中でマネジメントすべき対象であることはいうまでもない．

(2) プロセスの概念の導入

附属書 SL では"プロセス"の確立を求める包括的な要求事項が，細分箇条 4.4（XXX マネジメントシステム）と 8.1（運用の計画及び管理）に規定されており，必要なプロセスは組織が決めるという立場をとっている．また，"手順"という用語はない．

附属書 SL も ISO 14001：2015 も，ISO 9001 のように"プロセスアプローチ"を要求するものではないとしているが，適用するうえでは従来の"手順"と"プロセス"の違いは認識しておかなければならない．

先に述べた IAF による"ISO 14001：2015 への移行計画の指針（IAF ID 10：2015）"では，"ISO 14001：2015 では，プロセスアプローチを通して，システムの有効性の実証の必要性とリスクベース思考の適用を促進している"と記載している．

"プロセス"は，"インプットをアウトプットに変換する，相互に関連する又は相互に作用する一連の活動"と定義されており，ここでいう"変換"が計画どおり安定して実施されるためには，変換を行う方法，すなわち"手順"などが必須であるとともに，変換に必要な経営資源（物的及び人的），計画どおりに変換が実施されていることを確認するためのプロセス内の監視や測定とその判断基準，プロセスの責任者などの事項を決めておかなければならない．

すなわち，従来の"手順"は"プロセス"の一構成要素に過ぎず，"手順"があっても必要な資源や，手順の実行管理が伴わなければ計画した結果を得ることはできない．"プロセス"をしっかりと確立することで環境マネジメントシステムの有効性が向上するのである．

(3) 事業プロセスへの統合

附属書 SL 由来の要求事項に，"組織の事業プロセスへの環境マネジメントシステム要求事項の統合を確実にする．"という規定があり，これは細分箇条 5.1（リーダーシップ及びコミットメント）の中でトップマネジメントが実証しなければならない事項の一つとして要求されている．

この要求事項の背景を理解するうえで，公益財団法人日本適合性認定協会

(JAB) が 2007 年 4 月 13 日付で公表した "マネジメントシステムにかかわる認証制度のあり方" と題したコミュニケ[*12]がよい参考となる．コミュニケでは，組織のマネジメントシステムについて次のように述べている．

　本来，組織のマネジメントシステムは，組織のビジネス及び組織が社会の一員として行う付帯業務をマネージするただ一つのシステムである．

　マネジメントシステム規格の要求事項は，各々の段階で第三者認証を受けるか否かではなく，組織のビジネスの流れに基づいた一つのマネジメントシステムの中に組み込まれ，統合一体化されて，初めて有効に機能する．

　"事業プロセスへの統合" は，マネジメントシステム規格を適用する組織にとって有用なだけでなく，その認証制度の社会的信頼性を確保するためにも不可欠なものである．

（4）　経営者のリーダーシップ・責任の強化

　環境マネジメントシステムを経営戦略レベルで展開するには，トップマネジメントのリーダーシップとコミットメントが不可欠である．このため，箇条 5 でトップマネジメントに対する要求事項が詳細に規定されており，トップ自らが積極的関与を実証するとともに，組織の中間管理者層に対する指導，支援を行うことなどが規定された．

　"事業プロセスへの統合" もトップの実証項目の一つであり，これこそトップ主導で推進しなければ実現できないものである．

　トップに対する要求事項は，必ずしもトップ自らが実施しなくても，適切な担当役員や部門長に実行を委任できるが，"説明責任" は委任できない．他者に委任した内容の実施状況を確認し，トップ自らがその状況について説明できることが求められる．

[*12] 公式声明書．

（5） 対処すべき環境課題の拡大

ISO 14001：2004 では，"汚染の予防"へのコミットメントを求めていた．2010 年に発行された ISO 26000（社会的責任に関する手引）では，環境課題を"汚染の予防"，"持続可能な資源の利用"，"気候変動の緩和及び気候変動への適応"，"環境保護・生物多様性及び自然生息地の回復"の四つの課題に整理して，対応の指針を提示した．

スタディグループの勧告事項の一つとして，ISO 26000 との整合があげられており，ISO 14001：2015 の環境方針によるコミットメントも，ISO 26000 に規定された四つの環境課題に拡大された．四つの環境課題とのかかわりは，業種，立地などの要因で変わるため，企業に一律して四つの課題への対応を求めるのではなく，"汚染の予防"へのコミットメント以外については，組織とその状況の認識（4.1）に基づいて，企業がコミットメントの要否を決定するものとなった．

"対処すべき環境課題の拡大"には，環境問題の種類の拡大に加えて，"組織"と"環境"との関係を双方向で捉えるという概念の拡大もある．

従来，環境マネジメントシステムは"組織が環境に与える影響"をマネジメントする仕組みであった．これに対して，ISO 14001：2015 では"環境が組織に与える影響"も，細分箇条 4.1（組織とその状況の理解）で要求される"外部の課題"の一つとして認識し，それによる"リスク及び機会"の決定が求められる．

"環境が組織に与える影響"としては，近年世界各地で頻発する異常気象や資源の希少化の影響などが考えられる．そうした影響は組織にとって脅威となるだけではなく，事業機会にもなり得るのである．

（6） 環境パフォーマンスの重視

継続的改善に関して，マネジメントシステムの改善から環境パフォーマンスの改善へと重点が移っている．ISO 14001：2015 では，規格の意図する成果として 3 項目，①環境パフォーマンスの向上，②順守義務を満たすこと，③環境目標の達成，が明記された．

組織は，環境マネジメントシステムの有効性（計画した活動を実行し，計画

した結果を達成した程度），すなわち，環境パフォーマンスを継続的に改善しなければならない．

また，測定可能な環境目標に対しては指標の設定が求められ，監視及び測定の対象となる環境パフォーマンス全般に対して，適切な指標を用いて，組織が環境パフォーマンスを評価するための基準の決定が要求される．

（7） 順守義務のマネジメントの強化

"順守義務"という用語は，従来の"法的要求事項及び組織が同意するその他の要求事項"という表現を，意味は変えずに簡潔に置き換える用語として採用された．"順守義務を満たすこと"も規格の意図する成果の一つとして強調されており，環境方針での順守義務を満たすことへのコミットメントが確実に果たされるように，2004年版と比べ，はるかに多くの細分箇条で順守義務を満たすことに関係する要求事項が規定されている．

例えば，組織内の全ての人々が"順守義務を含む，環境マネジメントシステムの要求事項に適合しないことの意味"を認識することが求められる（7.3）．順守評価（9.1.2）では，"順守義務を満たすことに関する知識及び理解を維持する"と規定され，従来の手順要求ではなく，順守評価で実現すべき状態が規定されている．

（8） ライフサイクル思考に基づく取組み

ISO 14001:2015では，環境マネジメントを組織の上流（サプライチェーン）と下流（流通チャネル，顧客，リサイクル・廃棄物処理）に拡大することを指向している．環境側面を決定するに当たって，"ライフサイクルの視点"を考慮することが要求される．また，運用管理においても"ライフサイクルの視点"に従って，アウトソース先を含め，組織の上流及び下流の取引先に対する要求事項の決定や伝達，設計段階での環境上の要求事項の考慮が要求されている．

（9） コミュニケーションの戦略的計画と実施

利害関係者の期待やニーズの理解（4.2）には，コミュニケーションが不可欠である．組織には戦略的なコミュニケーション計画を立案し，実施することが求められる．ISO 14001:2015では，法令などで求められる行政への環境報

告なども外部コミュニケーションとして管理しなければならない．また，外部に伝達する環境情報とその信頼性も，環境マネジメントシステムによって管理することが要求される．

（10） 文書・記録などの電子化の促進

附属書 SL による共通要求事項では，文書，記録，という用語は使用されず，全て"文書化した情報"という用語に統一された．これは企業のビジネスプロセスの IT 化が加速しており，遠からず各種のマネジメントシステムに必要な文書などは全て電子化されることを想定したものである．細分箇条 7.5（文書化した情報）では，マニュアルなどを求める要求はなく，組織は自ら必要と判断する文書化した情報を整備すればよい．

2015 年改訂を契機に，企業には環境マネジメントシステムに必要な文書，記録類を全面的に電子化することを推奨したい．電子化しハイパーリンクを活用すれば規格の箇条番号の考慮は不要で，改訂への対応も容易になるだろう．

ところで，この"文書化した情報"という言葉を実際に使用している組織があるとは思われない．これに関しては，ISO 14001：2015 の附属書 A.2（構造と用語の明確化）で次のように説明されている．

JIS Q 14001：2015　附属書 A（参考）

組織が用いる用語をこの規格で用いている用語に置き換えることも要求していない．組織は，"文書化した情報"ではなく，"記録"，"文書類"又は"プロトコル"を用いるなど，それぞれの事業に適した用語を用いることを選択できる．

組織が環境マネジメントシステムを確立し，実施する際には，規格で使用される特殊な用語ではなく，組織が日常的に使用している言葉を使用することが肝要である．特殊な規格用語を組織内に導入する必要はないのである．組織の経営層が理解可能な言葉で環境マネジメントシステムを確立し，運用しなければ"事業プロセスへの統合"などできるはずがない．"文書化した情報"の概念を理解することは重要であるが，その言葉を業務の中で使用することは推奨できない．

このことはきわめて重要なので，本書では，細分箇条 8.1 の解説や，附属書 A.2 の解説において繰り返し説明している．

4.2 日本語訳について

(1) JIS 原案作成の基本事項

JIS Q 14001：2015 は，ISO 14001：2015 の技術的内容と一致しており，かつ，規格の構成（箇条，細分箇条，図，表，附属書など）が相互に対応するように作成されている（国際一致規格：IDT という）．

JIS Q 14001：2015 の JIS 原案は，環境管理システム小委員会（ISO 14001 JIS 原案作成委員会）が以下の方針で作成（翻訳）し，日本工業標準調査会（JISC）標準部会・管理システム規格専門委員会の審議を経て，2015 年 11 月 20 日付で制定された．

JIS 原案作成の基本的なルールは，次の規格で規定されている．

- JIS Z 8301：2008　規格票の様式及び作成方法
- JIS Z 8002：2006　標準化及び関連活動 ─ 一般的な用語

本書では，ISO 14001：2004 から ISO 14001：2015 への変更について，"改訂"という言葉を使用している．しかし，JIS に対しては"改正"という．このことも JIS Z 8002：2006 で規定されているが，これまで日本規格協会においても統一されていたとはいい難く，"改正"，"改訂"の表現が混在しているのが実情であったが，2015 年度よりルールの徹底が図られるであろう．

同種の混乱は，これまでの JIS Q 14001 や JIS Q 9001 においても随所に見られた．例えば，規定を表す言葉の表現形式については，JIS Z 8301 附属書 H に以下のように規定されている（理解容易なように著者が簡素化）．

意味の区別	末尾に置く語句	国際規格での対応英語
要　求	…しなければならない	shall
推　奨	…することが望ましい	should
許　容	…（し）てもよい	may
可　能	…できる	can

4. ISO 14001：2015 の理解のために

　ISO 14001 や ISO 9001 の要求事項の規定について見ると，JIS Q 14001：1996 では，要求事項（shall）は"…しなければならない"と表記されていた．ところが，JIS Q 9001：2000 では，1994 年版で要求事項を"…すること"と表記していたことを踏襲し，表現は変更されなかった．

　このため，JIS Q 14001：2004 では，JIS Q 9001：2000 との整合性を優先し，わざわざ正しい表記であった"…しなければならない"を"…すること"に変更してしまった．その後 JIS Q 9001：2008 において，JIS Z 8301 附属書 H に従って"…しなければならない"という表現に変更され，JIS Q 14001：2004 が JIS Z 8301 附属書 H に整合しない形で残されてしまった．

　JIS Q 14001：2015 では，"…しなければならない"という表現に戻している．

　英語の"may"や"can"の翻訳は，実際には前出のように画一的に当てはめると，日本語としての文章がおかしくなることにしばしば遭遇する．

　例えば，本書第 2 部で解説する共通用語の定義の中で，"マネジメントシステム（附属書 SL 3.4）"の注記 3 が"…あり得る"で終わっているが，ここの原文は"may"である．一方，"目的，目標（附属書 SL 3.8）"の注記 1 も"…あり得る"で終わっているが，ここの原文は"can"である．

　"あり得る"という日本語は，可能の意味だけではなく，許容の意味でも使われる場合がある．規格利用者の理解容易性のためには，文脈ごとに邦訳の調整を行うことが避けられない．

　附属書 SL で規定される共通用語の定義や共通要求事項は，翻訳の定型書式が，ISO/TMB/TAG 対応国内委員会で策定され，日本規格協会のウェブサイトで公開されている[*13]．

　JIS Q 14001：2015 の中で，附属書 SL をそのまま掲載している部分は，この定型書式に準拠している．これにより，例えば"awareness"という言葉の訳語について，JIS Q 14001：2004 では"自覚"，JIS Q 9001：2008 では"認識"と，違うものがあてられていたが，附属書 SL の定型書式によって"認識"に

＊13　日本規格協会ウェブサイトの「マネジメントシステム規格の整合化動向」を参照．

統一された．

また，JIS Q 14001：2004 に基づいた認証制度が広く普及していることから，制度及び利用者への無用の混乱を避けるため，原文が変わっていない箇所は，基本的に JIS Q 14001：2004 又は JIS Q 14004：2004 と整合させた．

ただし，一般的に使われている用語や，文章の分かりやすさ，また JIS Q 9001：2015 をはじめ関係の深い他の規格との整合性などを鑑みて，修正が必要と判断される箇所については，2004 年版から適宜表現の変更を行った．

(2) **JIS Q 14001：2015 の訳語で特に重要な事項**

● "management" の訳

JIS Q 14001：2004 では，"管理" としていたが，"マネジメント" の方が "管理" よりも広い概念であることと，"control" との区別を明確にするため，"マネジメント（する）" と訳した．

● "consider" と "take into account" との訳し分け

附属書 SL の共通和訳に従い，"consider" は "考慮する"，"take into account" は "考慮に入れる" と訳し分けた．前者は検討した結果に考慮した事項を含まなくともよい（反映させなくてもよい）のに対して，後者は検討した結果に考慮した事項が何らかの形で含まれる（反映させる）ことが求められる．

● 環境状態（environmental condition）の訳（3.11 ほか）

"condition" と "状況（context）" との混同を回避するため，"（環境）状態" と訳した．

● 環境目標（environmental objective）

JIS Q 14001：2004 では，"environmental objective" を "環境目的"，"environmental target" を "環境目標" と訳していたが，JIS Q 14001：2015 では，"environmental target" という言葉は削除されたため，"environmental objective" を "環境目標" に変更した．この変更には技術的な理由があり，その詳細は本書第 3 部 3.2（計画に関する用語）の中の，環境目標の定義（3.2.6）の解説を参照願いたい．

4. ISO 14001:2015 の理解のために

● "action" の訳し分け

リスクへの取組みなど計画段階での文脈では "取組み" と訳し，是正処置関連など，運用段階での文脈では "処置" と訳し分けた．

● "change" の訳し分け

"change" は，組織の意思とは無関係な場合（社会の変化など）に "変化"，組織が自ら引き起こす場合（活動や製品などを変える）は "変更" と訳し分けた．

● "communicate" の訳し分け

"communicate" には，文脈によって双方向か一方向か，双方の意味があるので，双方向の場合は "コミュニケーションを行う" とし，一方的な場合は "伝達する" と訳し分けた．

● "emissions" の訳

JIS Q 14001:2004 では，"放出" と訳していたが，JIS Q 0064:2014（製品規格で環境課題を記述するための作成指針），JIS Q 14006:2012（環境マネジメントシステム―エコデザインの導入のための指針），JIS Q 17021-2:2014（適合性評価―マネジメントシステムの審査及び認証を行う機関に対する要求事項―第2部：環境マネジメントシステムの審査及び認証に関する力量要求事項），JIS Z 26000:2012 と整合させて "排出" に変更した．

4.3 ISO 14001:2004 からの認証の移行

本書第1部 4.1（ISO 14001:2015 の構成と 2004 年版からの重要な変更点）で述べたように，JAB など世界の認定機関で構成する国際認定フォーラム（IAF）は，ISO 14001 の 2015 年改訂に向けて現行規格から改訂規格に基づく認証への移行をスムーズに進めるため，"ISO 14001:2015 のための移行計画のガイダンス" と題した文書（IAF ID 10:2015）を 2015 年 2 月 27 日に公表し，その邦訳版が JAB のウェブサイトで同年 3 月 3 日に公開された．

この文書によれば，ISO 14001:2004 から ISO 14001:2015 への認証の移行に関するルールの要旨は次のとおりである．

(1) 認証の移行期間

ISO 14001:2004 から ISO 14001:2015 への認証の移行期間は，2015年改訂規格の発行日（ISO 規格の発行日で，JIS の発行日ではない）を起点として3年間である．この期日を過ぎると，ISO 14001:2004 は廃止され，したがってそれに対する認証も無効となる．

ISO 14001:1996 から ISO 14001:2004 への認証の移行期間は18か月（1年半）であったことを想起すると，今回の改訂に対しては2倍の長さの移行期間が設定されている．これは，IAF が同文書の中で"改訂版では重要な(significant) 変更が行われ"と記しているように，変更の大きさが2004年改訂に比べてはるかに大きく，それに応じて長い移行期間が必要という認識に基づくものである．

(2) 認証組織に対するガイダンス

ISO 14001:2004 の認証を取得済みの組織に対しては，第一に，要求事項の変更内容を特定し，新しい要求事項を満たすために対応が必要なギャップを特定することが推奨されている．そのうえで，環境マネジメントシステムの変更のための実行計画を策定し，環境マネジメントシステムの有効性に関係する組織内の人々に対して，適切な教育訓練及び認識を提供することが必要である．移行の進め方に関しては，認証機関と協議することも推奨されている．

(3) 認証機関に対するガイダンス

ISO 14001:2015 に対する認証の授与は，2015年版対応で認定機関（日本ではJAB）から認定された後としなければならない．

移行審査は，通常のサーベイランスや更新審査，又は特別の審査として実施することが可能で，これは組織が認証機関と協議のうえで決定する．

認証機関には，認証審査員及びその他の要員の教育訓練と力量の確認などを含め，ISO 14001:2015 に対する認証審査を実施するためのマネジメントシステムの適切な変更が求められている．

（4） 認定機関に対するガイダンス

認定機関（JAB）でも，全ての認定審査員とその他の要員はISO 14001：2015の要求事項について教育訓練を受け，新しい規格に対応できる力量の確認が求められている．

認証機関に対する移行審査は，改訂規格に対応する変更部分に焦点を当て，特に，要求事項の解釈の一貫性，力量，関連する審査技法の変更（プロセスアプローチを通じたリスクベース思考の適用など）を考慮することなどが推奨されている．

第2部
ISO マネジメントシステム規格の整合化

1. 附属書 SL 開発の経緯

1.1 背景と目的

2012年5月，国際標準化機構（ISO）は，国際規格作成のルールブックに相当する"ISO/IEC 専門業務用指針―第1部"[*14]を改訂した．その中に含まれる"統合版 ISO 補足指針"の"附属書 SL（Annex SL）"という部分には，"マネジメントシステム規格のための上位構造，共通の中核となるテキスト，共通用語及び中核となる定義"が新たに含まれていた．ISO 14001 を含む，全ての ISO マネジメントシステム規格の骨格をなす共通要求事項の公表である．

実は，ISO は長年にわたり，世界的にユーザーの多い品質と環境のマネジメントシステム規格の両立性を高める作業を重ねてきた．我が国でも，品質 ISO と環境 ISO の両方の認証を取得している組織は多い．日本規格協会の調査によれば，二つ以上のマネジメントシステム認証を取得している組織 3,000 件に対して，認証取得している規格の種類を尋ねたところ，回答数 1,467 件のうち 95％以上の組織が ISO 9001 と ISO 14001 を挙げている（**図 2.1**）．

さらに近年は，ISO/IEC 27001:2013（情報セキュリティマネジメントシステム―要求事項），ISO 22000:2005（食品安全マネジメントシステム―フードチェーンのあらゆる組織に対する要求事項），ISO 50001:2011（エネルギーマネジメントシステム―要求事項及び利用の手引），ISO 22301:2012（事業

[*14] 統合版 ISO 補足指針の和英対訳版は，日本規格協会ウェブサイトの「マネジメントシステム規格の整合化動向」で公開されている．

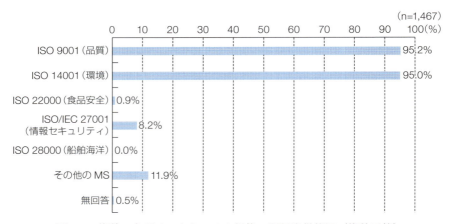

図 2.1 複数マネジメントシステム規格の認証取得状況（複数回答）

［資料：日本規格協会（2010）"平成 21 年度マネジメントシステムの実態調査報告書"］

継続マネジメントシステム—要求事項），ISO 39001:2012［道路交通安全 (RTS)マネジメントシステム—要求事項及び利用の手引］など，多様な分野でマネジメントシステム規格が増えている．関連規格には，ISO 31000:2009（リスクマネジメント—原則及び指針）や ISO 26000:2010（社会的責任に関する手引）といった手引もある．

　分野別にいろいろなマネジメントシステム規格があるものの，それらを利用する組織は一つである．単一の組織が複数のマネジメントシステムを運用するうちに，それぞれの規格の要求事項や用語及び定義が少し異なっている，あるいはうまく合致しない部分があると感じるユーザーが出てきた．ISO 14001 と ISO 9001 だけをとってみても，PDCA モデルやプロセスアプローチといった方法論から構造，用語に至るまで，両者の間には大小様々な差異があり，一つの組織が複数のマネジメントシステム規格に適合しようとするときに非効率，あるいは誤解や混乱を招くおそれがあると指摘された．ISO としては，せめてマネジメントシステムの構造と言葉づかいを調和させておく必要があると考えられた．

1. 附属書SL開発の経緯

　こうして，これまで品質と環境の間で行われてきた努力を拡大し，2006年に改めてISOの技術管理評議会（ISO/TMB）の下に専門諮問グループとして"マネジメントシステムに関する合同技術調整グループ（JTCG：Joint Technical Coordination Group on MSS）"が設けられ，2007年から分野横断的なマネジメントシステム規格の整合化のための検討作業を開始した．あらゆるマネジメントシステム規格に共通の構造を採用することで，それらを読みやすく，また同一組織内に複数のマネジメントシステム規格を適用しやすくしようという試みである．JTCGは5年間にわたり検討を重ね，その結果，全てのISOマネジメントシステム規格に共通の構造，テキスト，用語及び定義が完成した．これが先に述べた，ISO/IEC専門業務用指針の統合版ISO補足指針の附属書SLとなったのである．

　なお，附属書SLは，企業などの規格ユーザー向けの文書ではない．あくまでもISOのマネジメントシステム規格を作成するTCや，SC，PC（Project Committee：プロジェクト委員会），及び，マネジメントシステム規格の策定に関与するその他の委員会において，規格を作成する専門家が利用するものである．しかし，共通要求事項の作成経緯やその意図を知ることは，規格ユーザーにとっても，新しいマネジメントシステム規格の構造が分野別規格にもたらした変化と，その意義や重要性を理解するうえでの一助になるであろう．

1.2　JTCGの概要

　JTCGの目的は，全てのISOマネジメントシステム規格の整合化（alignment）に向けたビジョンとガイダンスを作成することである．整合化（共通化）の対象は，大きく三つに分けられる．一つは構造（箇条，タイトル，順番など）で，これにはテキスト（要求事項）も含む．二つ目は，用語及び定義である．三つ目に監査技法があったが，これについては別途専門の作業グループが監査規格の統合に成功し，ISO 19011が発行されたため，JTCGのタスクとしては途中で解散した．

　JTCGはISO/TMB（技術管理評議会）の下に設置され，マネジメントシス

テム規格作成に関連する TC，PC，SC の議長及び国際幹事，ISO/CASCO（適合性評価委員会），ISO/CS（中央事務局）などを正式メンバーシップとする．その下には個別のタスクフォース（TF：Task Fource）が設置され，各分野エキスパートも加わった技術的な検討が行われた．主なタスクフォースは，以下のとおりである．

《**TF 1**（マネジメントシステム規格の共通要素）》
- ISO マネジメントシステム規格の構造の整合性を検討．
- マネジメントシステム規格の整合化のための合同ビジョン（Joint Vision），マネジメントシステム規格の上位構造（HLS：High Level Structure），共通の細分箇条（identical sub-clause），共通テキスト（identical text）を作成．

《**TF 2**（監査）》
- マネジメントシステム監査の指針である ISO 19011 の改訂を検討．
- 上記の検討は，途中から TC 176/SC 3 と TC 207/SC 2 の JWG に引き継がれたため，TF 2 は解散した．

《**TF 3**（マネジメントシステム規格の共通用語及び定義）》
- ISO マネジメントシステム規格の用語及び定義の整合性を検討．
- 共通用語（common terms）及び中核となる定義（core definitions）を作成．

1.3 JTCG の検討内容と主なアウトプット

2007 年から 2011 年までの 5 年間の検討による JTCG の主なアウトプットは，以下の四つである．

① マネジメントシステム規格の整合化のための合同ビジョン
② マネジメントシステム規格の上位構造
③ 共通の中核テキスト（identical core text）［共通の細分箇条（identical sub-clause）を含む．］
④ 共通用語及び中核となる定義（common terms and core definitions）

（1） マネジメントシステム規格整合化の合同ビジョン

マネジメントシステム規格整合化のための合同ビジョン（Joint Vision）は，その整合化の基本的考え方を表した重要な文書である．この文書は，箇条のタイトル，順番，要求事項の本文及び用語・定義をできるだけ一致させることで整合化を図り，一層の矛盾回避をして両立性を高めることを目指している．

また，分野別のマネジメントシステム規格においては，技術的に特別な相違が必要とされる部分だけ，逸脱を許している．"将来の改訂"や"新規開発"に適用されることで，普遍的な効力を狙っている．ただし，整合化の主眼を"要求事項"，つまりshall項目を含むマネジメントシステム規格に絞り込んでいる．

〈マネジメントシステム規格整合化のための合同ビジョン〉

　全てのISOマネジメントシステムの"要求事項"規格は，次の事項の一致の促進を通じて整合し（align），既存のマネジメントシステム規格における両立性の現行水準について，一層の向上を求めるものである．

　　箇条タイトル
　　箇条タイトルの順序
　　テキスト
　　用語及び定義

　規格間の相違は，個々の適用分野の運営管理において特別な相違が必要とされる部分についてのみ認められる．

　このアプローチは将来のISOマネジメントシステムの"要求事項"規格の改訂及び新規開発にも適用され，規格ユーザーに対する規格の付加価値向上を目指す．

［資料：ISO/TMB/TAG対応国内委員会事務局．2012．" "内は筆者追記．］

（2） 上位構造と共通テキスト

続いて，整合性を確保するためのマネジメントシステム規格の基本構造として，上位構造（High Level Structure）の検討が行われた．上位構造は，合同

ビジョンと同様に各メンバー国の投票を経て，策定された．

> 〈マネジメントシステム規格の上位構造　抜粋〉
> 組織の状況（Context of the organization）
> リーダーシップ（Leadership）
> 計画（Planning）
> 支援（Support）
> 運用（Operation）
> パフォーマンス評価（Performance Evaluation）
> 改善（Improvement）

［資料：ISO/TMB/TAG 対応国内委員会事務局，2012］

　上位構造は大きな章立てのタイトルになるものであり，順序も含めて整合化されるべきものであるため，それらに含まれるマネジメントシステム規格の共通要素と一体的に議論された．整合化の背景でも述べたように，マネジメントシステム規格にはPDCAモデルやプロセスアプローチ，リスクベース，プロダクトベースといったコンセプトの微妙な違いがあり，それが各マネジメントシステム規格の特徴であると同時に，構造の差異を生み出している．よって，ここでは既存のコンセプトを採用することなく，"システムアプローチ"という新しい考え方で構造を組み直した．

　システムアプローチとは，相互に依存し合い，全体として機能する一連の要求事項を規定する構造のあり方である．ただし，これはマネジメントシステム規格にPDCAなどの既存の固有のモデルの図を取り入れることを妨げるものではない．共通テキストは，PDCAサイクルの概念や，意図する成果を得るためにプロセスを相互に作用し関連し合うものとして管理する，プロセスアプローチの概念と矛盾はしていない．

　JTCGでは，初期の段階で，"整合化"や"共通"の程度や，"共通"の要素を見いだす方法を議論した．そもそも，どの程度の"整合"なのか，どうやっ

て"共通"の要素を見いだすかが困難だったからである．そこで，TF 1 での構造（箇条の順番やタイトル）やテキストの"整合化"に関しては，全ての関連規格に"同一の（identical）"コンセプトという考え方に切り替え，分野固有の要求事項は，担当の専門委員会の責任で追加するというルールを作った．

"identical"であるか否かを基準に，TF 1 では，

① できる限り多くのテキストの整合化を目指す．
② 全てのマネジメントシステム規格にとって要求事項が同一でないテキストは，分野固有であり，整合化できない箇所と見なす．
③ 全てではないが，二つ以上のマネジメントシステム規格にとって共通する場合は，"限られた同一性（Limited Identicality）"として，それを共有する TC/SC/PC 間で後ほど整合化を検討する．

などの決めごとをした．

また，既存のマネジメントシステム規格の改訂，及び将来の新規開発においては，よほどの例外を除き全てこの共通テキストなどをベースにしなければならない．これを念頭に，ただ共通部分を拾いあげるだけではなく，現代的な経営管理のあり方や将来の方向性を考慮し，この先も長く使える内容を目指した．

（3） 用語及び定義の整合化

一方で，TF 3 における用語・定義の整合化では，その影響が"要求事項"規格以外のものにも及ぶため，逆に用語の定義は包括的でなければならないと判断し，"identical"ではなく共通（common）用語の中核（core）となる定義となった．

共通用語は，用語学のエキスパートが丁寧に選び出している．2007 年 1 月にジュネーブで最初の JTCG 会議が開かれて以後，TF 3 は対象となる各種マネジメントシステム規格の文書，そこに出てくる用語と定義を集約し，これを元に，各 TC などが提案した共通用語案がどのくらい頻繁に使われ，どのように定義されているかを分析した．この結果，マネジメントシステム文書で最も共通的に使われているマネジメントシステムの共通用語（案）の一覧と，その用語の使用状況や定義を整理した文書を作成した．

中核となる定義の作り方は，まず各用語に対応する定義を全て集め，そこに含まれる概念の特性を分析し，ほかに当てはめられないような特性が少なく，汎用性の高い，できるだけ広範な概念をカバーしている定義を選ぶ．そうした幅広な定義がない場合は，全てのマネジメントシステム規格に当てはまるような定義を新しく作る．整合化が容易になるよう，なるべく明確かつ短い定義が選ばれている．分野固有の特定の詳細な内容については，必要に応じて注釈や事例を追加したり，あるいは中核となる定義を少々修正することが想定された．

なお，共通用語については，最終的には共通テキストに出てくる用語に絞り込まれた．また，要求事項本文で用いられる概念との一致に向けた調整が行われた．

(4) ISO ドラフトガイド 83 から附属書 SL へ

合同ビジョンに基づき JTCG で検討された整合化の内容は，今後の全ての要求事項を含むマネジメントシステム規格の新規開発及び改訂において，一部の例外を除く強制適用が想定されていた．規格の構造や用語の定義が大きく変化するのだから，発行済みの古い規格ほどその影響は重大である．

実は，JTCG は整合化の検討プロセスにおいて，どのようなプロセスで関係者の合意を得るかについて TMB へ提案したことがあった．これは"ジグザグプロセス"と呼ばれ，JTCG で合意した内容を各 TC，SC，PC に諮り，それらの専門委員会で合意がされたものについて，再び JTCG が検討するという形で，やりとりをしながら丁寧に合意形成を進めるといった構想があった．

しかしながら，ISO 9001 と ISO 14001 におけるマネジメントシステム規格の両立性を検討する JTG（Joint Technical Group）をはじめとした，JTCG 設置以前のグループによる検討期間も含めると既に整合化検討には長い時間がかけられており，早期に成果を出すようにという TMB の意向が強かった．結果的に整合化内容案の作成は JTCG に一任され，自らが代表する委員会の意向を確認せずに，限られたメンバーだけで進めるということになった．

このため，特に章立てやテキストの整合化検討においては，各 TC/SC/PC が個々のマネジメントシステム規格にこれを適用する際の柔軟性が非常に重要

1. 附属書SL開発の経緯

になった．また，（ISOメンバー国ごとではなく）TC/SC/PCごとに意見募集を適宜行うこととし，各TC/SC/PCの国際幹事はメンバー国に対してなるべく国内での意見統一を図るよう依頼したが，それでもドラフトの内容が明確になるにつれて膨大なコメントが出てきた．この内容はよく見ると，JTCGが起草したテキストが矛盾していたりあいまいだったりしたことに加えて，共通テキストなどの使い方の説明不足や，読み方が不明といったことへの戸惑いによるものもかなりあると考えられた．

そこでJTCGでは，分野固有のマネジメントシステム規格を作成するTC/SC/PCのために，共通テキスト及び共通用語・定義の使い方に関するルールを作成し，また必要と思われる手引きを作成することをTMBに提言した．この適用ルール案は，その後の改訂検討を経て現在，附属書SLのSL.9に反映されている．また，手引きについては新たにタスクフォースを立ちあげ，附属書SLを支援するガイダンス文書（FAQ，コンセプト文書及び用語の手引）の作成につなげた．内容については後述する．

こうしてJTCGでは，整合化に関する考え方を統一しながら作業を進め，多くの議論と膨大なコメント処理の末に，マネジメントシステム規格の共通テキスト，共通用語・定義，並びにこれらの使い方などを併せて取りまとめ，2011年12月に"ISOドラフトガイド83［ISO D（Draft）Guide 83］"としてTMBへ提出した．これは，各国投票のために便宜的に"指針（Guide）"の形式をとっていたが，指針としては発行されることのない文書だった．これを受けたTMBの審議結果は，次のとおりである．

〈TMB決議の概要（2012年2月）〉

今後制定・改訂される全てのマネジメントシステム規格は，原則としてJTCG N316（マネジメントシステム規格の共通要素，ガイダンスなど）に従わなければならない（shall）．ただし，TMBに根拠を報告する条件のもとで，（N316の内容の）逸脱（deviation）も認める．

上記については1年後，TMBによってレビューされる．

> JTCG N316 は，ISO/IEC 専門業務用指針の附属書に ISO ガイド 72 とともに組み込まれる．
>
> JTCG は，マネジメントシステム規格の開発に関する情報を TMB 及び関連 TC などに提供するグループとして存続する．

注　JTCG N316 とは ISO ドラフトガイド 83 のこと．
［資料：ISO/TMB/TAG 対応国内委員会事務局，2012］

ISO ドラフトガイド 83 は承認され，その後，ISO/IEC 専門業務用指針の一部に組み込まれることになり，ISO/IEC 専門業務用指針―第 1 部の統合版 ISO 補足指針の改訂版に反映され，2012 年 5 月 1 日付けでリリースされた．上記の決議で"原則として"とあるのは，分野固有のマネジメントシステム規格にどうしても逸脱しなければならない技術的理由がある場合にはそれが許容されることを示すが，その場合には TMB へ理由を報告しなければならない．逆に，技術的理由がない限り，附属書 SL を適用しなければならないものとされている．

1.4　附属書 SL の適用ルール

共通テキストの使い方のルールは，附属書 SL に示される共通テキストを中核として，その上に分野固有の要求事項や細分箇条を分野別の専門委員会の判断で追加や挿入してもよいことになっている．ただし，分野固有のテキストを追加する場合は，マネジメントシステム規格間の整合化に影響を与えないこと，もともとある共通の上位構造や共通テキストなどの意図を損なわないこと，又は意図そのものと矛盾したり，弱めることがあってはならない．また，同じ要求事項の繰返しは避けることが望ましいとされている．

分野固有のテキストの追加については，次に示す規定がある．

- 追加の細分箇条（第 2 階層以降の細分箇条を含む）を，共通テキストの細分箇条の前又はその後ろに挿入し，それに従って箇条番号の振り直

1. 附属書 SL 開発の経緯

しを行う．
- 分野固有のテキストを共通の中核となるテキスト及び／又は共通用語・中核となる定義に，追加又は挿入する．追加の例を次に示す．
  - **a)** 新たなビュレット項目の追加
  - **b)** 要求事項を明確化するための，分野固有の説明テキスト（例えば，注記，例）の追加
  - **c)** 共通テキストの中の細分箇条（等）への，分野固有の新たな段落の追加
  - **d)** 共通テキストの要求事項を補強するテキストの追加

一方で，削除による変更は"逸脱"と呼ばれる．例外的な事情により共通テキストの削除を行う場合は，その根拠をもって ISO/TMB（技術管理評議会）への通知が求められる．また，各分野の専門委員会などは，上位構造，共通の中核となるテキスト，並びに共通用語及び中核となる定義のいかなる非適用も回避するよう努めることとされている．つまり，ユーザー便益を考えた整合化の目的に照らして，よほどの事情や理由がない限り共通テキストは変更せず，追加・挿入によって対応することが望ましいということである．

1.5 附属書 SL ガイダンス文書

2012 年以降，JTCG は TC/PC/SC の横断的な調整組織として活動を継続し，適用状況の調査などを実施していた．当時，ISO/IEC 27001（情報セキュリティマネジメントシステム）の改訂作業は DIS 投票まで進捗し，また 2012 年初頭からはユーザー数の多い ISO 9001 と ISO 14001 が改訂作業を開始していた．TC/SC 内においては，JTCG での合意内容や推移をフォローしていないエキスパートへの本格的な説明と利用が行われていた．しかし，長い歴史のあるマネジメントシステム規格ほど，エキスパートに整合化の趣意，メリット，新しい共通テキストの意図や使い方を理解してもらうのは困難だった．

マネジメントシステム規格の構造を共通化したことの意図は，読みやすく，

複数のマネジメントシステム規格を適用しやすい,ユーザーフレンドリーであることと同時に,将来にわたって使い続けられるように,より経営に統合されやすく,戦略的なマネジメントシステム規格となることを志向するものであった.したがって,新しいコンセプトが導入されている箇所もある.

一方で,共通テキストは様々な妥協と合意の成果であり,意図があいまいな箇所もあるうえに,幾つかの革新も含まれている.こうした変化に,ユーザーはもとより規格作成者がついていけるかどうかが懸念された.分野別要求事項の追加でTCやSCごとに解釈の相違が生じれば,真のマネジメントシステム規格の整合が危ぶまれる.伝統的なマネジメントシステム規格であるISO 9001とISO 14001の改訂の開始によって,課題は顕在化した.

そこで,かねてより提案されていた附属書SL支援ガイダンス文書を作成するためのタスクフォース(TF 4)が設置され,FAQ,コンセプト文書,用語の手引の三つを作成した.これらは,順番や配置,特定の用語などに関して,どのような経緯や意図,解釈で上位構造・共通テキストがつくられているかという情報を伝え,規格作成者を支援するものである.

TF 4は,2013年3月にウィーンで作業を開始し,2013年10月にアトランタで作業を終了し,12月に解散した.この手引は,2014年版の附属書SLから,外部文書として参照(リンク)され,公表されている[*15].

2. 附属書SLの構成

附属書SLには,大きく分けて二つの内容が規定されている.一つは"ISOガイド72"に規定されていた,マネジメントシステム規格を新たに作成する提案を提出する際に実施しなければならない"妥当性評価"のプロセスや基準である.これについては本書の対象外なので,説明は割愛する.

[*15] FAQ,コンセプト文書,用語の手引の邦訳版は,日本規格協会ウェブサイトの「マネジメントシステム規格の整合化動向」で公開されている.

もう一つが，"ISO ドラフトガイド 83"として作成された"マネジメントシステム規格のための上位構造，共通の中核となるテキスト，共通用語及び中核となる定義"とその適用のルールなどである．

"マネジメントシステム規格のための上位構造，共通の中核となるテキスト，共通用語及び中核となる定義"の詳細は，附属書 SL の Appendix 2（規定）に，マネジメントシステム規格を構成する箇条構成に沿って，規定事項が掲載されている．

序文，箇条 1（適用範囲）及び箇条 2（引用規格）に対しては，分野（環境や品質など）ごとに固有のものと規定され，共通の内容はない．

箇条 3（用語及び定義）及び箇条 4 から 10 までの要求事項に対しては，共通のテキストが規定されている．以降，これらの部分について箇条ごとに解説する[*16]．

なお，共通のテキストの中で，"**XXX**"と記されている部分があるが，"**XXX**"には，附属書 SL を適用する分野名が記入される．

3. 用語及び定義

共通用語（common terms）とは，複数の規格において同じ概念で使用されている用語のことである．その中核となる定義（core definitions）とは，マネジメントシステム規格において共通の概念を説明したものということになる．共通用語の中核となる定義は，汎用性の高い特性を選び出して短く明確に定義することで，できるだけ広範な概念をカバーしようとしている．このため，中核となっている共通概念の意図に加えて，分野固有の概念や説明が必要となり，

[*16] 枠囲みで引用する部分は，共通のテキストの日本語訳である"Annex SL（MSS 上位構造，共通の中核となるテキスト及び共通用語・中核となる定義）和文テンプレート"（ISO/TMB/TAG 対応国内委員会，2015 年 10 月 16 日版）を引用している．この和文テンプレートは，日本規格協会ウェブサイトの「マネジメントシステム規格の整合化動向」で公開されている．

注記などで追加されている場合がある．

　ISOの規格において，"用語"として定義がされている言葉は，原則的に一般的な意味ではなく，"この規格の中では，この言葉は特にこういう概念である"ということを意味している．こうした専門的な（技術的な）言葉のことを"用語（terms）"と呼ぶ．一般用語や，普段のコミュニケーションの場面で使われる言葉は，辞書（オックスフォード英語辞典など）で参照できるため，規格では特段の定義をしないことになっている．

　しかし，ISOマネジメントシステム規格に定める用語は，実際には企業の中で一般に使われている言葉も多い．だからこそ，用語の定義がある場合はその理解に基づいて規格本文を読んでいただきたい．規格に"用語"として定義されている言葉は，その言葉の日常的な用法や意味とは別に，当該規格においては何を意図しているのかを，定義を読んで理解することが求められる．また，そもそも一般的な用法が多義的であったり，要求事項本文の文脈によっては一般的な辞書の定義を当てはめても必ずしも同じ解釈にならない（文脈によって意図する内容が異なる）場合にも，誤解を防ぐために用語として定義することがある．

　なお，規格の作成過程では，用語の定義と要求事項の両方を一体的に検討している．例えば，用語の定義が正しいかどうかの確認方法として，"代替の原則（substitution principle）"というものがある．ある用語を，要求事項のテキストの中でその定義文と置き換えてみて，矛盾がないかどうかをチェックしている．

　一方，規格の本文中で使われていない用語は，定義しなくてよいことになっている．もし読者が，附属書SLの共通用語には定義されているのに，分野固有の特定の規格では定義がないという用語を見つけたら，その用語は，当該規格の中では使われなかったために削除されたということである．

　逆に，分野固有の追加情報は，注記に加えることが望ましいとされている．分野固有の規格において，用語の定義に注記が追加されている場合は，その分野での理解に役立つ補足情報として注目するとよい．

3. 用語及び定義

以降では，共通用語の定義の理解の一助となるように，検討の経緯や見方，例などを紹介する．ただし，ある用語の概念を説明している定義に対して，本書で更なる解釈を加えるのは，本来は蛇足である．したがって，中には追加で説明することがない用語もある．

3.1 組織

―――――――――――― 附属書 SL　Appendix 2（規定）――

3.1　組織（organization）

自らの**目的**（3.8）を達成するため，責任，権限及び相互関係を伴う独自の機能をもつ，個人又は人々の集まり．

　　注記　組織という概念には，法人か否か，公的か私的かを問わず，自営業者，会社，法人，事務所，企業，当局，共同経営会社，非営利団体若しくは協会，又はこれらの一部若しくは組合せが含まれる．ただし，これらに限定されるものではない．

注　枠の右上部に記載の"Appendix"について，以降は"付表"と表記する．

【解　説】

"個人"について，組織は1人の人だけで成り立つかどうかという議論があった．基本的に，1人だけの組織というものはマネジメントシステム規格を適用する対象として想定されていないが，注記にあるように"自営業者（soletrader）"という個人の組織形態も含まれている．結果として一人という組織もあり得ることになるが，個人の"組合せ"で"組織"を組成してもよい．

"自らの目的"については分野固有の注記があるかもしれないので，注意されたい．

3.2 利害関係者(推奨用語),ステークホルダー(許容用語)

> 附属書SL 付表2(規定)
>
> **3.2 利害関係者(interested party)**(推奨用語)
> **ステークホルダー(stakeholder)**(許容用語)
> ある決定事項若しくは活動に影響を与え得るか,その影響を受け得るか,又はその影響を受けると認識している,個人又は**組織(3.1)**.

【解 説】

ここでは,一つの概念に対して"利害関係者"と"ステークホルダー"の二つの用語が含まれている.いずれも同じ概念を表すため,分野別規格で特段の追加説明(注記など)や新しい用語・定義の追加がない限り,ISOのマネジメントシステム規格においてこの二つの用語の意味は同じである.置き換えも可能である.どちらか要求事項本文中で使われていない方の用語は,当該規格の定義から削除されている.

歴史的に,ISO 9001やISO 14001をはじめとする多くのマネジメントシステム規格では,"利害関係者(interested party)"という用語が使われていた.以前は"ステークホルダー(stakeholder)"という用語があまり普及していなかったこともあり,多くの言語において翻訳上の問題があったためである.

しかし,"ステークホルダー"という用語は今や広く受け入れられ,翻訳問題はなくなったと考えられている.一応,"利害関係者"の方が推奨用語になっているが,ISO 31000(リスクマネジメント),ISO 39001(道路交通安全マネジメントシステム),ISO 26000(社会的責任に関する手引)のように,むしろ"ステークホルダー"を採用している規格もある.

利害関係者(あるいはステークホルダー)の例には,顧客,地域社会(コミュニティ),供給者(サプライヤー),規制当局,非政府組織(NGO),投資家,従業員などが挙げられる.もちろん,これに限らない.

3.3 要求事項

───── 附属書SL　付表2（規定）─────

3.3　要求事項（requirement）

明示されている，通常暗黙のうちに了解されている又は義務として要求されている，ニーズ又は期待．

注記1　"通常暗黙のうちに了解されている"とは，対象となるニーズ又は期待が暗黙のうちに了解されていることが，組織及び利害関係者にとって，慣習又は慣行であることを意味する．

注記2　規定要求事項とは，例えば，文書化した情報の中で明示されている要求事項をいう．

【解　説】

この"要求事項"の定義をつきつめると，究極的には"ニーズ又は期待"となる．これは，"要求事項"といえば守るべき義務であり，ニーズや期待は義務ではないといった一般的な理解よりも，やや広くなっている．後出の"適合"と合わせると，分野別規格の要求事項の本文中での説明が必要な状態といえる．JTCGでは，組織に適用される法的な要求事項については当然に満たすことが義務だが，それ以外の要求事項（ニーズや期待）については，組織が自らそれを守ると決めて採択した時点で，義務になると考えている．全てのニーズや期待を受け入れなければならないという趣旨ではない．誤解のないように，分野別の要求事項本文や追加的な注記などをよく読んで理解すべきところである．

"要求事項"という用語は，共通テキストの幾つかの箇条で使われているが，文脈によって少しずつ言及するものが異なる．JTCGのガイダンス文書によれば，細分箇条4.2，4.3，5.2，6.1，6.2では，組織に適用される，関連する利害関係者の要求事項を記載している．細分箇条4.4，5.3，9.2では，マネジメントシステム規格の要求事項を記載している．細分箇条5.1，7.3，8.1，9.2では，組織のマネジメントシステムの要求事項を記載している．

3.4 マネジメントシステム

附属書 SL 付表 2（規定）

3.4 マネジメントシステム（management system）

方針（3.7），目的（3.8）及びその目的を達成するためのプロセス（3.12）を確立するための，相互に関連する又は相互に作用する，組織（3.1）の一連の要素．

　　注記1　一つのマネジメントシステムは，単一又は複数の分野を取り扱うことができる．

　　注記2　システムの要素には，組織の構造，役割及び責任，計画及び運用が含まれる．

　　注記3　マネジメントシステムの適用範囲としては，組織全体，組織内の固有で特定された機能，組織内の固有で特定された部門，複数の組織の集まりを横断する一つ又は複数の機能，などがあり得る．

【解　説】

　議論の過程では"マネジメント"や"システム"を共通用語として定義する案もあったが，結論としてはそうならなかった．"システム"の要素は，注記2に示されている．"マネジメント"については，"マネジメントシステム"と"トップマネジメント"の二つの用語中で使用されており，"マネジメント"単独の概念もそれぞれの用語の定義の中でカバーされていると考えられた．"マネジメント"単体の使われ方には，人を意味したり活動を意味したりといろいろなケースがあったので，用語を定義するのではなく言葉の使い方で文脈によって明確化するのがよいとされた．

　なお，JTCGでは，マネジメントシステムは組織に既に存在することを強調している．つまり，規格は，組織がもともと有する仕組みに当てはめて使うべきものであって，二重のマネジメントシステム構築を意図するものではない．

3.5 トップマネジメント

附属書SL　付表2(規定)

3.5　トップマネジメント（top management）
　最高位で**組織（3.1）**を指揮し，管理する個人又は人々の集まり．
　　注記1　トップマネジメントは，組織内で，権限を委譲し，資源を提供する力をもっている．
　　注記2　**マネジメントシステム（3.4）**の適用範囲が組織の一部だけの場合，トップマネジメントとは，組織内のその一部を指揮し，管理する人をいう．

【解　説】

"トップマネジメント"の定義自体は，複数のマネジメントシステム規格においてかなり共通性の高いものであったが，二つの注記が追加された経緯として，マネジメントシステム規格におけるトップマネジメントの役割や機能を明確にする必要があった．また，マネジメントシステム規格が適用される"組織"の範囲によって，当該マネジメントシステムのトップマネジメントは柔軟に設定されるということを説明したかったということがある．国際的な組織や，事業所が分散して存在する組織などで，個々の所在地に必ずしも"当該組織全体のトップに立つ代表者"がいなくても，適用可能なようになっている．

3.6 有効性

附属書SL　付表2(規定)

3.6　有効性（effectiveness）
　計画した活動を実行し，計画した結果を達成した程度．

【解　説】

これについては定義で明確であり，特段の解説はない．

3.7 方針

附属書SL 付表2（規定）

3.7 方針（policy）

トップマネジメント（3.5）によって正式に表明された組織（3.1）の意図及び方向付け．

【解　説】

これについては共通性が高く，特段の解説はない．

3.8 目的，目標

附属書SL 付表2（規定）

3.8 目的，目標（objective）

達成する結果．

注記1 　目的（又は目標）は，戦略的，戦術的又は運用的であり得る．

注記2 　目的（又は目標）は，様々な領域［例えば，財務，安全衛生，環境の到達点（goal）］に関連し得るものであり，様々な階層［例えば，戦略的レベル，組織全体，プロジェクト単位，製品ごと，プロセス（3.12）ごと］で適用できる．

注記3 　目的（又は目標）は，例えば，意図する成果，目的（purpose），運用基準など，別の形で表現することもできる．また，XXX目的という表現の仕方もある．又は，同じような意味をもつ別の言葉［例　狙い（aim），到達点（goal），目標（target）］で表すこともできる．

注記4 　XXXマネジメントシステムの場合，組織は，特定の結果を達成するため，XXX方針と整合のとれたXXX目的を設定する．

規格開発者への注記　この文書はマネジメントシステムの中での統一した用語の使用を推奨しているが，"objective"という用語は，"目的"，"目

標"などの複数の日本語に対応しており,各マネジメントシステムにおいて,分野固有の背景,規格内の文脈との関係などによって"目的"若しくは"目標"又は双方の用語が使用されることがある.

このため,この文書における"objective"の定義には,"目的"と"目標"の二つの用語を併記している.

各JISでは,分野固有の背景,文脈などを踏まえて,規格内で"目的"若しくは"目標"のいずれかを使用するか,又は双方の用語を使い分けることができる.

また,各JISでは,規格利用者の理解のために,"目的"若しくは"目標"を使用した理由又は双方の用語を使い分けた理由を,注記又は解説において説明することが望ましい.

なお,各JISでは,上記の選択に従い,"objective"の訳について規格全体を通して確認する必要がある.

【解　説】

英語の"objective",日本語で"目的"又は"目標"については,当初から共通用語に含めるとされた一方で,類似語の"aim","goal","target"については,その扱いが何度も議論された.これらは用語の定義(概念)の違いが不明確であり翻訳上の問題も出るので,一時期は定義付けも検討されたが,最終的にはマネジメントシステム規格において重要な用語ではないと判断され,共通用語からは外された.注記にあるように"別の形で表現することもできる"ものであり,分野によっては各言葉の使い方や用語としての区別をしている場合がある.

注記1,2では,目的・目標は分野(マネジメントの対象)によって異なり,かつ,上位階層から展開されていき,戦略レベル,組織レベル,製品,プロセスと個々に目標を有することもできるということを説明している.

なお,破線を付してある"規格開発者への注記"とは,附属書SLの和訳独自に追記された,我が国の規格原案作成者への助言を示す注意書きである.

3.9 リスク

―――― 附属書SL 付表2(規定) ――――

3.9 リスク（risk）

不確かさの影響.

注記1 影響とは，期待されていることから，好ましい方向又は好ましくない方向にかい（乖）離することをいう．

注記2 不確かさとは，事象，その結果又はその起こりやすさに関する，情報，理解又は知識に，たとえ部分的にでも不備がある状態をいう．

注記3 リスクは，起こり得る"**事象**"［ISO Guide 73:2009（JIS Q 0073:2010）の3.5.1.3の定義を参照］及び"**結果**"［ISO Guide 73:2009（JIS Q 0073:2010）の3.6.1.3の定義を参照］，又はこれらの組合せについて述べることによって，その特徴を示すことが多い．

注記4 リスクは，ある事象（その周辺状況の変化を含む.）の結果とその発生の"**起こりやすさ**"［ISO Guide 73:2009（JIS Q 0073:2010）の3.6.1.1の定義を参照］との組合せとして表現されることが多い．

【解　説】

"リスク"の定義は，当時ドラフトだったISO 31000とISOガイド73を元にしながらも，整合化議論の過程で変更された．特に"不確かさの影響"から"目的に対する（on objective）"が削除された点が，ISO 31000及びISOガイド73との大きな違いとなっている．これは，"目的"という用語の定義があり，いわゆる規格要求事項本文での用法（マネジメントシステムにおいて設定される分野別の目的・目標を想起）を考えると，取り組むべきリスクとして考える範囲があまりにも限定されるなどの不整合が問題になったからである．

また，"リスク"は，一般的な言葉としての理解も含め，各分野での概念の

理解が大きく異なることが,共通テキスト検討の過程で判明した.つまり,整合化が相当に難しかったのである.このため JTCG は,リスクについては各規格でその分野に固有の"リスク"を定義することができる,という例外的なルールを設けた.ISO/IEC 27001:2013 や ISO 22301:2012 は SL 確定後の発行であり,この説明だと時間関係(時系列)が混乱する.したがって,リスクに関しては分野別の規格における定義や解釈をよく理解する必要がある.

3.10 力量

―――― 附属書 SL 付表 2(規定) ――――

3.10 力量(competence)
意図した結果を達成するために,知識及び技能を適用する能力.

【解 説】

これについては当初,共通用語案にリストアップされておらず,何度か検討された.非英語圏からすると能力(ability や capability)との区別がしにくい.また,マネジメントシステム規格や監査規格でも多用されており,重要な用語であるにもかかわらず,複数の定義が存在していたため,最終的には定義の整合化を図ることとなった.定義は,マネジメントシステムの審査及び認証を行う機関に適用される適合性評価の規格 ISO/IEC 17021 と整合している.

3.11 文書化した情報

―――― 附属書 SL 付表 2(規定) ――――

3.11 文書化した情報(documented information)
組織(**3.1**)が管理し,維持するよう要求されている情報,及びそれが含まれている媒体.
　　注記 1　文書化した情報は,あらゆる形式及び媒体の形をとることができ,あらゆる情報源から得ることができる.
　　注記 2　文書化した情報には,次に示すものがあり得る.

> ― 関連するプロセス（3.12）を含むマネジメントシステム（3.4）
> ― 組織の運用のために作成された情報（文書類）
> ― 達成された結果の証拠（記録）

【解　説】

　この用語は，JTCG の共通テキスト検討作業を通じて新たに作られた．以前，マネジメントシステム規格には"文書"と"記録"があったが，情報技術がますます進展し，情報伝達のあり方が変容し，マネジメントにおける電子情報の重要性も高まる中で，"文書"は紙媒体だけを想起させるという弊害が指摘されていた．情報の電子化やネットワーク化を考慮すれば，"文書"と"記録"の区別による管理には限界があり，将来にわたって使われることを想定している共通テキストの検討において，管理すべきは"情報"であるという議論になった．

　しかし，マネジメントシステム規格に必要な"情報"だけでは対象が広すぎてあいまいなこともあって，何らかの形でマネジメントシステム規格における管理対象としての情報を明示するため，前に"文書化した（documented）"がつけられた．そこで，新たな用語として概念定義された．ここでは，"情報"と"媒体"という点が肝要である．

3.12　プロセス

> ───── 附属書 SL　付表 2（規定）─────
> **3.12　プロセス（process）**
> 　インプットをアウトプットに変換する，相互に関連する又は相互に作用する一連の活動．

【解　説】

　これについては読んで明確であり，特段の解説はない．なお，共通テキストにおける用法や意図，"手順（procedure）"との違いについては，細分箇条 4.4 を参照されたい．

3.13 パフォーマンス

――― 附属書SL　付表2（規定）―――

3.13　パフォーマンス（performance）

測定可能な結果．

　　注記1　パフォーマンスは，定量的又は定性的な所見のいずれにも関連し得る．

　　注記2　パフォーマンスは，活動，**プロセス**（**3.12**），製品（サービスを含む．），システム又は**組織**（**3.1**）の運営管理に関連し得る．

【解　説】

　当初，"パフォーマンス"は，辞書で参照可能な一般的用語であり，定義をすればかえって混乱を招く可能性があるとの議論があった．一方で，今後のマネジメントシステム規格においてパフォーマンスはいっそう重要視されることが想定されていた．さらに，既存の規格においては様々な使用方法があり，どれか一つをベースにしても他の規格をカバーできないという問題と，今後の用語の重要性を考えると，定義すべきだということになった．マネジメントシステムの結果（あえて言い換えれば管理の成果）としてのパフォーマンスを定義する案もあったが，最終的にはいろいろな使用方法ができるように一般化された．

3.14　外部委託する（動詞）

――― 附属書SL　付表2（規定）―――

3.14　外部委託する（outsource）（動詞）

　ある**組織**（**3.1**）の機能又は**プロセス**（**3.12**）の一部を外部の**組織**（**3.1**）が実施するという取決めを行う．

　　注記　外部委託した機能又はプロセスは**マネジメントシステム**（**3.4**）の適用範囲内にあるが，外部の組織はマネジメントシステムの適用範囲の外にある．

【解　説】

"外部委託"については，共通テキストの検討過程で用語としての定義が必要になったために追加した経緯がある．"外部委託したプロセス"とは，組織が機能するために不可欠な，あるいは当該マネジメントシステムがその意図する成果を達成するために必要な機能又はプロセスだが，そのプロセスを実際に行うのは組織自らではなく，委託先が行うというものである．利害関係者から見れば，実際には外部委託されているプロセスも組織が実施したものとして認識されるなど，組織と外部委託先は一体の関係にある．

例えば，あるブランドの名の下にその製品を購入・使用する人は，一部の部品や素材がどこで作られていようと，その製品の全体的な責任を当該ブランドに求めるだろう．したがって，マネジメントシステムの組織的な適用範囲は自社までだが，外部委託した機能又はプロセスが要求事項に適合したものになるように管理する責任は，あくまでも自社にある．

3.15　監視
3.16　測定

附属書 SL　付表 2（規定）

3.15　監視（monitoring）
システム，プロセス（3.12）又は活動の状況を明確にすること．
　注記　状況を明確にするために，点検，監督又は注意深い観察が必要な場合もある．
3.16　測定（measurement）
値を決定するプロセス（3.12）．

【解　説】

この二つについては読んで明確であり，特段の解説はない．なお，当初，"監視"の対象は最終的な結果（パフォーマンス）だけだったが，途中のプロセスをも含むことが定義に入った．また，"測定"は共通用語の対象外で，監視の

定義の中に含まれていたのだが,後に取り出され独立した用語としての定義がされた.

3.17 監査

― 附属書SL 付表2(規定) ―

3.17 監査(audit)
監査基準が満たされている程度を判定するために,監査証拠を収集し,それを客観的に評価するための,体系的で,独立し,文書化した**プロセス(3.12)**.
　注記1　監査は,内部監査(第一者)又は外部監査(第二者・第三者)のいずれでも,又は複合監査(複数の分野の組合せ)でもあり得る.
　注記2　内部監査は,その組織自体が行うか,又は組織の代理で外部関係者が行う.
　注記3　"監査証拠"及び"監査基準"は,**JIS Q 19011**に定義されている.

【解　説】
"監査"の定義は,ISO 19011(マネジメントシステム監査の指針)と整合している.

ここでは単に"監査"を定義しているが,共通テキストの細分箇条9.2は,"内部監査"に関する要求事項なので,注記1よりも注記2に注目する.そこで,中小企業のように資源の限られた組織で"内部監査"を"その組織自体が行う"場合,少ない人数でお互いを監査する必要が出てくる.このような場合に懸念されるのは独立性の問題だが,JTCGでは,監査員が監査の対象となる活動に関する責任を負っていないことや,偏り・利害の抵触がないことで実証することができると考えている.

注記3について,ISO 19011(JIS Q 19011)の定義によれば,"監査証拠"

とは，監査基準に関連し，かつ検証が可能な，"記録，事実の記述及びその他の情報"からなる．"監査基準"は，監査証拠と比較する基準として用いるための，一連の方針，手順又は要求事項である．収集された監査証拠を監査基準に照らして下す評価の結果を"監査所見"，監査目的と監査所見を総合的に勘案した監査の成果を"監査の結論"といい，この二つは，監査の結果としてまとめて記述されることがある．

なお，注記1にある"複合監査"とは，二つ以上の監査基準又は規格（例えば，品質，安全）に照らして行う，組織のマネジメントシステムの監査である．複数の監査基準（又は規格）が単一のマネジメントシステムに統合して適用されているマネジメントシステムを監査することを"統合監査"と呼ぶこともあるが，内部監査の場合，監査の原則やプロセスは複合監査と同じである．

3.18 適合
3.19 不適合

───── 附属書SL 付表2（規定）─────

3.18 適合（conformity）
　要求事項（3.3）を満たしていること．
3.19 不適合（nonconformity）
　要求事項（3.3）を満たしていないこと．

【解　説】

これらは"要求事項（3.3）"を参照しているので，合わせて理解されたい．組織に適用される法的な要求事項，それ以外の要求事項（ニーズや期待）についても，組織が自らそれを守ると決めて採択した義務，国際規格が規定する要求事項，社内規定や仕様など，当該マネジメントシステム規格が規定した要求事項と組織が採択した要求事項について，満たしているかどうかの状態を示す．

3.20 是正処置

> ─── 附属書SL 付表2(規定) ───
> **3.20 是正処置（corrective action）**
> 不適合（3.19）の原因を除去し，再発を防止するための処置．

【解　説】

これについては共通性が高く，特段の解説はない．

なお，"是正処置"の概念と混同されやすいものに"修正（correction）"がある．"是正処置"は，不適合の原因を除去するためにとる処置であるのに対して，"修正（correction）"は，検出された不適合を除去するためにとる応急処置である．"修正（correction）"は，当初は共通用語としてリストアップされていたが，共通テキストの中で使用されていないため，最終的に削除された経緯がある．

3.21 継続的改善

> ─── 附属書SL 付表2(規定) ───
> **3.21 継続的改善（continual improvement）**
> パフォーマンス（3.13）を向上するために繰り返し行われる活動．

【解　説】

継続的改善の目的は組織の能力の増強であり，今までよりもパフォーマンスの向上に重点が置かれている．

3.22　その他，共通テキストを読むうえで役に立つ言葉の意図

辞書による定義（オックスフォード英語辞典など）を参照すべき一般用法でありながら，共通テキストに頻出する言葉や言い回しであり，時に誤解を招くことがある言葉については，JTCGでも理解を統一するために指針を作成した．

● **as applicable**（該当する場合には，必ず）と **as appropriate**（必要に応じて）

"as applicable" は "該当する場合には，必ず"，"as appropriate" は "必要に応じて" と訳出している．この二つは英語だと混乱しやすい．辞書による定義を見ると，ほとんどの場合，"appropriate" には一定の自由度があり，他方，"applicable" は，可能な場合には実施しなければならないということを示唆している．よって，和訳ではその強さを "必ず" というように示している．

● **issues**（課題）

"課題（issues）" とは，英語でも日本語でもどちらかというと否定的な意味合いを帯びており，また文脈によって多義的で，特に英語圏の国から質問が出やすかった．JTCG では，"課題" には否定的な趣意はないことを確認し，"組織にとって重要な話題，討論及び議論のための問題（problems），又は，変化する状況（circumstances）" であると説明している．この用語は，辞書の定義を参照したうえで，附属書 SL の共通テキストで用いられている．

● **determine**（決定する）と **identify**（特定する）

原則，"determine" は "決定する"，"identify" は "特定する" と訳出している（ただし，より正確に個別規格の意図が伝わるように文脈に合わせて変化している場合がある）．両者の意味にあまり大きな違いはないが（これは英語でも同じであり，一般的に同じ意味で使われている），共通テキストでは，この二つを注意して使い分けており，特に "determine" が意識的に採用されている．これは "identify（特定する）" には，例えば，"あるものを識別するために，それにラベルを貼る" といった意味もあるためである．

"determination（決定）" は評価を示すものであるのに対して，"identify（特定する）" は何かに注意が払われることを示す．

4. 組織の状況

4.1 組織及びその状況の理解

――――――――――――― 附属書SL　付表2（規定）―――

4.1　組織及びその状況の理解

　組織は，組織の目的に関連し，かつ，そのXXXマネジメントシステムの意図した成果を達成する組織の能力に影響を与える，外部及び内部の課題を決定しなければならない．

【解　説】

　組織及びその状況の理解に関する共通要求事項の意図は，マネジメントシステムにプラス又はマイナスの影響を与える可能性がある重要な"課題（issues）"を"高いレベルで（戦略的に）"理解することにある．英語で行われる国際会議において，"ハイレベル"や"戦略的"という言葉使いに誰も特段の大きな疑問を投げかけなかったのだが，議論の中で出てきたほかの言い方をすれば，"上級管理職"あるいは"経営層"が検討するレベル，という理解をするのが正しいだろう．ここで得られた知識は，その後のマネジメントシステムの計画，実施及び運用の取組みを決める際に活用される．

　ここで，"課題"とは，"組織にとって重要なトピック，討論及び議論のための問題（problems），又は，変化する状況（circumstances）"などである．"課題（issues）"は，英語ではどちらかというとネガティブな意味合いの言葉である．しかし，ここではマネジメントシステムにマイナスだけでなくプラスの影響を与える可能性がある重要課題も併せて見いだす必要がある．なぜなら，経営層が会社や事業をとりまく状況を把握しようとするとき，ネガティブな問題だけではなく成長の機会を見いだすことも必要だからである．そこで，"課題"にまつわるネガティブなイメージを払拭するため，JTCGとしては辞書による定義（オックスフォード英語辞典など）を参照したうえで，これは（中立的）な重要トピックの意味であると説明している．

JTCG ガイダンス文書によれば，取り組むべき重要課題の例には，次のものがある．ただし，これに限らない．

〈外部の課題の例〉
- 国際，国内，地域又は地方を問わず，文化，社会，政治，法律，規制，財務，技術，経済，自然及び競争の状況
- 環境特性，又は気候・汚染・資源入手可能性・生物多様性に関連する状態，及び，組織がその目的を達成する能力に対してこれらの状態が与え得る影響

〈内部の課題の例〉
次に示すような，組織の特性又は状態
- 組織の統治，情報の流れ及び意思決定プロセス
- 組織の方針，目的，及びこれらを達成するために策定された戦略
- 資源の観点から見た組織の能力（例えば，資本，時間，人員，知識，プロセス，システム，技術）
- 組織の文化
- 組織が採択した標準，指針，モデル
- 組織の製品及びサービスのライフサイクル

【解 説】

細分箇条4.1では，環境マネジメントシステムが意図した成果を組織が達成するに当たり"組織の能力に影響を与える，外部及び内部の課題を決定"，つまり取り組むべき重要課題を見いだすというプロセスを要求することで，現代のグローバル社会における"変化"への対応を念頭に置いた戦略的な構造を提供している．

ここで，4.1のタイトルでは"状況（context）"を"理解（understanding）"するとあるのに，共通テキスト内では"課題（issues）"を"決定する（determine）"という用語が使われているのはなぜか，という疑問が浮かぶか

もしれない．それについて JTCG は，"理解するためには，まず，評価する必要があるものが何であるかを見つけ出さなければならない"と説明している．"課題（重要トピック）"の決定には，組織の目的に関連し，かつ意図した成果を達成するための組織の能力に影響がある（損なわれる，あるいは増強される）のかどうかを考えるという，ある種の評価が含まれているのである．それが分かれば，組織及びその状況を理解するための基盤ができると考えられている．

なお，個別のマネジメントシステム規格が意図する成果（そのマネジメントシステム規格やプロセスが組織に適用されることによってその組織や社会にもたらされると規格が想定している成果）については，箇条1（適用範囲）に記載されることになっていたが，2014年の ISO/IEC 専門業務用指針 第1部の改訂でそのような指針は削除され，単に規格作成のルールを示す第2部を参照するにとどまっている．とはいえ，個々の規格の序文や適用範囲には，その規格を適用することの意義を理解し，組織としての目的をもつために役立つ情報が記載されていると考えて一読していただきたい．

4.2 利害関係者のニーズ及び期待の理解

> 附属書 SL 付表 2（規定）
>
> **4.2 利害関係者のニーズ及び期待の理解**
>
> 組織は，次の事項を決定しなければならない．
> — XXX マネジメントシステムに関連する利害関係者
> — それらの利害関係者の，関連する要求事項

【解 説】

利害関係者のニーズ及び期待の理解に関する共通要求事項の意図は，マネジメントシステムに適用される，関連する利害関係者のニーズ及び期待を，高いレベルで（戦略的に）理解することである．再び，"高いレベル"，"戦略的"とは，4.1 と同様に"経営レベルの意思決定において"という趣旨である．

4.2 は，4.1 と共に箇条4のタイトルにもなっている"組織の状況"の一部

である．4.1と一緒でもよかったのだが，なぜ4.2が独立しているかというと，法令その他の要求事項への対応がとりわけ重要視されたため，独立した細分箇条になった．また，あえて"関連する"と付いているのは，マネジメントシステムの実施においては"関連する（relevant）"利害関係者，及びその関連する要求事項（と組織が承諾しているもの）だけを考慮するという意味である．

ここで注意すべきは，"要求事項"の定義は"ニーズ又は期待"ということであろう（本書第2部3.3参照）．この細分箇条のタイトルも"利害関係者のニーズ及び期待"となっているが，"要求事項"という言葉には，"義務として要求されている"ものだけを指すという印象が強いが，この段階ではまだ"明示された"ものであっても組織に適用されないもの，又はマネジメントシステムに関連のないものもある．例えば，極端な環境保護団体の要望が公表されていたとしても，それに組織が対応すべきかどうかという意思決定の裁量は，組織側にある．したがって，全ての利害関係者の要求事項が組織の要求事項になるわけではない．ここで求められているのは，そうした（関連のある）ニーズや期待の把握である．得られた知識は，その後のマネジメントシステムの計画，実施及び運用に活用する．

組織が自ら対応を決めるものとしては，採択した業界標準・基準（ISO規格も含む），企業行動原則，協定，契約などに盛り込むことを決めたものなどがあり得る．他方で，関連する法律，規制，政府の許認可などについては，強制的な要求事項（義務）であり，当然ながら組織は必ず守らなければならない．

また，"関連する利害関係者"とあるが，分野によっては広範な利害関係者が想定されるし，どこに組織の影響が及んでいるのかを全て組織側で把握することは難しい．ある利害関係者が，自分たちは当該マネジメントシステムによって影響を受けていると"認識した"場合には，その利害関係者はこのことを何らかの方法で組織に知らせてくるであろうことが前提になっており，組織自らがすみずみまで把握しなければ要求事項が満たせないというものではない（もちろん，利害関係者のニーズや期待にどこまで応えられるかは組織の能力であり，どこまで応えるべきかは組織の判断による）．なお，利害関係者には，

顧客,地域社会(コミュニティ),供給者,規制当局,非政府組織(NGO),投資家,従業員などが考えられる.

　法的要求事項以外の利害関係者のニーズ及び期待については,それが明確化され,組織がそれを採択することを決定した時点で義務となる.ひとたび組織が同意したならば,それらは組織の要求事項となるが,JTCGの想定ではその決定は4.3でマネジメントシステムの適用範囲を決定する際に行うと考えられている.加えて,組織は,規格や他の関連する利害関係者によって求められる要求事項以外に,社内規定などの内部の要求事項を有するのが一般的である.これも,関連する場合には当該マネジメントシステムの要求事項に含まれる.

4.3　XXXマネジメントシステムの適用範囲の決定

> 附属書SL　付表2(規定)
>
> **4.3　XXXマネジメントシステムの適用範囲の決定**
>
> 　組織は,XXXマネジメントシステムの適用範囲を定めるために,その境界及び適用可能性を決定しなければならない.
>
> 　この適用範囲を決定するとき,組織は,次の事項を考慮しなければならない.
>
> ― 4.1に規定する外部及び内部の課題
>
> ― 4.2に規定する要求事項
>
> 　XXXマネジメントシステムの適用範囲は,文書化した情報として利用可能な状態にしておかなければならない.

【解　説】

マネジメントシステムの適用範囲の決定に関するこの共通要求事項の意図は,マネジメントシステムが適用される物理的及び組織上の境界を設定することである.組織の状況に関する理解(4.1で明確になった内外の重要課題と,4.2で把握された関連する利害関係者の"要求事項")を踏まえて,マネジメントシステムの適用範囲を設定するとともに,どの要求事項(すなわちニーズ及び

期待）を組織が採択するのかを決定する．

適用範囲の境界を定める裁量は組織にあり，マネジメントシステムの実施範囲を全社的にするか，一部のユニットや機能（複数でも可）にするかを選ぶことができる．当該マネジメントシステムを導入する目的に対して適切であり，効果的な範囲にすればよい．なお，適用範囲に関する情報は細分箇条 7.5（文書化した情報）の要求事項に従って作成し，管理する．

なお，規格では"適用範囲（scope）"という用語が 3 通りの使われ方をしている．一つ目はこの 4.3 で決められた組織のマネジメントシステムの適用範囲だが，二つ目は ISO マネジメントシステム規格の適用範囲（箇条 1）である．これは規格そのものの使われ方であり，組織が規格を利用することで期待される便益も記されることがある．三つ目は"認証範囲"である．これは 4.3 で決定した適用範囲と必ずしも同じではない場合があり得る．例えば，将来の認証範囲拡大に向けてマネジメントシステムを試験的に運用している場合，"認証範囲"は，組織が決定した"適用範囲"より狭いだろう．

4.4 XXX マネジメントシステム

―――― 附属書 SL 付表 2（規定）――――

4.4 XXX マネジメントシステム

組織は，この規格の要求事項に従って，必要なプロセス及びそれらの相互作用を含む，XXX マネジメントシステムを確立し，実施し，維持し，かつ，継続的に改善しなければならない．

【解　説】

マネジメントシステムというタイトルを冠するこの細分箇条は，マネジメントシステム規格に適合しており，かつ有効な（effective）マネジメントシステムを構築するために必要十分な，一連のプロセスの作成を求める包括的な要求事項である．JTCG は"システムアプローチ"を採用し，同じ要求事項の繰返しを避けて，規格がシンプルになることを目指した．したがって，この細分箇

条は他の箇条全体にかかってくるものであると理解するべきだろう．

例えば，他の箇条でプロセス，手順，マネジメントシステムなどを"…を確立し，維持し，継続的に改善する"といった文言が明示的に繰り返されていなくても，4.4 が参照されることによって，ある活動を一度行ったら完了なのではなく，その後の維持，改善を継続していく必要があるという意味になる．

共通テキストの中でプロセスの確立が要求されている細分箇条は，マネジメントシステムプロセス（4.4）と，外部委託プロセスを含む運用の計画及び管理のプロセス（8.1）であるが，分野固有の規格で追加されている場合があるかもしれない．

"プロセス"と"手順（procedure）"については JTCG でも多少の議論があったが，共通テキストでは一貫して"プロセス"が使われている．JTCG は"共通テキストは，何をするべきかに関する明確な要求事項を確立するために書かれたものであり，手順に関する要求事項を規定するために書かれたものではない"と考えたからである．

"手順"とは，ステップが特定された物事の進め方であり，組織は手順策定によって，あることがらを"どのように行うか（how）"を定めることになる．ただ，手順は様々な管理方法の一つでしかなく，他にも有効なやり方はあるので，規格が組織に手順の策定を求める必要があるかどうかは分野固有の判断であり，分野別規格を作成する各 TC や SC，PC がそれぞれの固有規格において決定するということが合意されている．

4.4 は，顧客満足の向上や環境保護への貢献など，何らかの成果を意図したマネジメントシステムの構築において，そのために必要な"マネジメントシステム要求事項"の確立などを一般的に求める細分箇条だが，どのようにそれを満たすかについては，組織が自ら決めることである．

次の細分箇条 5.1 に端的に表れてくることだが，JTCG はマネジメントシステム要求事項が事業プロセス（通常の業務活動といってもよいだろう）に組み込まれ，統合されることを重要視している．事業の中に当該マネジメントシステム上の（例えば，環境の）要求事項をどこまで詳細に，かつどの範囲まで統

合するのかについても,自らの裁量で決定することができるし,一方でその説明責任も組織側にある.いわゆる"マニュアル"作成の要求事項はなく,その必要性は組織が判断すればよい.

5. リーダーシップ

5.1 リーダーシップ及びコミットメント

───── 附属書SL 付表2(規定)─────

5.1 リーダーシップ及びコミットメント

トップマネジメントは,次に示す事項によって,XXXマネジメントシステムに関するリーダーシップ及びコミットメントを実証しなければならない.

― XXX方針及びXXX目的を確立し,それらが組織の戦略的な方向性と両立することを確実にする.
　― 組織の事業プロセスへのXXXマネジメントシステム要求事項の統合を確実にする.
― XXXマネジメントシステムに必要な資源が利用可能であることを確実にする.
― 有効なXXXマネジメント及びXXXマネジメントシステム要求事項への適合の重要性を伝達する.
― XXXマネジメントシステムがその意図した成果を達成することを確実にする.
― XXXマネジメントシステムの有効性に寄与するよう人々を指揮し,支援する.
― 継続的改善を促進する.
― その他の関連する管理層がその責任の領域においてリーダーシップを実証するよう,管理層の役割を支援する.
　　注記　この規格で"事業"という場合,それは,組織の存在の目的の

5. リーダーシップ

中核となる活動という広義の意味で解釈され得る．

【解　説】

リーダーシップ及びコミットメントに関するこの細分箇条では，組織の中でトップマネジメント自身が関与し，指揮するための活動を特定している．実は箇条5全体が，意図的に"トップマネジメント"を主語にした要求事項となっており，他の"組織"を主語にした要求事項とは明確に区別されている．JTCGでは，マネジメントシステムの成否はトップマネジメントのリーダーシップ及びコミットメントにかかっていると考えたからである．

しかし，マネジメントシステム内のあらゆる活動をトップマネジメントが行うというのは不合理である．したがってJTCGも，活動の実施は組織の他の人々に委譲して行われるのが実態であろうと想定している．しかし，それらの活動が確実に遂行されることの説明責任は，トップマネジメントにある．経営資源を投入しているのだから，当然であろう．

二つ目のビュレット項目で，"組織の事業プロセスへのマネジメントシステム要求事項の統合"の重要性が強調されており，かつ，これはトップマネジメントの役割となっている．"事業（business）プロセス"といっても，営利的な事業にかかわることだけを指しているわけではなく，管理機能・間接部門も含めた，組織の存続に必要な通常の活動を意図している．例えば，力量の管理に責任をもつ組織の人事機能は，組織の存在目的の中核的活動の一つに挙げられる．

ビュレット項目の八つ目は，人々を率先するマネジメントの役割をもつ人々（これは必ずしも正式な管理職とは限らず，例えばチームリーダーでもよい）が，マネジメントシステム要求事項の実施及び分野別の目的・目標の達成に向けて，積極的に活動することを促すような組織文化を醸成することを，トップマネジメントに求めている．"その責任の領域においてリーダーシップを実証する"という部分は，"関連する管理層の役割"について言及しているもので，トップマネジメントについて言及しているのではない．トップには，組織内で気運を作り出すことによって，他のマネジメントの活動を支えることが求めら

れている．

　JTCG は，組織のトップマネジメントによる，目に見えるかたちでの支援，関与，コミットメントを重要な成功要因と考えた．これによって，取組みに対する雰囲気や期待感が組織内に生み出され，受容度が増し，参加に向けた動機付けがなされる．同時に，トップの関与がきちんとしていれば，その取組みが有効だという安心感を，外部関係者に与えることができる．

5.2　方針

―――――――――――――――――――――― 附属書 SL　付表 2（規定）――

5.2　方針

　トップマネジメントは，次の事項を満たす XXX 方針を確立しなければならない．

a)　組織の目的に対して適切である．
b)　XXX 目的の設定のための枠組みを示す．
c)　適用される要求事項を満たすことへのコミットメントを含む．
d)　XXX マネジメントシステムの継続的改善へのコミットメントを含む．
　XXX 方針は，次に示す事項を満たさなければならない．
― 文書化した情報として利用可能である．
― 組織内に伝達する．
― 必要に応じて，利害関係者が入手可能である．

【解　説】

　方針に関する共通の要求事項の意図は，組織の目的（purpose）を考慮に入れて，戦略レベル（経営レベル）で組織のコミットメントを規定することである．a)～d)までは方針の中身について規定し，後半のビュレット項目三つは，方針の取扱いについて規定している．方針類は成文化し，文書化した情報(7.5)の要求事項に従って作成及び管理すること，コミュニケーションの細分箇条(7.4)の要求事項に従って組織内部に伝達するとともに，"必要に応じて"他

の利害関係者にも入手可能な状態にすることが求められる.

"必要に応じて"は,方針の内容によっては,例えば営業機密に関することがある場合など,一般公表が難しいケースもあると配慮してのことである.共通テキスト上では利害関係者の範囲も特定できないので,このような点は分野別の規格でより明確にされることだろう.

こうして策定された方針は,組織が設定する目的・目標(objective)の枠組みとして用いられ,実施に向けて組織内に展開されるという流れになっている.

方針には,適用される要求事項,特に法律及び規制,を満たすことのコミットメントを含めることが期待されているが,たとえ最も有効なマネジメントシステムであっても,いかなる時点においても,完全な法令順守は保証していない.このような事情を踏まえ,マネジメントシステムによって,不順守につながるシステム不具合が速やかに検出され,是正処置がとられている限りにおいては,"適合"から外れているとは見なさないことが望ましいと考えられている.

5.3 組織の役割,責任及び権限

――― 附属書SL 付表2(規定) ―――

5.3 組織の役割,責任及び権限

トップマネジメントは,関連する役割に対して,責任及び権限が割り当てられ,組織内に伝達されることを確実にしなければならない.

トップマネジメントは,次の事項に対して,責任及び権限を割り当てなければならない.

a) XXXマネジメントシステムが,この規格の要求事項に適合することを確実にする.

b) XXXマネジメントシステムのパフォーマンスをトップマネジメントに報告する.

【解 説】

組織の役割,責任及び権限に関する共通要求事項では,マネジメントシステ

ム要求事項の実施に関する責任及び権限が，組織内の関連する役割に割り当てられる．"トップマネジメントは…を確実にしなければならない（Top management shall ensure）"とあるので，このような役割を遂行する各人に対して責任及び権限を割り当て，伝達する活動をまっとうする責任はトップマネジメントにあるが，その実施自体は委譲できる．

なお，責任及び権限は，コミュニケーションの細分箇条（7.4）の要求事項に従って伝達されること，マネジメントシステム規格の要求事項に対する適合の実証は，内部監査の細分箇条（9.2）の要求事項に従って行われること，パフォーマンスの報告は，マネジメントレビュー（9.3）の要求事項に従って行われることが想定されている．

a），b）にある役割は，以前は"管理責任者"という呼称で知られる役割だったが，組織にはいろいろなガバナンスの形があり，役員が担当を受けもつ方が自然だったりする．よって，今回の整合化検討においては多様な組織ガバナンスへの柔軟な対応を考慮し，そのような固定的役職を想起させないことにした．

マネジメントシステム規格の要求事項に対するマネジメントシステムの適合を確実にする役割は，個人に割り当てることも，複数の人員で分担させることも，チームに割り当てることもできる．こうした人たちは，マネジメントシステムの現状及びパフォーマンスについてトップマネジメントが常に知っておくことができるよう，トップマネジメントに十分な報告や相談ができるようなアクセスルートをもっていることが望ましい．

6. 計　　　画

6.1　リスク及び機会への取組み

附属書SL　付表2（規定）

6.1　リスク及び機会への取組み

XXXマネジメントシステムの計画を策定するとき，組織は，4.1に規定する課題及び4.2に規定する要求事項を考慮し，次の事項のために取り

6. 計　画

組む必要があるリスク及び機会を決定しなければならない．
― **XXX** マネジメントシステムが，その意図した成果を達成できるという確信を与える．
― 望ましくない影響を防止又は低減する．
― 継続的改善を達成する．
　組織は，次の事項を計画しなければならない．
a) 上記によって決定したリスク及び機会への取組み
b) 次の事項を行う方法
　― その取組みの **XXX** マネジメントシステムプロセスへの統合及び実施
　― その取組みの有効性の評価

【解　説】

リスク及び機会への取組みに関する共通要求事項では，細分箇条4.1，4.2で特定した組織の状況に関する課題や要求事項（利害関係者のニーズ及び期待），及び4.3で明確化した組織に適用すべき要求事項を検討し，優先順位付けをして，経営層が検討する戦略的なレベルで取組みを計画することを意図している．よって，細分箇条6.1には，経営的な重要事項への対応を計画する際に何を考慮する必要があるか，及び，何をもって優先順位付けをするのかが規定されている．

優先順位付けは，三つのビュレット項目に照らして，何に取り組むべきかを判断することになる．そこにはマイナスの結果になる可能性への対処もあれば，プラスに働く機会への対応もある．細分箇条6.1で立てた計画は，運用の計画及び管理（8.1）において現場レベルの実施計画として展開され，マネジメントシステムのプロセスへ統合して実施される．

今回，共通テキストに"リスク"という言葉が導入されている．しかしこれは，専門的，統計的，科学的な"リスク"を意図しているわけではない．また，"機会"は"リスク"の反対概念ではないことにも注意が必要である．

"リスク"の共通定義は"不確かさの影響（effect of uncertainty）"であり，"影響"とは"期待されていることから，好ましい方向又は好ましくない方向にかい（乖）離することをいう"と注釈されている．JTCG では，"機会"はオックスフォード英英辞典どおりの意味であるとして，専門用語としての定義をせず，"リスク"と"機会"を二つ一緒で一つのフレーズのように使っている．

この二つが対立概念ではないにもかかわらず，"リスク及び機会"と表現した趣旨は，"有害な，あるいはマイナスの影響を与える恐れ（脅威）をもたらすもの"と，"有益な，もしくはプラスの影響を与える可能性のあるもの"を，広く示すためである．また，脅威や機会の特定は，インフォーマルなやり方であってもかまわない．正式な方法論を使って定性的・定量的に行うこともあるだろうが，共通テキストでは，必ずしも特定の方法論が使われることを意図してはいない．

リスクと機会に対応する計画を立てるということの趣旨は，組織の状況を踏まえ，手に入る範囲の情報をもって（完全に全てが分かることはないだろうから，これを"不確かさ"と考える），あり得るシナリオとそれがもたらし得る結果を予想し，これにより，望ましくない影響が発生する前に対応策をとって予防することである．あるいは，潜在的な便益や有益な成果をもたらす好ましい条件や状況を探し，そうした追求するべきものに関しての対応を計画することである．

細分箇条 6.1 で立てる計画には，必要もしくは有益と考えられる活動をどのようにマネジメントシステムのプロセスに統合し，組織内に展開するのかの決定も含まれる．共通テキストは様々な実施方法を示唆している．目的の設定（6.2）や運用管理（8.1）を通じて行うのか，あるいは，例えば資源の提供（7.1）や力量（7.2）といったその他の箇条を通じて取り込むのかをこの計画で決定する．また，決定したリスクや機会への取組みの有効性がきちんと評価されるような仕組みについても，この計画で策定する．これには，監視，測定の技法（9.1），内部監査（9.2），マネジメントレビュー（9.3）などが含まれる．

共通テキストには"予防処置"という用語や箇条がない．これは，JTCG が"リスクマネジメント"の組込みについて議論を重ねる中で，従来のマネジメ

6. 計　画

ントシステムの"予防処置"のコンセプトは手続きとして形骸化しているという問題意識の下に，そもそも，マネジメントシステムは望ましくない結果を未然に予防するためのツールでもあったはずという認識で一致したためである．予防処置の元来の意図を戦略レベルの議論へと引きあげ，"予防処置"という箇条を削除することで，形骸化の弊害をなくそうということになった．

なお，細分箇条 10.1 の不適合及び是正処置には"類似の不適合が他の場所で起こらないように…類似の不適合の有無，又は，それが発生する可能性を明確化し…不適合の原因を除去する"とあり，オペレーションレベルでの水平展開による未然防止のプロセスは残されている．さらにいえば，情報をモニタリングしトレンドを分析して，望ましくない事態を招かないよう対応することも，マネジメントシステム規格全体に内包されているといえる．

4.1 では組織の課題を特定し，6.1 ではマネジメントシステムの期待成果の達成を妨げるような課題へ取り組み，望ましくない影響を防止（prevent）または低減し，継続的改善を達成するために，リスクと機会を特定してシステムの計画実施を行うことを求めている．このような要求事項のつながりと組合せによって，予防処置の元来のコンセプトは網羅され，かつ"リスクと機会"を見るという，より広い観点ももつことができたと考えられている．

JTCG では，包括的なリスクの定義として ISO 31000（リスクマネジメント―原則及び指針）に規定するリスクの概念をベースに，共通定義を検討するとともに，共通テキストにおける要求事項のコンセプト，言葉の使い方が検討された．既に複数のマネジメントシステム規格が ISO 31000 の内容を参照していたこともあり，定義だけではなくリスクマネジメントの取込み方についても議論が集中した．結果として，リスクは個別の分野に特有の概念，理解があるため，各 TC や SC，PC が，それぞれの分野固有規格の適用範囲や，各分野に関連するリスク，及びマネジメントシステム自体が有効でなくなるというリスクに基づいて，対応することとした．

したがって，共通テキストでは，6.1 でリスクへの取組みを要求しているが，詳細なリスクマネジメント，リスクアセスメント又はリスク対応については要

求していない．リスクに対する正式な取組みが必要な規格は，個別に"リスクマネジメント"アプローチの必要性を明確にし，リスクアセスメント及びリスク対応に関するテキストの配置（JTCGでは箇条6又は箇条8を想定）を決めてもらうこととした．また，"リスク"の定義についても多様性があったため高い整合化には至らず，必要に応じて規格ごとに"リスク"を定義してもよいこととした．この点は，近い将来により高い整合化へ向けた課題となるだろう．

6.2 XXX目的及びそれを達成するための計画策定

――――――――――――――――――――――― 附属書SL 付表2（規定） ―

6.2 XXX目的及びそれを達成するための計画策定

組織は，関連する機能及び階層において，XXX目的を確立しなければならない．

XXX目的は，次の事項を満たさなければならない．

a） XXX方針と整合している．
b） （実行可能な場合）測定可能である．
c） 適用される要求事項を考慮に入れる．
d） 監視する．
e） 伝達する．
f） 必要に応じて，更新する．

組織は，XXX目的に関する文書化した情報を保持しなければならない．

組織は，XXX目的をどのように達成するかについて計画するとき，次の事項を決定しなければならない．

― 実施事項
― 必要な資源
― 責任者
― 達成期限
― 結果の評価方法

6. 計　画

【解　説】

　細分箇条 6.2 では目的（objective）を定め，それを達成するための計画を策定する．リーダーシップ及びコミットメント（5.1）及び方針（5.2）とのつながりに留意することが望ましい．目的は方針と整合し，組織の戦略的方向性と合っていることが求められている．

　目的は，その達成を判断できるようなかたちで設定することが望ましい．"実行可能な場合"という但し書きが入っているのは，目的を"測定"することができない状況もあり得ることが認識されていたためである．"測定（measure）"の定義は"値を決定するプロセス"であり，JTCG では"定量的に測定すること"という理解が基本だった．また当時，エネルギーマネジメントシステムでは目的（objective）のほかに目標（target）と指標（indicator）が導入されていたため，定量化されない目的に対応するためにこの但し書きが入っている．

　目的の現状及び進捗は，細分箇条 9.1 の監視，測定，分析及び評価の要求事項に従って定期的にチェックし，継続的改善（10.2）の要求事項に整合して必要に応じて更新する．よって，目的（objective）の達成度は判定・評価できなければならない．必要に応じて，できたかできないかを判定する基準や，進捗率を測る指標などを設定する．

　目的の伝達は，コミュニケーションに関する細分箇条（7.4）の要求事項に従って行い，また目的に関する情報は文書化した情報（7.5）の要求事項に従って作成及び管理する．目的の達成に向けては，それに必要な活動（何をすべきか），及びそれに関連する時間枠（いつまでにやるのか）を決定する．さらに，組織の役割，責任及び権限（5.3）の要求事項に従って，それを実行する責任の割当て（誰がやるのか）を決める．予算，専門的な技能，技術，インフラストラクチャといったあらゆる必要事項を，資源（7.1）の要求事項に従って決定し，提供する．最後に，達成したことの全体的な結果を評価する仕組みを，監視，測定，分析及び評価（9.1）の要求事項に従って決定し，マネジメントレビュー（9.3）に沿って報告する．

7. 支　　援

7.1　資源

> ──────── 附属書 SL　付表 2（規定）────────
> **7.1　資源**
> 　組織は，XXX マネジメントシステムの確立，実施，維持及び継続的改善に必要な資源を決定し，提供しなければならない．

【解　説】

資源に関する共通の要求事項の意図は，マネジメントシステムの構築と実施（その運用及び管理も含む）に必要な資源，及び，マネジメントシステムの継続的な維持・改善に必要な資源を予想し，決定し，配分することである．

資源には次の例があげられる．

- 人的資源
- 専門的な技能又は知識
- 組織のインフラストラクチャ（すなわち，建物，通信ラインなど）
- 技術
- 財務資源

7.2　力量

> ──────── 附属書 SL　付表 2（規定）────────
> **7.2　力量**
> 　組織は，次の事項を行わなければならない．
> ── 組織の XXX パフォーマンスに影響を与える業務をその管理下で行う人（又は人々）に必要な力量を決定する．
> ── 適切な教育，訓練又は経験に基づいて，それらの人々が力量を備えていることを確実にする．
> ── 該当する場合には，必ず，必要な力量を身につけるための処置をとり，

7. 支　援

> ― 力量の証拠として，適切な文書化した情報を保持する．
>
> 注記　適用される処置には，例えば，現在雇用している人々に対する，教育訓練の提供，指導の実施，配置転換の実施などがあり，また，力量を備えた人々の雇用，そうした人々との契約締結などもあり得る．

（前略）とった処置の有効性を評価する．

【解　説】

力量の定義（3.10）は"意図した結果を達成するために，知識及び技能を適用する能力"である．これと読み合わせれば，この共通テキストはそれ自体がかなり明確である．ただし組織は，マネジメントシステムが有効に機能するためには，どの範囲までを"組織のXXXパフォーマンスに影響を与える業務をその管理下で行う人（又は人々）"とするかを検討する必要があるだろう．

力量に関する客観的証拠を提供する情報は，文書化した情報（7.5）の要求事項に従って作成し，管理する．

7.3　認識

> 附属書SL　付表2（規定）
>
> **7.3　認識**
>
> 組織の管理下で働く人々は，次の事項に関して認識をもたなければならない．
>
> ― XXX方針
> ― XXXパフォーマンスの向上によって得られる便益を含む，XXXマネジメントシステムの有効性に対する自らの貢献
> ― XXXマネジメントシステム要求事項に適合しないことの意味

【解　説】

この共通要求事項の意図は，"組織の管理下で働く人々"に，少なくとも三

つのビュレット項目の内容に関して認識をもたせることである．方針の認識とは，当然ながら方針を暗記することではなく，方針における主要なコミットメントの内容の理解，及びそれを達成するうえでの自らの役割を一人一人に認識してもらうということである．

7.4　コミュニケーション

――――――――――――――――――――――― 附属書SL　付表2（規定）―

7.4　コミュニケーション

　組織は，次の事項を含む，XXXマネジメントシステムに関連する内部及び外部のコミュニケーションを決定しなければならない．
― コミュニケーションの内容
― コミュニケーションの実施時期
― コミュニケーションの対象者
― コミュニケーションの方法

【解　説】

　この細分箇条における共通要求事項は，組織の内部及び外部とのコミュニケーションを規定することである．内外ともにコミュニケーションの計画（何を，いつ，誰に，どのようにして）を決定するだけで，とても簡素になっている理由は，情報伝達や開示，あるいは双方向の対話も含めて，コミュニケーションの目的，必要性や方法などが分野によってかなり異なると考えられたためである．分野別の個別規格における追加要求事項に留意すべきであろう．

　例えば，コミュニケーションは，透明性，適切性，信頼性，即応性（responsiveness）及び明確性の原則に従っていることが望ましいが，これらの原則をどの程度重視するかは，分野によって異なるだろう．また，コミュニケーションは，口頭又は書面，一方向又は双方向，内部又は外部，のいずれでもあり得るが，分野ごとの必要に応じて個別規格で詳細に規定される場合がある．

なお,共通テキストでは,他の各箇条の要求事項において,次の事項に関するコミュニケーションを求めている.

- 有効な XXX マネジメントシステム及びマネジメントシステム要求事項への適合の重要性
- 方針
- 責任及び権限
- マネジメントシステムのパフォーマンス
- 目的
- 監査結果

また,以下はコミュニケーションの"要求事項"ではないものの,関連する可能性がある(いずれも細分箇条 7.3).

- パフォーマンスの向上によって得られる便益を含む,マネジメントシステムの有効性に対する貢献
- マネジメントシステム要求事項に適合しないことの意味

7.5 文書化した情報
7.5.1 一般

———— 附属書 SL 付表 2(規定) ————

7.5 文書化した情報

7.5.1 一般

組織の XXX マネジメントシステムは,次の事項を含まなければならない.

a) この規格が要求する文書化した情報
b) XXX マネジメントシステムの有効性のために必要であると組織が決定した,文書化した情報

  注記　XXX マネジメントシステムのための文書化した情報の程度は,次のような理由によって,それぞれの組織で異なる場合がある.

  — 組織の規模,並びに活動,プロセス,製品及びサービスの

> ― 種類
> ― プロセス及びその相互作用の複雑さ
> ― 人々の力量

【解　説】

　文書化した情報に関する共通の一般要求事項の意図は，マネジメントシステムにおいて作成し，管理し，維持しなければならない情報の種類について説明することである．"この規格が要求するもの"には，共通テキストで要求されるものに加え，分野別規格で要求されるものがある．これらに加え，組織が自ら当該マネジメントシステムに必要であると決定した，その他のあらゆる追加的な情報がある．

　共通テキストには，"文書化した情報"として少なくとも次のものが含まれる．

- マネジメントシステムの適用範囲
- 方針
- 目的
- 力量の証拠
- マネジメントシステムの計画及び運用に必要な外部からの（external origin）文書化した情報
- プロセスが計画どおりに実施されたという確信をもつために必要な文書化した情報
- 監視，測定，分析及び評価の結果
- 内部監査プログラムの実施の証拠
- 内部監査の結果
- マネジメントレビューの結果
- 不適合の性質及びとった処置
- 是正処置の結果

　規格で要求されているもの以外に，どのような文書化した情報が必要かを判断するのは，組織の裁量であり責任である．それぞれの組織によって必要な程

度は異なるため，注記に列挙されている要因が参考になる．また，もともと当該マネジメントシステム以外の目的で作成された，既存の文書化した情報を利用してもよい．

共通テキストでは"文書類（documentation）"や"記録（record）"という用語ではなく，"文書化した情報（documented information）"という用語を導入した．"文書化した情報"とは，当該マネジメントシステムにおいて，あらゆる形式又は媒体で（7.5.3 参照），管理・維持する必要があると決定した情報をいう．

これは当初，JTCG の中で"文書"の管理から"情報"の管理へとシフトする議論から生まれた．昨今の情報技術の普及と進展を鑑みれば，データ，文書類，記録などは，今や電子的に処理されることが多い．一方で，ISO には"大量の（紙の）書類作成"という悪い（誤った）評判がつきまとう．こうした背景と問題に規格として対処しようとしたのである．

しかし単に"情報"だけでは，当該マネジメントシステムに関係ない，あるいは管理しきれないあらゆる情報が幅広く管理の対象になってしまうという懸念から，絞り込むために，手前に"文書化した"という言葉を追加することにした．IT の進展が著しい昨今の情報管理のあり方に，規格としても柔軟に適応していく必要がある．

"文書化した情報"には，文書類，文書，文書化した手順及び記録などの従来の概念が含まれている．また，紙媒体はもとより電子媒体であっても，成文化されたもの（書類）にとどまらず，音声や画像，動画などの様々な形式（フォーマット）を想定している．また，細分箇条 7.2 や箇条 9，10 などの"…の証拠として，文書化した情報（documented information as evidence）"という表現は，従来の"記録"という用語を意味している．

証拠として保持すべき情報については，アクセスや検索など管理の面から区別が必要であろう（本書第 2 部 7.5.3 参照）．

7.5.2　作成及び更新

> 附属書SL　付表2(規定)
>
> **7.5.2　作成及び更新**
>
> 　文書化した情報を作成及び更新する際，組織は，次の事項を確実にしなければならない．
> — 適切な識別及び記述（例えば，タイトル，日付，作成者，参照番号）
> — 適切な形式（例えば，言語，ソフトウェアの版，図表）及び媒体（例えば，紙，電子媒体）
> — 適切性及び妥当性に関する，適切なレビュー及び承認

【解　説】

　文書化した情報の作成及び更新に関するこの共通要求事項の意図は，情報を個別に識別できるようにし，それを維持する形式（フォーマット）や媒体を決定するとともに，その承認を適切に行うことにある．マネジメントシステムにおいて必要になる情報を作成・更新するとき，その情報の形式としては電子形式も紙媒体もあるだろうし，また音声や画像の場合もあるかもしれないので，各々ふさわしい情報の形式，媒体，識別方法を，組織が選択するものである．文書化した情報は，文章形式や紙媒体のマニュアルでなくてもよく，組織とそのマネジメントシステムにとって有効で適切なものであればよい．

7.5.3　文書化した情報の管理

> 附属書SL　付表2(規定)
>
> **7.5.3　文書化した情報の管理**
>
> 　XXXマネジメントシステム及びこの規格で要求されている文書化した情報は，次の事項を確実にするために，管理しなければならない．
> **a）** 文書化した情報が，必要なときに，必要なところで，入手可能かつ利用に適した状態である．
> **b）** 文書化した情報が十分に保護されている（例えば，機密性の喪失，不

適切な使用及び完全性の喪失からの保護).

　文書化した情報の管理に当たって，組織は，該当する場合には，必ず，次の行動に取り組まなければならない．
— 配付，アクセス，検索及び利用
— 読みやすさが保たれることを含む，保管及び保存
— 変更の管理（例えば，版の管理）
— 保持及び廃棄

　XXXマネジメントシステムの計画及び運用のために組織が必要と決定した外部からの文書化した情報は，必要に応じて識別し，管理しなければならない．

　　注記　アクセスとは，文書化した情報の閲覧だけの許可に関する決定，又は文書化した情報の閲覧及び変更の許可及び権限に関する決定を意味し得る．

【解　説】

　文書化した情報の管理に関する共通要求事項では，必要とされる情報の内部管理において考慮すべき事項と実施すべき事項を規定している．

　細分箇条7.5については，JTCGの中でも情報セキュリティマネジメントシステムとレコードマネジメントのエキスパートが専門分野であるため，主担当となって草案を作った．したがって当初は，情報管理や文書管理を主題としない他分野のマネジメントシステム規格にとっては，管理が詳細すぎることもあったので，できるだけシンプルにした経緯がある．

　情報管理において行うべき内部管理は多々あるが，"該当する場合には，必ず（as appropriate）"とあるものについては，全ての管理方法があらゆる種類の文書化した情報に適用可能なわけではないので，当てはまらないものについては行わなくてもよい（実施できない）が，当てはまる場合は必ずそのような管理をしなければならない．なお，"入手可能(available)"という言葉は，"文書化した情報にアクセスする必要がある人，それを承認されている人，又は文

書化した情報に関係する人々に対して"入手可能であることということを含意している．

また，内部情報に加えて，外部関係者が作成した情報もマネジメントシステムの規格で要求される，あるいは必要なことがある．このような外部情報についても，識別し管理することが求められている．マネジメントシステムで要求される文書化された情報の管理は，組織内に既存の他の情報マネジメントや文書システムに統合してもよい．

8. 運　　用

8.1　運用の計画及び管理

――― 附属書SL　付表2（規定）―――

8.1　運用の計画及び管理

　組織は，次に示す事項の実施によって，要求事項を満たすため，及び6.1で決定した取組みを実施するために必要なプロセスを計画し，実施し，かつ，管理しなければならない．

― プロセスに関する基準の設定
― その基準に従った，プロセスの管理の実施
― プロセスが計画どおりに実施されたという確信をもつために必要な程度の，文書化した情報の保持

　組織は，計画した変更を管理し，意図しない変更によって生じた結果をレビューし，必要に応じて，有害な影響を軽減する処置をとらなければならない．

　組織は，外部委託したプロセスが管理されていることを確実にしなければならない．

【解　説】

運用の計画及び管理に関する共通要求事項では，マネジメントシステムに必

8. 運用

要なプロセスを計画し，実施，管理して各種の要求事項を満たすことを確実にするとともに，優先度の高いリスクと機会に取り組むために，組織の運用において（現場レベルで）実施する必要があるプロセスを計画し，実施，管理することである．

"計画"は細分箇条6.1にも出てくるが，細分箇条8.1の運用における計画は，6.1で行う計画よりも詳細で，リスク及び機会への取組み（6.1）で決定した活動の展開に向けて，事業のオペレーションにおいてどうするかという，より現場レベルのものが意図されている．

JTCGでは，運用管理の要求事項は分野別に最も異なるであろうことが最初から予想されていた．この部分の多様な概念を整合化させることは無用だと考え，最低限の共通要求事項を用意するにとどめた．したがって，共通要求事項は始めから細分箇条8.1だけになっており，これは分野別規格において，固有の要求事項が細分箇条8.2以降に詳細に追加されることを想定したものである．

運用管理では，様々な事業のオペレーションや設備運用などが規定の条件やパフォーマンス基準を超えたり規制値から外れたりしないように管理して，マネジメントシステムの意図する成果がきちんと達成できるようにするための管理手法を計画して導入する．こうした管理においては，技術仕様，操作パラメーター，詳細な方法論の策定などをはじめとして，事業プロセスが望ましい最適な機能を発揮するために必要な技術的要求事項を確立することになる．

運用管理は，ある事業プロセスについて，そうした管理が行われないと方針・目的の達成が危ぶまれる，あるいは受容できないリスクをもたらす可能性がある状況に対して適用する．これは，製造，据付，アフターサービス，保守などといった事業活動であったり，その他の組織活動のプロセスであったり，あるいは委託業者や供給者などの活動に適用すべき場合もある．またその管理の程度も，多くの要因によって異なってくる．

例えば，対象となる機能の内容，その重要性や複雑さ，あるいは基準からの逸脱やばらつきが生じると結果へのどのような影響があるのか，必要とされる専門的能力に対して実際に入手できる人材があるのかといった様々な要因に

よって，意図する結果を生むための管理の手法や程度は異なる．

　プロセスが計画どおりに実施されたという確信をもつために必要な程度の情報は，文書化した情報（7.5）の要求事項に従って，作成及び管理する．ここで，JTCG ではもともと，いわゆる運用管理の基準や手順の成文化ではなく，プロセスの実施（プロセスそのものの，その管理も含む）に関する，いわば計画どおりに遂行されたかを確認できる"記録"を，必要程度に維持することを考えていた．

　JTCG では，共通テキストにおいて基準・手順の文書化要求をなるべく少なくして，組織裁量を大きくしている．しかし今となってはここだけ"keep（保持）"が用いられるなど，共通テキストに一貫性がないため，分野別の規格で詳細になっている要求事項をよく確認するほうがよいだろう．

　また，この細分箇条では"変更のマネジメント"についても規定されている．"変更のマネジメント"は，あらかじめ計画して行う変更，及び意図しない（計画外の）変更の両方について，技術的な要求事項が満たされなかったり，新たなリスクが入り込んだりするおそれを予防ないし最小限に抑えるために必要とされている．変更による影響の度合いを見て，運用管理が機能しない場合には，その結果生じるあらゆる望ましくない影響に対応するために処置が必要となる．

　共通テキストでは，"是正処置"の要求事項が細分箇条 10.1 にある．JTCG では，運用における不適合の取扱いと是正処置の要求事項の必要性が議論になったが，一番大きな目次の章立てとなる上位構造のロジックでは，是正処置は改善（箇条 10）に属していると考えた．また，システムアプローチの考えの下では，要求事項は箇条の順番に実施するわけではなく，互いに有機的に連携し合っていることもあるため，現在の章立てで合意されたという経緯がある．

　最後に，この細分箇条では，"外部委託したプロセス"の管理についても規定している．"外部委託したプロセス"の定義と事例は，細分箇条 3.14（外部委託する）を参照してほしい．外部委託管理は，運用管理と大きく異なるものではないが，管理の程度は，部分的な管理か，せいぜい"影響を及ぼす"ことに限定され得ると考えられている．また規格は，外部委託プロセスを遂行する

外部組織とのいかなる法的関係を変更することも意図していない．

9. パフォーマンス評価

9.1 監視，測定，分析及び評価

───── 附属書SL　付表2（規定）─────

9.1　監視，測定，分析及び評価

組織は，次の事項を決定しなければならない．
— 監視及び測定が必要な対象
— 該当する場合には，必ず，妥当な結果を確実にするための，監視，測定，分析及び評価の方法
— 監視及び測定の実施時期
— 監視及び測定の結果の，分析及び評価の時期

組織は，この結果の証拠として，適切な文書化した情報を保持しなければならない．

組織は，XXXパフォーマンス及びXXXマネジメントシステムの有効性を評価しなければならない．

【解　説】

監視，測定，分析及び評価に関する共通要求事項では，マネジメントシステムの意図する結果が計画どおりに達成されていることを確認するためのチェックを実施する．チェックの種類には，定性的なものも，定量的なものもある．監視，測定を行ったらその結果について分析し，評価し，後の改善につなげることが意図されている．

何をいつ，どのようにして測定し評価するのかは組織が自ら決めるが，監視又は測定，分析及び評価の対象となる指標ないし特性は，マネジメントシステムにおいて計画した活動がどの程度実行され，計画した結果がどの程度達成できたのかを判断するために"必要十分な"情報を提供できるものにする．ここ

でも,監視,測定,分析及び評価の結果に関する情報は,文書化した情報(7.5)の要求事項に従って作成し,管理する.

"XXXパフォーマンスを評価し,当該マネジメントシステムの有効性を評価する"とあるが,監視,測定,分析,評価を通じて得られた情報は,現場レベルでもプロセスやシステムの継続的改善(10.2)のために活用するとともに,マネジメントレビュー(9.3)の要求事項に従って,トップマネジメントに提示される.

ところで"XXXパフォーマンス"については,JTCGにおいて整合化検討を行っている段階では自然に受け入れられ,あまり議論にはならなかった.細分箇条3.13のとおり,"パフォーマンス"の定義は"定量的又は定性的な所見のいずれにも関連し得る(注記1)","測定可能な結果"である.そこで,何の結果かということについては,"活動,プロセス,製品(サービスを含む),システム又は組織の運営管理に関連し得る(注記2)"と幅広い.分野別規格において個別に"XXXパフォーマンス"の定義が必要な場合も考えられるので,留意するとよい.

9.2 内部監査

———— 附属書SL 付表2(規定) ————

9.2 内部監査

9.2.1 組織は,XXXマネジメントシステムが次の状況にあるか否かに関する情報を提供するために,あらかじめ定めた間隔で内部監査を実施しなければならない.

a) 次の事項に適合している.
   — XXXマネジメントシステムに関して,組織自体が規定した要求事項
   — この規格の要求事項
b) 有効に実施され,維持されている.

9.2.2 組織は,次に示す事項を行わなければならない.

9. パフォーマンス評価

a) 頻度,方法,責任,計画要求事項及び報告を含む,監査プログラムの計画,確立,実施及び維持.監査プログラムは,関連するプロセスの重要性及び前回までの監査の結果を考慮に入れなければならない.
b) 各監査について,監査基準及び監査範囲を明確にする.
c) 監査プロセスの客観性及び公平性を確保するために,監査員を選定し,監査を実施する.
d) 監査の結果を関連する管理層に報告することを確実にする.
e) 監査プログラムの実施及び監査結果の証拠として,文書化した情報を保持する.

【解 説】

共通テキストでは"内部監査"に関する共通要求事項を定めており,組織のマネジメントシステムが,マネジメントシステム規格の要求事項と,組織が自ら課したマネジメントシステムに関するあらゆる追加の要求事項の双方に適合していることと,マネジメントシステムが計画どおりに有効に実施及び維持されていることを確認するために,内部監査プログラムを計画し,実施し,維持することを求めている.内部監査の結果は,マネジメントシステムやオペレーションのパフォーマンスやその傾向に関する情報を含めて,マネジメントレビュー(9.3)においてレビューすることになる.

内部監査の要求事項は,分野ごとの違いが少なく,かなり共通の度合いが高いものと考えられる.

内部監査プログラムでは,次の事項が求められる.

- 監査の対象となるプロセスの重要性と前回までの監査の結果に基づいて,内部監査を計画しスケジュールを決めること.
- 内部監査を計画し実施するための方法論の確立.
- 内部監査プロセスの高潔さ(integrity:誠実さともいう)と独立性を考慮して監査プログラムにおける役割と責任を割り当てること(なお,独立性は,監査の対象となる活動に関する責任を負っていないこと,また

は偏りや利害抵触がないことで実証できる）．
- 各監査の監査基準（方針，手順，要求事項など，関連する検証可能な記録や事実の記述その他の情報と比較する基準として用いるもの），及び監査範囲（物理的な場所，組織単位，活動，プロセス，対象期間などを示す記述）．

　内部監査プログラムは，組織の内部要員が計画し，実施し，維持することも，あるいは組織外部に委任して代理で運営管理してもらうこともできる．いずれの場合も，内部監査を行う要員の選定に際しては，力量（7.2）の要求事項を満たす必要がある．

　内部監査の結果（個別の監査所見や総合的な結論）を，監査の対象となった部門責任者などに報告することについては，コミュニケーションの細分箇条（7.4）の要求事項に従う．内部監査プログラムの実施や監査結果の証拠を示す情報の管理は，文書化した情報（7.5）の要求事項に従う．

　なお，共通テキストでは複数分野のマネジメントシステム監査を同時に行うことも認めている．複合監査とは，二つ以上のマネジメントシステムの監査基準又は規格（例えば環境と安全衛生）に照らして行う監査であり，統合監査と呼ばれることも多い．

　参考までに，マネジメントシステムの監査については，ISO 19011（マネジメントシステム監査のための指針）の発行をもって整合化が済んでおり，JTCG でもそれに合わせているので，必要に応じて，内部監査プログラムの策定，マネジメントシステム監査の実施，監査要員の力量の評価に関する手引として参照されたい．例えば，内部監査の管理及び実施は，高潔さ，公正な報告，専門家としての正当な注意，機密保持，独立性及び証拠に基づくアプローチといった，ISO 19011 に示されている"監査の原則"に従うことが望ましい．

9.3 マネジメントレビュー

───── 附属書SL 付表2(規定) ─────

9.3 マネジメントレビュー

トップマネジメントは,組織のXXXマネジメントシステムが,引き続き,適切,妥当かつ有効であることを確実にするために,あらかじめ定めた間隔で,XXXマネジメントシステムをレビューしなければならない.

マネジメントレビューは,次の事項を考慮しなければならない.

a) 前回までのマネジメントレビューの結果とった処置の状況
b) XXXマネジメントシステムに関連する外部及び内部の課題の変化
c) 次に示す傾向を含めた,XXXパフォーマンスに関する情報
 — 不適合及び是正処置
 — 監視及び測定の結果
 — 監査結果
d) 継続的改善の機会

マネジメントレビューからのアウトプットには,継続的改善の機会,及びXXXマネジメントシステムのあらゆる変更の必要性に関する決定を含めなければならない.

組織は,マネジメントレビューの結果の証拠として,文書化した情報を保持しなければならない.

【解　説】

マネジメントレビューに関する共通要求事項では,トップマネジメント(主語に留意)によるマネジメントシステムの全体的なレビューの実施と,そこで網羅されるべき情報,期待されるアウトプットについて規定している.JTCGの議論において,当初は"マネジメントレビューへのインプット"という表現があったのだが,報告事項的なインプットという表現ではなく,マネジメントレビューで網羅されるべき検討事項という考え方に変わっている.

マネジメントレビューの要求事項も,分野ごとの違いが少なく,かなり共通

性が高いものと考えられる．

　主語がトップマネジメントになっているように，マネジメントレビューにはトップ自身が参加することが求められている．マネジメントレビューは，トップマネジメントが直接マネジメントシステムの変更を推進し，継続的改善の優先事項を指揮するメカニズムである．特に，組織をとりまく状況における変化や，不具合や規定違反など意図する結果からの逸脱の状況や傾向，組織にとって有益な成果が望めそうな，よい機会などを踏まえて判断する仕組みになっている．

　マネジメントレビューの結果に関する情報は，文書化した情報（7.5）の要求事項に従って作成し，管理する．

10. 改　　　善

10.1　不適合及び是正処置

───── 附属書 SL　付表 2（規定） ─────

10.1　不適合及び是正処置

不適合が発生した場合，組織は，次の事項を行わなければならない．

a) その不適合に対処し，該当する場合には，必ず，次の事項を行う．
  ― その不適合を管理し，修正するための処置をとる．
  ― その不適合によって起こった結果に対処する．

b) その不適合が再発又は他のところで発生しないようにするため，次の事項によって，その不適合の原因を除去するための処置をとる必要性を評価する．
  ― その不適合をレビューする．
  ― その不適合の原因を明確にする．
  ― 類似の不適合の有無，又はそれが発生する可能性を明確にする．

c) 必要な処置を実施する．

d) とった全ての是正処置の有効性をレビューする．

10. 改　善

e) 必要な場合には，XXX マネジメントシステムの変更を行う．

是正処置は，検出された不適合のもつ影響に応じたものでなければならない．

組織は，次に示す事項の証拠として，文書化した情報を保持しなければならない．

— 不適合の性質及びそれに対してとったあらゆる処置
— 是正処置の結果

【解　説】

不適合及び是正処置に関する共通要求事項は，マネジメントシステム規格や組織のマネジメントシステム要求事項が満たされなかった場合の対応を規定している．当然に，運用における不適合も対象である．

不適合への対応には，その状況を修正し（correct），原因を調査し，他のところでも同じ問題が発生していないか，あるいは発生する可能性がないかを見極め，再発防止の処置がとれるようにすることも含まれている．すなわち，まだ発生していない他の場所へと是正処置を水平展開するコンセプトはここにある．なお，共通テキストでは"修正（correction）"という用語が使用されていないことから，この用語の定義は削除された経緯がある．動詞形の"correct"はあるが，これは辞書定義を参照すべき一般的な言葉なので，規格における用語の定義はない．

さらに，再発防止策をとった後には，その処置が有効で意図したとおりの結果が得られることを確認するための評価や，そうしたシステム変更を通じて，将来どこかで類似の不適合が起きないかどうかを判断するための評価が求められている．

不適合，是正処置及びその結果に関する情報は，文書化した情報（7.5）の要求事項に従って作成し，管理する．

なお，細分箇条 6.1 でも述べたが，共通テキストには"予防処置"に関する特定の箇条がない．これは，正式なマネジメントシステムそのものが，予防的

なツールとしての役目をもつと考えられたからであり，未然防止に向けた対応のコンセプトがなくなってしまったわけではない．

細分箇条4.1で組織の"目的に関連し，かつ意図した成果を達成する組織の能力に影響を与える，外部及び内部の課題"の決定を求め，細分箇条6.1で"XXXマネジメントシステムが，その意図した成果を達成できることを確実にすること，望ましくない影響を防止又は低減すること，継続的改善を達成すること，に取り組む必要があるリスク及び機会を決定"することを要求している．この二つの要求事項がセットになって，旧来の"予防処置"の概念を十分に網羅している．

10.2 継続的改善

――― 附属書SL 付表2（規定）―――

10.2 継続的改善

組織は，XXXマネジメントシステムの適切性，妥当性及び有効性を継続的に改善しなければならない．

【解 説】

継続的改善に関する共通要求事項の意図は，マネジメントシステムの継続的な改善を組織に求めることである．改善は，主に次の三つの観点から実現されなければならない．

① 適切性：組織の目的，オペレーション，組織文化，ビジネスモデル・仕組みなどに，マネジメントシステムが調和して合っている程度
② 妥当性：適用される要求事項を満たすことにおいて，マネジメントシステムが十分である程度
③ 有効性：計画した活動が実施され，それによって計画どおりの結果が達成されている程度

継続的改善は，組織の目的や方針におけるコミットメントの達成と，当該マ

ネジメントシステムにおけるあらゆる要求事項への適合を目指して行うものであり，マネジメントシステムの設計や実施における変更を伴う．ここではあくまで"**XXX**マネジメントシステムの継続的改善"であり，システムの要素を改善するだけでも価値があるが，マネジメントシステムの有効性の観点から，それによる最終的な期待成果は組織のパフォーマンス向上であることに留意したい．

なお，"継続的（continual）"とは，ある期間にわたって起こることを意味しているが，中断なく起こることを示す"連続的（continuous）"と違って，途中に中断が入るイメージである．つまり，継続的改善と言った場合には，右肩上がりの直線グラフを描く必要はないが，ある期間にわたって定期的に改善がみられることが望ましい．継続的改善に向けた活動の速度や程度，時間軸は，組織の状況や経済的要因その他の組織が置かれた状況に応じて，組織が自らの裁量で決定すればよい．

継続的改善はシステム全体を通じて実現されるものだが，共通テキストにおいては，具体的に以下の細分箇条が継続的改善に関連している（ただし，これに限るものではない）．これらをうまく組み合わせて実施すれば，継続的改善への道のりはかなり堅実かもしれない．

- リスク及び機会への取組み（6.1）
- 目的の設定（6.2）
- 運用管理（8.1）を，新たな技術や方法論，情報などの状況を考慮に入れてアップグレードすること．
- パフォーマンスの分析及び評価（9.1）
- 内部監査の実施（9.2）
- マネジメントレビューの実施（9.3）
- 不適合の検出及び是正処置の実施（10.1）

改善の機会がどこにあるかを見極めるプロセスは，監視，測定，分析及び評価（9.1），内部監査（9.2），マネジメントレビュー（9.3）である．そうして

マネジメントシステムを定期的に評価しレビューして見いだされた改善の機会に対しては，リスク及び機会への取組み（6.1），目的及びそれを達成するための計画（6.2），運用の計画及び管理（8.1）に従って，とるべき適切な処置を計画することになる．

なお，細分箇条4.1，4.2で，常に内外の重要トピックや利害関係者の要求事項に関する新しい（変化している）状況が入ってくる．その知識ベースがシステムに反映され，細分箇条6.1の組織のマネジメントシステム計画，さらには細分箇条8.1における要求事項の達成のために必要な管理の活動の決定につながってくることを念頭に，システムを運営して継続的改善を目指してほしい．

第3部
ISO 14001：2015 の解説

　第3部では，ISO 14001：2015の目次構成に沿って，序文から附属書まで，逐条で解説する．附属書Aの記載内容については，要求事項に対応した部分は，箇条4から箇条10に対する解説の中で必要な範囲で引用し，それ以外の全般的内容についてだけ"附属書"の章で解説する．

　なお，ISO 14001：2015を解説するに当たってはJIS Q 14001：2015を引用するため，原則として規格番号もJISで表記することとし，その他のISO規格についても，JISがある場合には原則としてJISで表記する．ただし文脈上，ISO規格自体を意味するなど，JIS表記が適当でないものについては，この限りではない．

序文

　"序文（Introduction）"は，ISO規格の構成などについて規定した"ISO/IEC専門業務用指針—第2部"において，"序文は任意の前付け要素であり，必要であれば，その文書の専門的な内容及びその文書の作成経緯について，特定の情報又はコメントを記載する．序文には，要求事項を含めてはならない"と規定されている．

　簡単にいえば，規格の規定内容を理解するための参考情報である．規格利用者にとっては，箇条1（適用範囲）以降の規定内容が重要であり，序文は読み飛ばされることも多いと思われるが，規格の構造や重要な考え方についての情報を提供しているので，規定事項をよりよく理解するためにも，一度はしっかりと読んでいただきたい部分である．

ISO 14001:2015 の序文は細分箇条 0.1 から 0.5 まで五つに区分して記載されている．なお 2004 年版では，序文には区分けはない．

序文はそれ自体が解説であり，これに対して更なる解説は不要と思われるため，ここでは記載されている内容の中で特に注目すべきポイントや，JIS Q 14001:2004 との重要な違いなどについて指摘することにとどめる．

―――― JIS Q 14001:2015 ――――

序　文

0.1　背景

将来の世代の人々が自らのニーズを満たす能力を損なうことなく，現在の世代のニーズを満たすために，環境，社会及び経済のバランスを実現することが不可欠であると考えられている．到達点としての持続可能な開発は，持続可能性のこの"三本柱"のバランスをとることによって達成される．

厳格化が進む法律，汚染による環境への負荷の増大，資源の非効率的な使用，不適切な廃棄物管理，気候変動，生態系の劣化及び生物多様性の喪失に伴い，持続可能な開発，透明性及び説明責任に対する社会の期待は高まっている．

こうしたことから，組織は，持続可能性の"環境の柱"に寄与することを目指して，環境マネジメントシステムを実施することによって環境マネジメントのための体系的なアプローチを採用するようになってきている．

【解　説】

冒頭の"将来の世代の人々が自らのニーズを満たす能力を損なうことなく，現在の世代のニーズを満たす"という文章は，"持続可能な開発（sustainable development）"という概念の，国連における定義そのものである．この言葉は，"持続可能な発展"と訳されている場合も多いが，ISO 14001:2015 の JIS 化にあたっては外務省による国連関係文書の邦訳に従って"持続可能な開発"とした．

序　文

JIS Q 14001：2004の序文でも"持続可能な開発"という言葉は登場するが，それに対する言及はほとんどない．2015年改訂では，本書第1部2.2（EMSの将来課題スタディグループ報告書）で紹介したスタディグループの勧告3（環境マネジメントを持続可能な開発への貢献の中により明確に位置付ける）に対応して，この概念が強調されている．

また，後述するように，JIS Q 14001：2015の細分箇条5.1（リーダーシップ及びコミットメント）の要求事項の中で記載されている"説明責任"に言及しており，これもスタディグループの勧告2（環境マネジメント／課題／パフォーマンスに関する透明性／説明責任，への考慮を強化する）に対応している[*17]．現代社会では，組織が社会に及ぼす影響が大きくなればなるほど，その"説明責任"が大きく問われることになる．なお，"説明責任（accountability）"という言葉は，2004年版には一切含まれなかった．

――――― JIS Q 14001：2015 ―――――

0.2　環境マネジメントシステムの狙い

　この規格の目的は，社会経済的ニーズとバランスをとりながら，環境を保護し，変化する環境状態に対応するための枠組みを組織に提供することである．この規格は，組織が，環境マネジメントシステムに関して設定する意図した成果を達成することを可能にする要求事項を規定している．

　環境マネジメントのための体系的なアプローチは，次の事項によって，持続可能な開発に寄与することについて，長期的な成功を築き，選択肢を作り出すための情報を，トップマネジメントに提供することができる．
― 有害な環境影響を防止又は緩和することによって，環境を保護する．
― 組織に対する，環境状態から生じる潜在的で有害な影響を緩和する．
― 組織が順守義務を満たすことを支援する．
― 環境パフォーマンスを向上させる．
― 環境影響が意図せずにライフサイクル内の他の部分に移行するのを

[*17]　スタディグループの勧告事項については，本書の表1.2参照．

> 防ぐことができるライフサイクルの視点を用いることによって，組織の製品及びサービスの設計，製造，流通，消費及び廃棄の方法を管理するか，又はこの方法に影響を及ぼす．
> — 市場における組織の位置付けを強化し，かつ，環境にも健全な代替策を実施することで，財務上及び運用上の便益を実現する．
> — 環境情報を，関連する利害関係者に伝達する．
> 　この規格は，他の規格と同様に，組織の法的要求事項を増大又は変更させることを意図していない．

【解　説】
　ここでは，環境に対する有害な影響の防止又は低減に加えて，"組織に対する有害な影響"にも言及されていることが，2004年版との重要な違いである．
　環境と組織の間の影響を"双方向"で捉えるようになったことは，2015年版での大きな変更点である．詳しくは，後述する要求事項の解説の中で述べる．
　また，"ライフサイクルの中での環境影響の移行"ということが述べられている点も重要である．これが意味することは，細分箇条8.1（運用の計画及び管理）の【実施上の参考情報】(2)［ライフサイクルの視点の重要性］で解説する．

―― JIS Q 14001：2015 ――
> **0.3　成功のための要因**
> 　環境マネジメントシステムの成功は，トップマネジメントが主導する，組織の全ての階層及び機能からのコミットメントのいかんにかかっている．組織は，有害な環境影響を防止又は緩和し，有益な環境影響を増大させるような機会，中でも戦略及び競争力に関連のある機会を活用することができる．トップマネジメントは，他の事業上の優先事項と整合させながら，環境マネジメントを組織の事業プロセス，戦略的な方向性及び意思決定に統合し，環境上のガバナンスを組織の全体的なマネジメントシステムに組み込むことによって，リスク及び機会に効果的に取り組むことができる．この規格をうまく実施していることを示せば，有効な環境マネジメン

序　文

トシステムをもつことを利害関係者に確信させることができる．

　しかし，この規格の採用そのものが，最適な環境上の成果を保証するわけではない．この規格の適用は，組織の状況によって，各組織で異なり得る．二つの組織が，同様の活動を行っていながら，それぞれの順守義務，環境方針におけるコミットメント，環境技術及び環境パフォーマンスの到達点が異なる場合であっても，共にこの規格の要求事項に適合することがあり得る．

　環境マネジメントシステムの詳細さ及び複雑さのレベルは，組織の状況，環境マネジメントシステムの適用範囲，順守義務，並びに組織の活動，製品及びサービスの性質（これらの環境側面及びそれに伴う環境影響も含む．）によって異なる．

【解　説】

　トップマネジメントの役割の重要性が述べられている．JIS Q 14001：2004の序文でも，"このシステムの成功は，組織のすべての階層及び部門のコミットメント，特にトップマネジメントのコミットメントのいかんにかかっている"と述べられていたので，同じように見えるが，2015年版では"トップマネジメントが主導する"という表現によって指導力の発揮が強調されている．

　加えて，"環境マネジメントを組織の事業プロセス，戦略的な方向性及び意思決定に統合し，環境上のガバナンスを組織の全体的なマネジメントシステムに組み込む"という，2015年改訂における最大の変更点について述べていることが重要である．

―― JIS Q 14001：2015 ――

0.4　Plan-Do-Check-Act モデル

　環境マネジメントシステムの根底にあるアプローチの基礎は，Plan-Do-Check-Act（PDCA）という概念に基づいている．PDCA モデルは，継続的改善を達成するために組織が用いる反復的なプロセスを示している．

　PDCA モデルは，環境マネジメントシステムにも，その個々の要素の

各々にも適用できる．PDCA モデルは，次のように簡潔に説明できる．
— Plan：組織の環境方針に沿った結果を出すために必要な環境目標及びプロセスを確立する．
— Do：計画どおりにプロセスを実施する．
— Check：コミットメントを含む環境方針，環境目標及び運用基準に照らして，プロセスを監視し，測定し，その結果を報告する．
— Act：継続的に改善するための処置をとる．

図1は，この規格に導入された枠組みが，どのように PDCA モデルに統合され得るかを示しており，新規及び既存の利用者がシステムアプローチの重要性を理解する助けとなり得る．

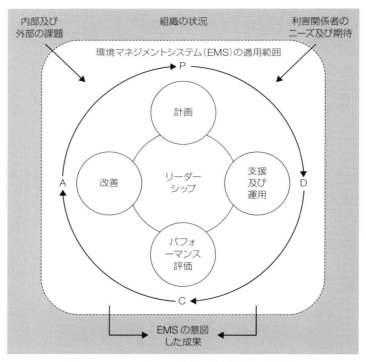

図1 — PDCA とこの規格の枠組みとの関係

序　文

【解　説】
PDCAは，環境マネジメントシステム規格の初版からの基本構造で，2015年版でも変更はない．附属書SLによるマネジメントシステム規格の共通要求事項の構造も，PDCAモデルに対応していることが強調されている．

図1は，附属書SLとの関係を説明する意図によって，2004年版までの図から変更されている．

―― JIS Q 14001：2015 ――

0.5　この規格の内容

この規格は，国際標準化機構（ISO）及びJISのマネジメントシステム規格に対する要求事項に適合している．これらの要求事項は，複数のISO及びJISのマネジメントシステム規格を実施する利用者の便益のために作成された，上位構造，共通の中核となるテキスト，共通用語及び中核となる定義を含んでいる．

この規格には，品質マネジメント，労働安全衛生マネジメント，エネルギーマネジメント，財務マネジメントのような他のマネジメントシステムに固有な要求事項は含まれていない．しかし，この規格は，組織が，環境マネジメントシステムを他のマネジメントシステムの要求事項に統合するために共通のアプローチ及びリスクに基づく考え方を用いることができるようにしている．

この規格は，適合を評価するために用いる要求事項を規定している．組織は，次のいずれかの方法によって，この規格への適合を実証することができる．

― 自己決定し，自己宣言する．
― 適合について，組織に対して利害関係をもつ人又はグループ，例えば顧客などによる確認を求める．
― 自己宣言について組織外部の人又はグループによる確認を求める．
― 外部機関による環境マネジメントシステムの認証・登録を求める．

【解 説】

適合性の表明の四つの選択肢に関する記述は，2004 年版の箇条 1（適用範囲）に記載されていた内容と同じである．

2012 年に ISO 技術管理評議会（TMB）が，適合性評価（例えば認証）に関する記述は ISO 規格類では許可しないことを決議し，ISO 専門業務用指針・統合版 ISO 補足指針（2013 年版）の附属書 SR（規格類の目的又は使用を制限する意図の声明）に明記された．このため，ISO 14001:2015 では，適合性評価に関する情報は箇条 1 ではなく，序文 0.5 に記載されたものである．

1. 適 用 範 囲

ISO 規格の目次構成は，ISO/IEC 専門業務用指針 第 2 部（国際規格の構成及び作成の規則）で定められており，"適用範囲"は，"まえがき"と"序文"に続いて一般規定要素の冒頭に箇条 1 として配置することとされている．

ここでは，規格が取り扱う側面を明確に定義するとともに，その文書又はその文書の特定の部（パート）の適用範囲を示し，要求事項を含めてはならない．

JIS Q 14001:2015

1　適用範囲

この規格は，組織が環境パフォーマンスを向上させるために用いることができる環境マネジメントシステムの要求事項について規定する．この規格は，持続可能性の"環境の柱"に寄与するような体系的な方法で組織の環境責任をマネジメントしようとする組織によって用いられることを意図している．

この規格は，組織が，環境，組織自体及び利害関係者に価値をもたらす環境マネジメントシステムの意図した成果を達成するために役立つ．環境マネジメントシステムの意図した成果は，組織の環境方針に整合して，次の事項を含む．

— 環境パフォーマンスの向上

1. 適 用 範 囲

— 順守義務を満たすこと
— 環境目標の達成

　この規格は，規模，業種・形態及び性質を問わず，どのような組織にも適用でき，組織がライフサイクルの視点を考慮して管理することができる又は影響を及ぼすことができると決定した，組織の活動，製品及びサービスの環境側面に適用する．この規格は，特定の環境パフォーマンス基準を規定するものではない．

　この規格は，環境マネジメントを体系的に改善するために，全体を又は部分的に用いることができる．しかし，この規格への適合の主張は，全ての要求事項が除外されることなく組織の環境マネジメントシステムに組み込まれ，満たされていない限り，容認されない．

【解　説】

　冒頭で"持続可能性"に言及しているのは，スタディグループの勧告事項3（環境マネジメントを持続可能な開発への貢献の中により明確に位置付ける）に沿ったものである．

　箇条4以降の要求事項との関係で重要な事項は，"環境マネジメントシステムの意図した成果"として，組織の環境方針に整合して次の3項目が提示されており，これらは規格が意図した成果である．

① 環境パフォーマンスの向上
② 順守義務を満たすこと
③ 環境目標の達成

　後述の要求事項の解説で詳しく説明するが，要求事項の中には，"意図した成果"というフレーズが5か所（4.1, 4.4, 5.1, 6.1.1, 10.1）で登場する．"意図した成果"については，"組織は，それぞれの環境マネジメントシステムについて，追加の意図した成果を設定することができる"と附属書A.3（概念の明確化）で述べられている．

"ライフサイクルの視点"への言及もスタディグループの勧告20（製品及びサービスの環境側面の特定と評価において，ライフサイクル思考及びバリューチェーンの観点に対応する）に沿ったものである．

2004年版では箇条1（適用範囲）に記載されていた適合性の表明の選択肢に関する記述は，序文0.5の解説で述べた理由によって，適用範囲から削除されている．

2. 引用規格

---JIS Q 14001:2015---
2 引用規格
　この規格には，引用規格はない．

【解　説】
2004年版と同様に，引用規格はない．すなわち，この規格は単独で使用でき，他の規格を参照する必要は一切ないということである．

3. 用語及び定義

JIS Q 14001:2015は，附属書SLで規定されるマネジメントシステム規格の共通用語及び共通要求事項に基づいて策定されている．附属書SLで規定される内容（共通用語及び共通要求事項）については本書第2部で解説し，第3部では環境マネジメントシステム固有に追加された内容について解説する．

2004年版では20の用語が定義されていたが，2015年版では**表3.1**に示す33の用語が定義されている．2004年版で定義されていた20の用語の中で，"監査員（3.1）"，"予防処置（3.17）"，"手順（3.19）"の三つの用語は削除され，2015年版には掲載されていない．これらの用語の削除の理由は，該当する要求事項の解説の部分で述べる．

3. 用語及び定義

定義の配列については，2004年版ではアルファベット順であったが，"ISO/IEC専門業務用指針―第2部 附属書D"（用語及び定義の原案作成及び表し方）で，概念の階層に従った体系的な配置が推奨されていることから，2015年版では概念区分による配列になっている．

概念区分として，表3.1に示す四つの区分が適用されている．

表3.1　JIS Q 14001:2015の用語の定義と分類

3.1 組織及びリーダーシップに関する用語	3.2 計画に関する用語	3.3 支援及び運用に関する用語	3.4 パフォーマンス評価及び改善に関する用語
3.1.1 マネジメントシステム	3.2.1 環境	3.3.1 力量	3.4.1 監査
3.1.2 環境マネジメントシステム	3.2.2 環境側面	3.3.2 文書化した情報	3.4.2 適合性
3.1.3 環境方針	3.2.3 環境状態	3.3.3 ライフサイクル	3.4.3 不適合
3.1.4 組織	3.2.4 環境影響	3.3.4 外部委託する	3.4.4 是正処置
3.1.5 トップマネジメント	3.2.5 目的（目標）	3.3.5 プロセス	3.4.5 継続的改善
3.1.6 利害関係者	3.2.6 環境目標		3.4.6 有効性
	3.2.7 汚染の予防		3.4.7 指標
	3.2.8 要求事項		3.4.8 監視
	3.2.9 順守義務		3.4.9 測定
	3.2.10 リスク		3.4.10 パフォーマンス
	3.2.11 リスク及び機会		3.4.11 環境パフォーマンス

注
- 概念区分による用語配列を採用．
- 青字は附属書SLで定義された用語．**黒字**は環境固有に定義した用語を示す．

以降，JIS Q 14001:2015を引用した枠内で，青字で表記される部分が，**附属書SLによる共通用語及び共通要求事項**である．**黒字**で表記される部分は，**環境マネジメントシステム固有の追加部分**である．

3.1 組織及びリーダーシップに関する用語

3.1.1 マネジメントシステム

JIS Q 14001:2015

3.1.1　マネジメントシステム（management system）

方針，目的（**3.2.5**）及びその目的を達成するためのプロセス（**3.3.5**）を確立するための，相互に関連する又は相互に作用する，組織（**3.1.4**）の一連の要素．

　注記1　一つのマネジメントシステムは，単一又は複数の分野（例えば，品質マネジメント，環境マネジメント，労働安全衛生マネジメント，エネルギーマネジメント，財務マネジメント）を取り扱うことができる．

　注記2　システムの要素には，組織の構造，役割及び責任，計画及び運用，パフォーマンス評価並びに改善が含まれる．

　注記3　マネジメントシステムの適用範囲としては，組織全体，組織内の固有で特定された機能，組織内の固有で特定された部門，複数の組織の集まりを横断する一つ又は複数の機能，などがあり得る．

【解　説】

注記1での附属書SLへの追記は，"複数の分野"の意味を明確にするための例示である．注記2に対する追記は，パフォーマンスとその改善を重視した改訂の姿勢が表れたものである．

3.1.2 環境マネジメントシステム

JIS Q 14001:2015

3.1.2　環境マネジメントシステム（environmental management system）

マネジメントシステム（**3.1.1**）の一部で，環境側面（**3.2.2**）をマネジ

メントし，**順守義務（3.2.9）** を満たし，**リスク及び機会（3.2.11）** に取り組むために用いられるもの．

【解　説】

附属書 SL による"マネジメントシステム"の定義（3.1.1）を参照する形で，環境（マネジメントシステム）固有に追加された定義である．

2004 年版では，"環境側面を管理するために用いられるもの"と記されていた部分に，"順守義務を満たす"と"リスク及び機会への取組み"が追加され，環境マネジメントシステムの主たる対象が三つのテーマに拡大している．

この考え方は，後述する要求事項での取扱いと整合したものである．

3.1.3　環境方針

―― JIS Q 14001：2015 ――

3.1.3　環境方針（environmental policy）

トップマネジメント（3.1.5）によって正式に表明された，環境パフォーマンス（3.4.11）に関する，組織（3.1.4）の意図及び方向付け．

【解　説】

附属書 SL による"方針"の定義に，"環境パフォーマンスに関して"を追記している．2004 年版の"環境方針"の定義と表現に若干の違いはあるが，内容は変わっていない．

3.1.4　組織

―― JIS Q 14001：2015 ――

3.1.4　組織（organization）

自らの目的（3.2.5）を達成するため，責任，権限及び相互関係を伴う独自の機能をもつ，個人又は人々の集まり．

注記　組織という概念には，法人か否か，公的か私的かを問わず，自

営業者，会社，法人，事務所，企業，当局，共同経営会社，非営利団体若しくは協会，又はこれらの一部若しくは組合せが含まれる．ただし，これらに限定されるものではない．

【解　説】
この定義は附属書 SL どおりで，用語の参照番号の変更を除いて，環境固有の追記はない．

3.1.5　トップマネジメント

―― JIS Q 14001：2015 ――

3.1.5　トップマネジメント（top management）
　最高位で**組織**（**3.1.4**）を指揮し，管理する個人又は人々の集まり．
　　注記1　トップマネジメントは，組織内で，権限を委譲し，資源を提供する力をもっている．
　　注記2　マネジメントシステム（**3.1.1**）の適用範囲が組織の一部だけの場合，トップマネジメントとは，組織内のその一部を指揮し，管理する人をいう．

【解　説】
この定義は附属書 SL どおりで，環境固有の追記はない．

3.1.6　利害関係者

―― JIS Q 14001：2015 ――

3.1.6　利害関係者（interested party）
　ある決定事項若しくは活動に影響を与え得るか，その影響を受け得るか，又はその影響を受けると認識している，個人又は**組織**（**3.1.4**）．
　　例　顧客，コミュニティ，供給者，規制当局，非政府組織（NGO），投資家，従業員

> 注記　"影響を受けると認識している"とは，その認識が組織に知らされていることを意味している．

【解　説】

附属書 SL では，"利害関係者"と"ステークホルダー"が同じ概念として定義され，前者が"推奨用語"，後者が"許容用語"とされている（本書第 2 部 3.2 参照）．JIS Q 14001 では，1996 年版以来"利害関係者"という用語を用いているため，2015 版においても"ステークホルダー"ではなく，"利害関係者"を選択している．

例は，附属書 SL ガイダンス文書の中のコンセプト文書（本書第 2 部 1.5 参照）の本定義の解説箇所で提示されている例と同じ内容を追記したものである．

注記は，附属書 SL による定義の部分で"影響を受けると認識している"個人又は組織が，その認識を組織に伝えない限り，組織側では利害関係者と認識できないことから，組織の責任範囲を明確にするために追記された．

3.2　計画に関する用語
3.2.1　環境

― JIS Q 14001：2015 ―

3.2.1　環境（environment）

大気，水，土地，天然資源，植物，動物，人及びそれらの相互関係を含む，**組織**（3.1.4）の活動をとりまくもの．

> 注記 1　"とりまくもの"は，組織内から，近隣地域，地方及び地球規模のシステムにまで広がり得る．
>
> 注記 2　"とりまくもの"は，生物多様性，生態系，気候又はその他の特性の観点から表されることもある．

【解　説】

環境固有の定義であり，本文は 2004 年版の定義と全く同じである．注記 1

では，近隣地域(local)，地方(regional)という言葉が，2004年版の"参考"[*18]に追記されている．この追記もユーザーの理解容易性に配慮したもので，定義の解釈に変更はない．

注記2は，別途定義される"環境状態"の定義（3.2.3）や，要求事項の中で述べられる環境に関連する課題（細分箇条4.1及び5.2）の概念を理解する手引きとして追記された．

3.2.2 環境側面

───── JIS Q 14001：2015 ─────

3.2.2 環境側面（environmental aspect）

環境（3.2.1）と相互に作用する，又は相互に作用する可能性のある，**組織（3.1.4）**の活動又は製品又はサービスの要素．

　　注記1　環境側面は，**環境影響（3.2.4）**をもたらす可能性がある．著しい環境側面は，一つ又は複数の著しい環境影響を与える又は与える可能性がある．

　　注記2　組織は，一つ又は複数の基準を適用して著しい環境側面を決定する．

【解　説】

"環境側面"という用語は，JIS Q 14001の1996年版の開発時に生み出されたものであり，それ以前から環境マネジメントに携わっていた人々にとっても初めて接する言葉であった．ISO 14001開発に先行して発行された英国規格 BS 7750：1992（環境マネジメントシステム）でも，使用されてはいない．

BS 7750では，環境影響（environmental effect）を特定・評価し，著しいものをマネジメントの対象とすることが規定されていた．これに対してアメリ

[*18] "参考"の原文は"NOTE"である．過去のJISでは"参考"と訳されていたが，最近は"注記"に変更されており，意味に変わりはない．

カを中心に,"影響(effect)"を評価する手法や知見は確立しておらず,通常の企業に"環境影響評価"の実施を求めることは現実的でないとの主張がなされた.

大気や水系への特定の物質の放出や固形廃棄物の排出によって環境側に与える一次的な影響は"impact"で,これによって環境側には様々な"effect"が生起され,波及していく.企業が管理できるものは"impact"を与える企業内の活動や,製品又はサービスの側,すなわち"環境側面"であって,"impact"そのもの(環境影響)を管理するわけではない.こうして"effect"という言葉が排除され,"環境側面(environmental aspect)"と"環境影響(environmental impact)"という用語がセットで定義されることになった.

環境側面という用語は,JIS Q 14001 の象徴のような用語で,今でこそ多くの組織に普及・定着してきたが,当初は理解するのが難しい概念であった.

JIS Q 14001:2015 での環境側面の定義は,1996 年版及び 2004 年版の定義と基本は変わらないが,表現が精緻化されている.例えば,2004 年版では,"環境と相互に作用する可能性がある,…"と記されていた部分が,"環境と相互に作用する,又は相互に作用する可能性のある"と加筆修正され,既に相互に作用しているものと,事故を含め,場合によっては相互に作用する可能性のあるものの双方を含むことを明確化した.

注記 1 は 2004 年版の"参考"に対応しており,2004 年版では"著しい環境側面"と"著しい環境影響"の関係だけが説明されていたが,2015 年版では環境側面と環境影響の関係も追記されている.注記 1 は,環境側面が環境影響を生起するという因果関係を説明したものである.

注記 2 は,2004 年版の定義にはなかった部分で,要求事項(細分箇条 6.1.2)の中で"著しさ"の基準が要求されるようになったことに対応している.

3.2.3 環境状態

―― JIS Q 14001:2015 ――
3.2.3 環境状態（environmental condition）
ある特定の時点において決定される，**環境（3.2.1）** の様相又は特性．

【解　説】
この定義は，今回の改訂で新たに導入された環境固有の定義である．

本書第1部 4.1（ISO 14001:2015 の構成と 2004 年版からの重要な変更点）で解説したように，JIS Q 14001:2015 では環境と組織は相互に影響し合うという概念が導入され，細分箇条 4.1（組織及びその状況の理解）において相互の影響を外部の課題の一つとして認識することが規定された．この要求事項を記述するうえで，組織と影響し合う環境の対象を内容的にも時間的にも課題として特定する用語が必要となったことから，この定義が導入された．

3.2.4 環境影響

―― JIS Q 14001:2015 ――
3.2.4 環境影響（environmental impact）
有害か有益かを問わず，全体的に又は部分的に**組織（3.1.4）** の**環境側面（3.2.2）** から生じる，**環境（3.2.1）** に対する変化．

【解　説】
"環境側面（3.2.2）"で解説したように，この定義は環境側面の定義とセットであり，JIS Q 14001:2015 でもその関係は変わらず，2004 年版の定義と全く同じである．

3.2.5 目的,目標

JIS Q 14001:2015

3.2.5 目的,目標(objective)

達成する結果.

注記1 目的(又は目標)は,戦略的,戦術的又は運用的であり得る.

注記2 目的(又は目標)は,様々な領域[例えば,財務,安全衛生,環境の到達点(goal)]に関連し得るものであり,様々な階層[例えば,戦略的レベル,組織全体,プロジェクト単位,製品ごと,サービスごと,**プロセス**(**3.3.5**)ごと]で適用できる.

注記3 目的(又は目標)は,例えば,意図する成果,目的(purpose),運用基準など,別の形で表現することもできる.また,**環境目標**(**3.2.6**)という表現の仕方もある.又は,同じような意味をもつ別の言葉[**例** 狙い(aim),到達点(goal),目標(target)]で表すこともできる.

【解 説】

この定義は,附属書SLの"目的,目標"の定義(3.8)から,注記4を削除しているが,その他は附属書SLの定義どおりで,環境固有の追記はない.注記4の内容は,環境固有の"環境目標"の定義(3.2.6)に含まれるため削除された.

3.2.6 環境目標

JIS Q 14001:2015

3.2.6 環境目標(environmental objective)

組織(**3.1.4**)が設定する,**環境方針**(**3.1.3**)と整合のとれた**目標**(**3.2.5**).

【解　説】

　従来，JIS Q 14001 では "environmental objective" を "環境目的" と訳しており，"environmental target" に "環境目標" という訳をあてていた．

　2015 年版では "environmental target" が削除され，"environmental objective" に一本化されたため，従来の和訳を継続すれば，"環境目的" が残り，"環境目標" が削除されることになる．

　しかしながら，2004 年版では環境目的は "組織が達成を目指して自ら設定する，環境方針と整合する全般的な環境の到達点" と定義され，組織における実施では中期的（3～5 年など）に達成を目指す包括的なゴールとして理解されている場合が多い．これに対して，短期的（年度内など）に達成を目指す具体的な内容には "環境目標" という用語が使われているという実態がある．

　2015 年版による "environmental objective" は "達成すべき結果" であり，従来の "全般的な環境の到達点" という概念とは明らかに異なり，むしろ従来の "環境目標" の定義の中核である "詳細なパフォーマンス要求事項" に近い．"パフォーマンス" は従来から "測定可能な結果" であるから，"環境目標" の中核となる概念は "測定可能な結果" である．

　このような認識を踏まえて，ISO 14001:2015 の JIS 化委員会では，"environmental objective" の訳を "環境目的" から "環境目標" に変更することを決定した．規格ユーザーに対して 2015 年改訂による変更点を簡単に説明する場合，"環境目標が削除された" というより，"環境目的がなくなった" という方が，正確な理解に近い．

3.2.7　汚染の予防

――――――――――――――――――――――――――――― JIS Q 14001：2015 ―

3.2.7　汚染の予防（prevention of pollution）

　有害な**環境影響**（**3.2.4**）を低減するために，様々な種類の汚染物質又は廃棄物の発生，排出又は放出を回避，低減又は管理するための**プロセス**（**3.3.5**），操作，技法，材料，製品，サービス又はエネルギーを（個別に

> 又は組み合わせて）使用すること．
>
> **注記** 汚染の予防には，発生源の低減若しくは排除，プロセス，製品若しくはサービスの変更，資源の効率的な使用，代替材料及び代替エネルギーの利用，再利用，回収，リサイクル，再生又は処理が含まれ得る．

【解　説】

2004 年版の定義を，注記（2004 年版では"参考"）も含めてそのまま踏襲している．

2015 年版では，環境課題として JIS Z 26000 : 2012（社会的責任の手引）の細分箇条 6.5（環境）に提示されている四つの環境課題（①汚染の予防，②持続可能な資源の利用，③気候変動の緩和及び気候変動への適応，④環境保護，生物多様性，及び自然生息地の回復）が示されている．

これら四つの課題の中で，唯一"汚染の予防"だけが定義されており，かつその内容は，エネルギーや資源の効率的な利用も汚染の予防に含めて理解することが可能なように記述されている．エネルギー使用の効率化は気候変動の緩和にも関係し，資源の効率的な使用は"持続可能な資源の利用"にもつながっている．四つの環境課題は完全に独立した課題ではなく，相互に重複している部分がある．

3.2.8　要求事項

---- JIS Q 14001 : 2015

3.2.8　要求事項（requirement）

明示されている，通常暗黙のうちに了解されている又は義務として要求されている，ニーズ又は期待．

> **注記 1** "通常暗黙のうちに了解されている"とは，対象となるニーズ又は期待が暗黙のうちに了解されていることが，**組織**（**3.1.4**）及び**利害関係者**（**3.1.6**）にとって，慣習又は慣行で

あることを意味する．
注記2 規定要求事項とは，例えば，文書化した情報（**3.3.2**）の中で明示されている要求事項をいう．
注記3 法的要求事項以外の要求事項は，組織がそれを順守することを決定したときに義務となる．

【解　説】

附属書SLによるこの定義は，JIS Q 9000の定義とほぼ同一であるが，ISO 14001の世界での"要求事項"の理解とは大きな違いがある．

JIS Q 14001では従来"要求事項"という用語は定義されておらず，一般の辞書による定義によって理解されていた．JIS Q 14001での"要求事項"という言葉は，"法的及び組織が同意するその他の要求事項"や"この規格の要求事項"という文脈で述べられており，組織にとっては"義務"となるものと理解されてきた．組織に対する"ニーズや期待"が全て組織の義務となるわけではない．

こうした理由で，JIS Q 14001:2015では"ニーズや期待"を意味する要求事項から，"組織の義務となるもの"を取り出して記述する必要が生じ，"順守義務"という言葉が定義された．なお，本定義の注記3は，"要求事項"と"義務"の関係を明らかにする目的で追記されている．

3.2.9　順守義務

―― JIS Q 14001:2015 ――

3.2.9　順守義務（compliance obligation）

組織（**3.1.4**）が順守しなければならない法的**要求事項**（**3.2.8**），及び組織が順守しなければならない又は順守することを選んだその他の要求事項．

注記1 順守義務は，**環境マネジメントシステム**（**3.1.2**）に関連している．

> **注記 2** 順守義務は，適用される法律及び規制のような強制的な要求事項から生じる場合もあれば，組織及び業界の標準，契約関係，行動規範，コミュニティグループ又は非政府組織（NGO）との合意のような，自発的なコミットメントから生じる場合もある．

【解　説】

JIS Q 14001:2015 ではこのように定義されているが，ISO 14001:2015 では，"順守義務" という用語を "推奨用語" とし，もう一つ "法的要求事項及びその他の要求事項" というフレーズが "許容用語" として併記されている．これは，本書第 1 部 1.2（ISO 14001 改訂 WG 審議の経緯）で述べたように，スペイン語への翻訳上の問題から併記されたものであるが，日本語では "順守義務" という用語の採用に特に問題はないため，JIS では "順守義務" という用語を採用している．

この用語は，"要求事項（3.2.8）" の解説で述べた理由によって追記された．この定義は，ISO/PC 271 が作成した ISO 19600:2014（コンプライアンスマネジメントシステム―ガイドライン）で定義された内容を参考にして起草されたもので，表現は異なっているが従来の "法的要求事項及び組織が同意するその他の要求事項" という長い表現の意味を変えることなく簡素化する目的で採用された．これに関する審議の経緯は，本書第 1 部 1.2 の第 6 回，第 9 回及び第 10 回 WG 5 会合の中で解説している．

3.2.10　リスク

――― JIS Q 14001:2015 ―――

3.2.10　リスク（risk）

不確かさの影響．

> **注記 1** 影響とは，期待されていることから，好ましい方向又は好ましくない方向にかい（乖）離することをいう．

> 注記2　不確かさとは，事象，その結果又はその起こりやすさに関する，情報，理解又は知識に，たとえ部分的にでも不備がある状態をいう．
> 注記3　リスクは，起こり得る"事象"（**JIS Q 0073**:2010 の **3.5.1.3** の定義を参照．）及び"結果"（**JIS Q 0073**:2010 の **3.6.1.3** の定義を参照．），又はこれらの組合せについて述べることによって，その特徴を示すことが多い．
> 注記4　リスクは，ある事象（その周辺状況の変化を含む．）の結果とその発生の"起こりやすさ"（**JIS Q 0073**:2010 の **3.6.1.1** の定義を参照．）との組合せとして表現されることが多い．

【解　説】

この定義は附属書 SL どおりで，環境固有の追記はない．

3.2.11　リスク及び機会

> ─────── JIS Q 14001:2015 ───────
> **3.2.11　リスク及び機会（risks and opportunities）**
> 　潜在的で有害な影響（脅威）及び潜在的で有益な影響（機会）．

【解　説】

本書第 1 部 1.2 で述べたいきさつの末に，この定義が導入された．この定義の内容は，附属書 SL を開発した JTCG が 2013 年末に公開した"附属書 SL コンセプト文書"[*19] の中で，細分箇条 6.1（リスク及び機会）の要求事項の意図について次のように説明している概念と変わらない．

　"リスク及び機会"を規定していることの意図は，有害若しくはマイナス

＊19　邦訳版は，日本規格協会ウェブサイトの「マネジメントシステム規格の整合化動向」で 2014 年 10 月に公開された．

3. 用語及び定義

の影響を与える脅威をもたらすもの，又は，有益若しくはプラスの影響を与える可能性のあるものを広く示すことである．"

この定義で"影響"と訳されている言葉の原文は"effect"である．

ISO 14001:2015 では，"effect"と"impact"は明確に違った言葉として使い分けている．これに関して，JIS Q 14001:2015 の附属書 A.3（概念の明確化）で次のように説明されている．

JIS Q 14001:2015　附属書 A（参考）

この規格では，"影響"（effect）という言葉は，組織に対する変化の結果を表すために用いている．"環境影響"（environmental impact）という表現は，特に，環境に対する変化の結果を意味している．

この説明に基づけば，"リスク及び機会"は何に対する"影響"なのかといえば，"環境"ではなく，"組織"に対するものであることになる．

しかしながら，環境に著しい影響（impact）を与える又は与える可能性があることは，法令違反になる可能性があったり，あるいは社会的責任に照らして組織の評価を損なう可能性もあるため，結果としては"環境に対する影響"も含まれるということもできる．

このことは極めて重要なことで，"日本語訳"の部分だけで説明する内容ではないので，細分箇条 6.1.1（リスク及び機会　一般）の要求事項の解説の中で更に説明する．

JIS Q 14001:2015 では，"リスク"という用語を単独で使用しているテキストはなく，全て"リスク及び機会"というフレーズを一体的に使用している．したがって，要求事項を理解するには，"リスク"の定義（3.2.10）ではなく，"リスク及び機会"の定義によって理解しなければならない．

あえていえば，"リスク"の定義（3.2.10）は無視したほうがよい．特に，"リスク"の定義の注記 1 に記載されている"影響とは，期待されていることから，好ましい方向又は好ましくない方向にかい（乖）離することをいう"という記述は，"脅威及び機会"の概念とは異なるものである．

"リスク"単独の定義（3.2.10）は，附属書SLからの逸脱を形式上回避するために残存しているもので，JIS Q 14001：2015の要求事項を理解するうえでは事実上不要である．

"リスク及び機会"は"脅威及び機会"とイコールであり，組織は"脅威及び機会"という言葉で理解してもよい．

3.3 支援及び運用に関する用語

3.3.1 力量

――― JIS Q 14001：2015 ―――

3.3.1 力量（competence）
意図した結果を達成するために，知識及び技能を適用する能力．

【解　説】
この定義は附属書SLどおりで，環境固有の追記はない．

3.3.2 文書化した情報

――― JIS Q 14001：2015 ―――

3.3.2 文書化した情報（documented information）
組織（**3.1.4**）が管理し，維持するよう要求されている情報，及びそれが含まれている媒体．

　　注記1　文書化した情報は，様々な形式及び媒体の形をとることができ，様々な情報源から得ることができる．
　　注記2　文書化した情報には，次に示すものがあり得る．
　　　― 関連するプロセス（**3.3.5**）を含む環境マネジメントシステム（**3.1.2**）
　　　― 組織の運用のために作成された情報（文書類と呼ぶこともある．）
　　　― 達成された結果の証拠（記録と呼ぶこともある．）

【解　説】

環境固有に付加した部分は，読者の読みやすさに配慮したものであり，附属書SLの定義に対し，環境固有に概念を変更する意図はない．

3.3.3　ライフサイクル

JIS Q 14001:2015

3.3.3　ライフサイクル（life cycle）

原材料の取得又は天然資源の産出から，最終処分までを含む，連続的でかつ相互に関連する製品（又はサービス）システムの段階群．

　　注記　　ライフサイクルの段階には，原材料の取得，設計，生産，輸送又は配送（提供），使用，使用後の処理及び最終処分が含まれる．

[**JIS Q 14044**:2010の**3.1**を変更．"（又はサービス）"を追加し，文章構成を変更し，かつ，注記を追加している．]

【解　説】

JIS Q 14001:2015の要求事項では，"ライフサイクルの視点"という表現が使用されるため，この定義が加えられた．定義の内容は，JIS Q 14044:2010（ライフサイクルアセスメント―要求事項及び指針）による定義を踏襲しているが，注記の後に記載のとおり，"（又はサービス）"を追加し，"最終処分"に"使用後の処理"を併記し，文章構成を変更し，注記を追加している．

JIS Q 14044の"ライフサイクル"の定義は，"連続的で，かつ，相互に関連する製品システムの段階群，すなわち，原材料の取得，又は天然資源の産出から最終処分までを含むもの"である．表現に差異はあっても，概念は一切変わっていない．

3.3.4　外部委託する（動詞）

JIS Q 14001:2015

3.3.4　外部委託する（outsource）（動詞）

　ある**組織**（**3.1.4**）の機能又は**プロセス**（**3.3.5**）の一部を外部の組織が実施するという取決めを行う．

　　注記　外部委託した機能又はプロセスは**マネジメントシステム**（**3.1.1**）の適用範囲内にあるが，外部の組織はマネジメントシステムの適用範囲の外にある．

【解　説】

この定義は附属書 SL どおりで，用語の参照番号の変更を除いて，環境固有の追記はない．

3.3.5　プロセス

JIS Q 14001:2015

3.3.5　プロセス（process）

　インプットをアウトプットに変換する，相互に関連する又は相互に作用する一連の活動．

　　注記　プロセスは，文書化することも，しないこともある．

【解　説】

環境固有の追記は，2004 年版の"手順"の定義に付記されていた，"手順は文書化することもあり，しないこともある"という"参考"（2015 年版の"注記"に相当）を踏襲したものである．

3.4 パフォーマンス評価及び改善に関する用語
3.4.1 監査

JIS Q 14001:2015

3.4.1 監査（audit）

監査基準が満たされている程度を判定するために，監査証拠を収集し，それを客観的に評価するための，体系的で，独立し，文書化した**プロセス**（**3.3.5**）．

注記1　内部監査は，その**組織**（**3.1.4**）自体が行うか，又は組織の代理で外部関係者が行う．

注記2　監査は，複合監査（複数の分野の組合せ）でもあり得る．

注記3　独立性は，監査の対象となる活動に関する責任を負っていないことで，又は偏り及び利害抵触がないことで，実証することができる．

注記4　**JIS Q 19011**:2012の**3.3**及び**3.2**にそれぞれ定義されているように，"監査証拠"は，監査基準に関連し，かつ，検証できる，記録，事実の記述又はその他の情報から成り，"監査基準"は，監査証拠と比較する基準として用いる一連の方針，手順又は**要求事項**（**3.2.8**）である．

【解　説】

2004年版では，"内部監査"を定義していたが，附属書SLの適用によって"監査"の定義に変わった．定義の本文は附属書SLどおりであり，従来の内部監査の定義と本質的な違いはない．

注記1は，内部監査に関する附属書SLの注記2を先に配置したもので，2004年版で内部監査を定義していたことを踏まえての配置換えである．

注記2は，附属書SLの注記1を簡素化している．注記3は，2004年版の内部監査の定義の"参考"（現在の"注記"に相当）に記載されていた内容を，JIS Q 19011:2011での"監査"の定義の注記1の表現に整合させて記載して

いる．

注記4は，附属書SLの注記3で"監査証拠"と"監査基準"についてJIS Q 19011を参照している部分を，"監査証拠"と"監査基準"の定義本文を加筆する形に変更している．

これらの変更は，2004年版の"内部監査"の定義を何ら変更するものではない．

3.4.2　適合

JIS Q 14001:2015

3.4.2　適合（conformity）
要求事項（**3.2.8**）を満たしていること．

【解　説】

この定義は附属書SLどおりで，用語の参照番号の変更を除いて，環境固有の追記はない．

3.4.3　不適合

JIS Q 14001:2015

3.4.3　不適合（nonconformity）
要求事項（**3.2.8**）を満たしていないこと．
　　注記　不適合は，この規格に規定する要求事項，及び**組織**（**3.1.4**）が自ら定める追加的な**環境マネジメントシステム**（**3.1.2**）要求事項に関連している．

【解　説】

環境固有の注記は，"要求事項（3.2.8）"の定義の解説で述べた趣旨と同じ理由で付記された．

3.4.4 是正処置

――― JIS Q 14001:2015 ―――

3.4.4 是正処置（corrective action）

不適合（3.4.3）の原因を除去し，再発を防止するための処置．

　　注記　不適合には，複数の原因がある場合がある．

【解　説】

環境固有の注記は，細分箇条10.2（不適合及び是正処置）のb)2)において，"その不適合の原因（causes）を明確にする"と複数形が使用されていることから追記された．

3.4.5 継続的改善

――― JIS Q 14001:2015 ―――

3.4.5 継続的改善（continual improvement）

パフォーマンス（3.4.10）を向上するために繰り返し行われる活動．

　　注記1　パフォーマンスの向上は，**組織**（3.1.4）の**環境方針**（3.1.3）と整合して**環境パフォーマンス**（3.4.11）を向上するために，**環境マネジメントシステム**（3.1.2）を用いることに関連している．

　　注記2　活動は，必ずしも全ての領域で同時に，又は中断なく行う必要はない．

【解　説】

2004年版での"継続的改善"は，"組織の環境方針と整合して全体的な環境パフォーマンスの改善を達成するために環境マネジメントシステムを向上させる繰り返しのプロセス"と定義されていたが，環境マネジメントシステムの継続的改善が主で，その目的として，すなわち結果として，環境パフォーマンスの改善という概念が示されていた．附属書SLによる"継続的改善"の定義も

"パフォーマンスの向上"が目的であることに変わりはないが，"環境マネジメントシステムを向上させる"という中間の言葉が消えた分だけ，目的である環境パフォーマンスの継続的改善とそのための"行動"の間の距離が近くなった．

注記1は，2004年版の定義に記述されていた"環境マネジメントシステムの改善を通じた環境パフォーマンスの改善"という考え方との継続性を示す意図がある．注記2は，2004年版の定義の"参考"（現在の"注記"）に記されていた内容である．

2015年改訂について，ISO/TC 207/WG 5の公式の説明文書である"ISO 14001の改正─スコープ，スケジュール及び変更点に関する情報文書"（本書第1部4.1参照）の中の，"改正によってどのような変更が出てきているのか？"と題した部分で，"継続的改善に関して，マネジメントシステムの改善から環境パフォーマンスの改善に重点が移っている"と説明されている．継続的改善の定義だけではなく，JIS Q 14001:2015全体においてパフォーマンス重視にシフトしていることを認識する必要がある．

3.4.6 有効性

―― JIS Q 14001:2015 ――

3.4.6 有効性（effectiveness）
計画した活動を実行し，計画した結果を達成した程度．

【解　説】
この定義は附属書SLどおりで，環境固有の追記はない．

3.4.7 指標

―― JIS Q 14001:2015 ――

3.4.7 指標（indicator）
運用，マネジメント又は条件の状態又は状況の，測定可能な表現．
（**ISO 14031**:2013の**3.15**参照）

【解　説】

定義に付随して明記されているように，この定義は ISO 14031:2013（環境パフォーマンス評価―指針）からの転載である．ISO 14031:2013 は，執筆時現在は JIS 化されておらず，改訂前の 1999 年版が JIS Q 14031:2000 として存続している．

ちなみに，JIS Q 14031:2000 では，"指標"ではなく，"環境パフォーマンス指標"が次のように定義されており，2013 年版の定義とは異なるので注意が必要である．

> "組織の環境パフォーマンスについての情報を提供する特定の表現"

定義の中で，"測定可能な（measurable）"という表現があるが，同じ表現が"パフォーマンス"の定義（測定可能な結果）の中に使用されており，その注記 1 に"パフォーマンスは，定量的又は定性的な所見のいずれにも関連し得る"と記されている．

ISO 14031:2013 の細分箇条 4.2（EPE の計画）の 4.2.1（一般指針）の冒頭で，"重要な環境パフォーマンス指標（KPI）は，定量的又は定性的データ又は情報を，より理解しやすく，かつ有用な形で表現する手段として，組織が選択する"と記述されている．これら二つの例から明らかなように，"測定可能"とは"定量化"に限定されず，"定性的"に"測定可能"なものも含まれる．

これについては，JIS Q 14001:2015 の附属書 A.6.2 の中でも，次のとおり解説されている．

> "測定可能な"という言葉は，環境目標が達成されているか否かを決定するための規定された尺度に対して，定量的又は定性的な方法のいずれを用いることも可能であるということを意味する．

3.4.8　監視

―― JIS Q 14001:2015 ――

3.4.8　監視（monitoring）
　システム，プロセス（**3.3.5**）又は活動の状況を明確にすること．

> 注記　状況を明確にするために，点検，監督又は注意深い観察が必要な場合もある．

【解　説】

この定義は附属書 SL どおりで，環境固有の追記はない．

3.4.9　測定

> ─ JIS Q 14001：2015
>
> **3.4.9　測定（measurement）**
> 値を決定するプロセス（**3.3.5**）．

【解　説】

この定義は附属書 SL どおりで，用語の参照番号の変更を除いて，環境固有の追記はない．

3.4.10　パフォーマンス

> ─ JIS Q 14001：2015
>
> **3.4.10　パフォーマンス（performance）**
> 測定可能な結果．
> 　　注記 1　パフォーマンスは，定量的又は定性的な所見のいずれにも関連し得る．
> 　　注記 2　パフォーマンスは，活動，**プロセス**（**3.3.5**），製品（サービスを含む．），システム又は**組織**（**3.1.4**）の運営管理に関連し得る．

【解　説】

この定義は附属書 SL どおりで，用語の参照番号の変更を除いて，環境固有の追記はない．

3.4.11 環境パフォーマンス

――― JIS Q 14001：2015 ―――

3.4.11 環境パフォーマンス（environmental performance）
　環境側面（3.2.2）のマネジメントに関連する**パフォーマンス（3.4.10）**．
　　注記　**環境マネジメントシステム（3.1.2）**では，結果は，**組織（3.1.4）**の**環境方針（3.1.3）**，**環境目標（3.2.6）**，又はその他の基準に対して，**指標（3.4.7）**を用いて測定可能である．

【解　説】

"パフォーマンス"の定義（3.4.10）である"測定可能な結果"を代入して本定義を読めば，"環境側面のマネジメントに関連する測定可能な結果"となり，2004年版の定義である"組織の環境側面についてのその組織のマネジメントの測定可能な結果"と変わらないことがわかる．

注記も，2004年版の"参考"と大差はないが，2015年版では"指標"に関する要求事項が追加された（6.2.2及び9.1.1）ことから，注記でも指標に言及している．指標については上記の関連する要求事項の部分で解説する．

4．組織の状況

箇条4から10までは，要求事項を規定した部分である．

全てのISO規格において，要求事項は助動詞"shall"を使用して記述されており，1996年版では"…しなければならない"と訳出されていたが，2004年版ではJIS Q 9001：2000と整合するため，"…すること"という訳に変更された．ISO 14001：2015のJIS化に当たっては，JIS Z 8301：2008（規格票の様式及び作成方法）に準拠して"…しなければならない"に再度変更された．

なお，ISO 9001についても2008年追補改訂版のJIS化から，同様の表現に変更されている．

以降，JIS Q 14001:2015を引用した枠内で，青字で表記される部分が，**附属書SLによる共通用語及び共通要求事項**である．黒字で表記される部分は，**環境マネジメントシステム固有の追加部分**である．

前述のとおり，ISO 14001:2015は附属書SLで規定されるマネジメントシステム規格の共通要求事項に基づいて策定されているため，附属書SLで規定される内容については本書第2部で解説し，第3部では環境マネジメントシステム固有に追加された内容について解説する．

本書では，規格の細分箇条ごとに解説するが，要求事項は全体としてPDCAサイクルを構成するとともに，例えば，P（計画）の中の要求事項の間にも密接なつながりがある．したがって，要求事項は一つ一つを切り離して理解するものではなく，全体のつながりの中で理解しなければならない．要求事項どうしの関係についても，必要な箇所で適宜解説を加えていく．

また，本書はJIS Q 14001:2015で規定される内容を解説するもので，具体的な実施方法を提示することを意図してはいないが，解説するうえで必要な範囲で【実施上の参考情報】として，具体的な実施の考え方を説明する．要求事項は全ての組織に適用可能なように規定されており，【実施上の参考情報】で提示する説明内容は唯一絶対の解釈ではないため，あくまでも筆者の参考意見として捉えていただきたい．

4.1 組織及びその状況の理解

――― JIS Q 14001:2015 ―――
4.1 組織及びその状況の理解
組織は，組織の目的に関連し，かつ，その環境マネジメントシステムの意図した成果を達成する組織の能力に影響を与える，外部及び内部の課題を決定しなければならない．こうした課題には，組織から影響を受ける又は組織に影響を与える可能性がある環境状態を含めなければならない．

4. 組織の状況

【解　説】

　外部及び内部の課題は，"組織の目的"に関連し，かつ"環境マネジメントシステムの意図した成果の達成に影響する"課題に限定して検討すればよい．ここでいう"影響"には，組織にとって"マイナスの影響"を与え得るもの（脅威）と，"プラスの影響"を与え得るもの（機会）の，双方の観点から課題を認識する必要がある．

　"環境マネジメントシステムの意図した成果"については，箇条1（適用範囲）の中で規定されている（本書第3部1参照）．

　附属書SLで要求される外部及び内部の課題認識に関して，"組織の影響を受ける又は組織に影響を与える可能性がある環境状態を含まなければならない"という規定が，環境固有の要求事項として追加されている．なお"環境状態"とは，"ある特定の時点において決定される，環境の様相又は特性"と定義されている［本書第3部3.2.3（環境状態）参照］．

　従来ISO 14001は，組織が環境に与える影響を管理するための仕組みであったが，この追加規定によって，環境（とその変化）が組織に与える影響も管理すべき課題として認識することが求められるようになる．すなわち，組織と環境の関係が従来は一方向であったものが，"双方向"になることを意味している．

　例えば，昨今，気候変動が顕在化しつつあり，豪雨の多発による水害，竜巻などのもたらす設備被害の可能性が高まっている．2011年夏にタイのバンコク郊外でチャオプラヤ川の氾濫により工業団地が水没し，数か月に及ぶサプライチェーンの寸断が発生した．また気候変動だけではなく，旺盛な新興国の需要増加や生物多様性の喪失による様々な資源入手の困難性，価格の高騰が顕在化している．

　こうした地球環境の急速な変化は，組織の経営戦略（活動，製品及びサービスのあり方）に影響を与えることになる．サプライヤーを含む生産拠点や物流拠点の立地条件の見直し，水害や竜巻などの物理的被害に対する備えの拡充をはじめ，"事業継続"という視点からも組織は考慮を迫られている．

　考慮すべきことは，被害への備えといったマイナス面だけではない．気候変

動の原因として指摘されるCO_2の排出及びそれに最大の影響を与えるエネルギーの使用を効率化する技術（省エネなど）や，CO_2を排出しない再生可能エネルギー技術などに強みをもつ組織にとっては，新たなビジネス機会が開けてくる．このように組織と環境の関係を双方向で捉えることで，リスク及び機会（6.1）を広く認識することが可能になる．

【実施上の参考情報】

"外部及び内部の課題"の例として，JIS Q 14001:2015 の附属書 A.4.1 には，次の3項目が包括的に示されている．

JIS Q 14001:2015　附属書 A（参考）

a) 気候，大気の質，水質，土地利用，既存の汚染，天然資源の利用可能性及び生物多様性に関連した環境状態で，組織の目的に影響を与える可能性のある，又は環境側面によって影響を受ける可能性のあるもの

b) 国際，国内，地方又は近隣地域を問わず，外部の文化，社会，政治，法律，規制，金融，技術，経済，自然及び競争の状況

c) 組織の活動，製品及びサービス，戦略的な方向性，文化，能力（すなわち，人々，知識，プロセス及びシステム）などの，組織の内部の特性又は状況

これらは，JIS Q 31000:2010（リスクマネジメント―原則及び指針）で"外部状況"及び"内部状況"という用語の定義の注記として記載されている項目をベースにしている．JIS Q 31000 で例示されている"外部状況"及び"内部状況"の項目を**表 3.2**に示す．

表3.2に示されるように，JIS Q 31000 では，利害関係者に関する事項は"外部状況"及び"内部状況"の中にそれぞれ含まれており，一般の経営（事業）企画プロセスでもこれらは通常一体として扱われていることが多い．

細分箇条4.2（利害関係者のニーズ及び期待の理解）も同様であるが，細分箇条4.1には"プロセス"を確立する要求事項は記されていない．しかしなが

4. 組織の状況

表 3.2　JIS Q 31000 による外部状況・内部状況の例

外部状況	内部状況
・国際，国内，地方又は近隣地域を問わず，文化，社会，政治，法律，規制，金融，技術，経済，自然及び競争の環境 ・組織の目的に影響を与える主要な原動力及び傾向 ・外部ステークホルダとの関係並びに外部ステークホルダの認知及び価値観	・統治，組織体制，役割及びアカウンタビリティ ・方針，目的及びこれらを達成するために策定された戦略 ・資源及び知識として見た場合の能力（例えば，資本，時間，人員，プロセス，システム及び技術） ・情報システム，情報の流れ及び意思決定プロセス（公式及び非公式の双方を含む.） ・内部ステークホルダとの関係並びに内部ステークホルダの認知及び価値観 ・組織文化 ・組織が採択した規格，指針及びモデル ・契約関係の形態及び範囲

ら，細分箇条 4.4（環境マネジメントシステム）及び 8.1（運用の計画及び管理）で規定されるように，この規格の要求事項の実施のために必要なプロセスは確立しなければならない．

　認証審査に当たっては，組織が決定した課題などの正否が問われることはなく，どのようにして決定したのか，そのプロセスが問われる．細分箇条 6.1 で求められる"リスク及び機会"の決定も同じであるが，組織の決定には絶対的な正解があるわけではなく，それは組織のもつ知識や経験によって組織ごとに異なる．審査員が環境マネジメントにいくら詳しくても，審査員は組織の決定内容に口を出すことはできない．あくまでも，審査対象は"プロセス"と，その環境マネジメントシステムを通じた一貫性や整合性である．

　JIS Q 14001:2015 では"外部及び内部の課題"と"利害関係者のニーズ及び期待"は別の細分箇条として規定されているが，実務上は一体化して考慮してもよい．更には後述する"リスク及び機会"の決定までを一つのプロセスとして実施してもよい．規格の箇条ごとにプロセスを考える必要はない．

4.2 利害関係者のニーズ及び期待の理解

> ― JIS Q 14001：2015 ―
> **4.2 利害関係者のニーズ及び期待の理解**
> 組織は，次の事項を決定しなければならない．
> **a)** 環境マネジメントシステムに関連する利害関係者
> **b)** それらの利害関係者の，関連するニーズ及び期待（すなわち，要求事項）
> **c)** それらのニーズ及び期待のうち，組織の順守義務となるもの

【解　説】

附属書 SL による"要求事項"の定義が，従来の JIS Q 14001 での理解と大きく異なることは，この定義の解説部分［本書第 3 部 3.2.8（要求事項）参照］で詳しく説明したとおりで，このために環境固有の要求事項として"順守義務"に関する c)が追記された．

"順守義務"の決定は，細分箇条 6.1.3 で別途要求されているが，そこでは"順守義務"に"組織の環境側面に関する"というフレーズが付加されている．

一方，細分箇条 4.2 の"順守義務"には同様のフレーズが追加されていないため，この用語の定義（3.2.9）に照らしてみると，"環境マネジメントシステムに関係する"順守義務と理解しなければならない．

すなわち，ここでは，"順守義務"は環境側面に関するものよりも広く捉えることが求められている．"環境側面"に直接関係しなくても，組織が環境マネジメントシステムの意図する成果として考える事項にかかわるものも含めて考慮することが求められている．ただし，ここでは"順守義務"の詳細まで決定する必要はなく，経営的視点から自ら受け入れる義務の対象や範囲について大枠の理解をすればよい．順守義務の決定に関する細分箇条 4.2 と 6.1.3 の要求事項の間の線引きについて特に定めはなく，組織が決定すればよい．プロセスとして計画するうえでは，特に分けて考える必要はなく，一体として取り扱ってもよい．

4. 組織の状況

環境マネジメントシステムにおける"利害関係者"は，その定義（3.1.6）の例に記載されるように"顧客，コミュニティ，供給者，規制当局，非政府組織（NGO），投資家，従業員"ときわめて幅が広い．組織と多様な利害関係者との関係は，組織の事業内容，規模，立地などの様々な要因によって異なるため，細分箇条4.1と同様に"組織の目的"と"環境マネジメントシステムの意図した成果の達成に影響する"度合いから優先順位を明確にしたうえで，対象とする利害関係者の範囲とその要求事項（期待及びニーズ），更には順守義務として受け入れるべき事項を決定する．

利害関係者のニーズや期待を理解するためには，まず利害関係者とのコミュニケーションが不可欠であり，このため細分箇条4.2で規定される要求事項は，細分箇条7.4（コミュニケーション）の要求事項と合わせて具体化を図る必要がある．

【実施上の参考情報】

"順守義務"とまではしなくても，適切な範囲で"利害関係者のニーズ及び期待"に誠心誠意応えていくことが組織の長期的な発展につながる．"利害関係者のニーズ及び期待"を全く無視し，更には裏切るような姿勢を示す組織に対しては，法令違反はなくとも顧客は離れ，社会は批判的な姿勢を強めるだろう．

細分箇条4.1（組織及びその状況の理解）の【実施上の参考事項】で述べたように，"利害関係者のニーズ及び期待"は組織の"内部及び外部の課題"に包含されるため，細分箇条4.1と4.2の要求事項は一体化して検討することができる．むしろ一般の経営企画においては一体化して検討するほうが自然である．

細分箇条4.1で決定する"外部及び内部の課題"と，4.2で決定する"環境マネジメントシステムに関連する利害関係者とその要求事項及び順守義務"を合わせた"組織の状況"についての知識は，次のような多くの場面で考慮することが求められる．

① 環境マネジメントシステムの適用範囲を決定するとき（4.3）
② 環境マネジメントシステムを確立し維持するとき（4.4）
③ 環境方針及び環境目標を組織の状況と整合させるため（5.1）

④ 著しい環境側面，順守義務，リスク及び機会の決定を含めた環境マネジメントシステムの計画を策定するとき（6.1）

そして，マネジメントレビュー（9.3）では，組織の状況の変化をレビューしなければならない．

組織の状況の知識は，経営者が環境マネジメントシステムに関する説明責任を果たすうえで不可欠なもので，組織の環境マネジメントシステムのあり方を決定付ける．経営者が状況認識を誤ると事業経営はうまく行かない．それは，環境経営でも全く同じである．

図 3.1 に JIS Q 14001:2015 の細分箇条 4.1 及び 4.2 で規定される "組織の状況" の概念を示す．組織は社会（利害関係者）の中に存在し，社会は自然環境の中にある．組織の活動，製品及びサービスは社会や環境と相互に影響し合う．相互の影響が共存・共栄の方向に働けば組織は持続的に発展し，対立的な方向に働けば組織は存続できない．

こうした相互の影響に関連して，外部及び内部の課題や，利害関係者のニーズ及び期待が生じ，それが組織にとって脅威又は機会の発生源となる．

細分箇条 4.1 及び 4.2 では，明示的には "文書化した情報" は要求されていない．しかし，利害関係者のニーズや期待を含め，組織の状況に関して獲得した "知識" を利用するために，必要な限りにおいて "文書化した情報" としておく必要がある．例えば，マネジメントレビュー（9.3）で，"外部及び内部の

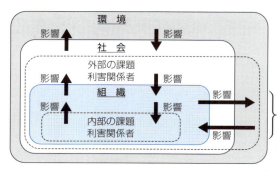

図 3.1　組織の状況―社会・環境との相互作用

課題の変化"と"順守義務"の変化を考慮することが求められているため,これらの"知識"の獲得とその更新は継続的に実施する必要があり,この観点からも,"文書化した情報"として獲得した"知識"を継続的に利用可能な状態にしておく必要がある.

グローバル化の進展やITを中心とした技術の急速な変化,気候変動や資源問題を中心とした地球環境問題の深刻化など,組織をとりまく状況の変化はますます加速しており,変化への迅速かつ適切な対応が組織の命運を左右する.このような状況を背景に,組織の利害関係者のニーズや期待を含めた外部・内部の状況の変化をいち早く適切に認識して,対応を決定するのはトップの最も重要な責任である.

4.3　環境マネジメントシステムの適用範囲の決定

―― JIS Q 14001:2015 ――

4.3　環境マネジメントシステムの適用範囲の決定

組織は,環境マネジメントシステムの適用範囲を定めるために,その境界及び適用可能性を決定しなければならない.

この適用範囲を決定するとき,組織は,次の事項を考慮しなければならない.

a) 4.1に規定する外部及び内部の課題
b) 4.2に規定する順守義務
c) 組織の単位,機能及び物理的境界
d) 組織の活動,製品及びサービス
e) 管理し影響を及ぼす,組織の権限及び能力

適用範囲が定まれば,その適用範囲の中にある組織の全ての活動,製品及びサービスは,環境マネジメントシステムに含まれている必要がある.

環境マネジメントシステムの適用範囲は,文書化した情報として維持しなければならず,かつ,利害関係者がこれを入手できるようにしなければならない.

【解　説】

　細分箇条4.2で説明した理由から，4.3でも附属書SLの"要求事項"は"順守義務"に置き換えられている．

　環境マネジメントシステムの適用範囲の決定については，附属書SLに規定される4.1及び4.2で得られた"組織の状況"に関する情報（知識）に加え，環境固有に追加されたc）～e）を考慮して決定しなければならない．

　環境マネジメントシステムに関連する"組織の状況"は，ISO 14001が誕生した1990年代とは大きく変わっている．本書第1部で述べたように，今回の改訂は，環境マネジメントシステムを操業レベルでの適用から戦略レベルでの適用にグレードアップすることを主眼としている．

　こうした変化やその背景の理解も，適用範囲の決定に当たって考慮すべき事項として列挙されたa）～e）のうち，a）とb）（すなわち"組織の状況"に関する知識）に該当する．順守義務が現在どのようなトレンドで変化しつつあるかについては，【実施上の参考情報】で具体的な事例を紹介する．

　環境マネジメントシステムの適用範囲としての"組織"も，"組織"の定義（3.1.4）に則り"責任，権限及び相互関係を伴う独自の機能をもつ"ことが前提となる．これは2004年版でも同じであった．

　JIS Q 14001:2015では，"ライフサイクルの視点の考慮"が，環境側面の決定や，運用の計画及び管理で求められている．細分箇条4.1及び4.2によるハイレベルな認識や，ライフサイクルの視点の考慮などの新たな要求事項に対応するために，適用範囲はどう定めることが望ましいかを検討する必要がある．

　適用範囲を決定するうえでの考慮条件として最後に記載されている"管理し影響を及ぼす，組織の権限及び能力"は，当然ながら，一事業所よりも本社を含む組織全体の方が大きい．

　適用範囲内の活動，製品及びサービスを除外禁止としているのは，環境マネジメントシステムの社会的信用を維持する意図による．JIS Q 14001:2015の附属書A.4.3（環境マネジメントシステムの適用範囲の決定）には，次のような説明が掲載されている．

4. 組織の状況

JIS Q 14001:2015　附属書A(参考)

組織は，その境界を定める自由度及び柔軟性をもつ．組織は，この規格を組織全体に実施するか，又は組織の特定の一部（複数の場合もある．）だけにおいて，その部分のトップマネジメントが環境マネジメントシステムを確立する権限をもつ限りにおいて，その部分に対して実施するかを選択してもよい．

　適用範囲の設定において，環境マネジメントシステムへの信ぴょう（憑）性は，どのように組織上の境界を選択するかによって決まる．組織は，ライフサイクルの視点を考慮して，活動，製品及びサービスに対して管理できる又は影響を及ぼすことができる程度を検討することとなる．適用範囲の設定を，著しい環境側面をもつ若しくはもつ可能性のある活動・製品・サービス・施設を除外するため，又は順守義務を逃れるために用いないほうがよい．

　また，附属書SLで"文書化した情報として利用可能とする"と規定されていた部分に，環境マネジメントシステムでは"利害関係者が入手可能とする"と追記され，"環境方針"と同様に，環境マネジメントシステムの適用範囲も利害関係者が文書化した情報として入手可能とされたことも重要な変更である．

　適用範囲は従来どおり組織が自主的に決定する事項であるが，2004年版では適用範囲の決定について考慮する事項の規定がなかったことに比べると，適用範囲決定の根拠に関する組織の説明責任が強化されたものと考えるべきである．

【実施上の参考情報】

　適用範囲を再考するうえでの重要な事項として，"順守義務"をめぐる動向を概観してみよう．省エネ法（エネルギーの使用の合理化及び管理の適正化に関する法律）は，2008年の改正により従来の事業所単位の規制から組織全体（法人単位）に対する規制に変化した．従来は事業所ごとに提出が義務付けられていた定期報告や中長期報告も，組織単位でまとめて報告することが義務付

けられたのである．これとともに，本社に役員クラスの"エネルギー管理統括者"を任命することも義務付けられている．

事業所の取組みを本社が統括して一元的に報告するという規制体系は，2013年6月に公布，2015年4月から全面施行される"改正フロン法（フロン類の使用の合理化及び管理の適正化に関する法律）"によるフロン漏えい量の年次報告でも採用されている．

廃棄物管理や公害防止管理は事業所ごとの管理を基本としているが，廃棄物管理については青森・岩手県境不法投棄事件と両県による多数の排出事業者への措置命令発出などの重大事案をきっかけに，2004年9月に経済産業省が"排出事業者のための廃棄物・リサイクルガバナンス・ガイドライン"を公表し，廃棄物管理についても事業所任せにするのではなく，本社がガバナンスの一環として全社的な内部管理を統括することを求めている．

公害防止管理についても，2005年から2006年に多くの大手企業による大気汚染防止法及び水質汚濁防止法による測定義務違反やデータ改ざん事件が発覚したことから，経済産業省と環境省は2007年3月に"事業者向け公害防止ガイドライン"を公表し，ここでも本社環境管理部門や経営者による事業所の公害防止管理の指導・監督の強化を求めている．

法規制以外の分野では，特に企業情報開示に関する要求において，組織単体ベースから"連結ベース"での報告を求めることが顕著になっている．

環境省の"環境報告ガイドライン（2012年版）"では，環境報告の組織の範囲は，"原則として連結決算対象組織全体が基本"とされている．また，GRI（グローバル・レポーティング・イニシアティブ）による"持続可能性報告ガイドライン（第4版）"やISO 14064-1:2006（組織における温室効果ガスの排出量及び吸収量の定量化及び報告のための仕様並びに手引）などでも"連結"を基本とする要求事項になっている．

JIS Q 14064-1:2010（ISO 14064-1:2006）による組織の境界に関する要求事項及びその附属書Aにおける解説を，抜粋して次に示す．

4. 組織の状況

4.1 組織の境界

組織は，次のアプローチのいずれかを用いて，施設レベルでのGHGの排出量及び吸収量を連結しなければならない．

a) 支配：組織は，自らが財務支配力又は経営支配力を及ぼす施設からのGHGの排出量及び／又は吸収量を算入する．

b) 出資比率：組織は，その出資比率に応じ，それぞれの施設からのGHGの排出量及び／又は吸収量を算入する．

附属書A（参考）各施設データの組織データへの連結

- 可能であれば，組織は，財務報告について確立済みの組織の境界に従うことが望ましい．
- 支配アプローチを採用する組織は，自らが支配する事業からのGHGの排出量又は吸収量を100％算入する．

非財務情報開示の拡大の中で，組織境界（連結）の外部（上流と下流）に関する情報開示の要請も強まっている．

組織境界（連結）の外部での温室効果ガス排出量の算定と報告のガイドラインは，2011年に世界の環境優良企業を中心としたWBCSD（持続可能な開発のための経済人協議会）[20]とWRI（世界資源研究所）[21]を中核とした国際NPOである"GHGプロトコル"によって"スコープ3"ガイドラインが発行された．

我が国では2012年3月に経済産業省と環境省が連名で"サプライチェーンを通じたGHG排出量算定に関する基本ガイドライン"を公表し，その内容はほぼGHGプロトコルのガイドラインに準拠している．こうして国内でも"スコープ3"という言葉やその考え方が普及しつつある．このような動向も踏ま

---

[20] WBCSD：World Business Council for Sustainable Development
[21] WRI：World Resources Institute

えて，組織は適切な適用範囲を定めることが肝要である．

4.4 環境マネジメントシステム

---- JIS Q 14001：2015 ----

4.4 環境マネジメントシステム

環境パフォーマンスの向上を含む意図した成果を達成するため，組織は，この規格の要求事項に従って，必要なプロセス及びそれらの相互作用を含む，環境マネジメントシステムを確立し，実施し，維持し，かつ，継続的に改善しなければならない．

環境マネジメントシステムを確立し維持するとき，組織は，**4.1** 及び **4.2** で得た知識を考慮しなければならない．

【解　説】

附属書 SL による環境マネジメントシステムの確立などを求める共通要求事項の前に"環境パフォーマンスの向上を含む，その意図した成果を達成するため"というフレーズが，環境固有に追記されている．同様のフレーズが，最終の細分箇条（10.3）でも付加されており，"環境パフォーマンスの向上"が 2004 年版に比べて随所で強調されているのは，前出のスタディグループ勧告 7 及び 8 に基づくものである．

細分箇条 4.4 は，2004 年版の細分箇条 4.1（一般要求事項）に記載されていた環境マネジメントシステムの確立・実施・維持及び改善を包括的に求める要求事項に対応する規定だが，2015 年版では附属書 SL によって規定された"必要なプロセスとその相互作用を含む"マネジメントシステムを確立，実施，維持かつ継続的に改善することが求められている．"必要なプロセスとその相互作用を含む"という概念は，品質マネジメントシステムの規格である JIS Q 9001 の 2000 年改訂で導入されたプロセスアプローチの考え方であるが，附属書 SL でも JIS Q 14001：2015 でも，プロセスアプローチを明確に要求する意図はないとしている．

4. 組織の状況

しかしながら，2004年版で要求されていた"手順"から2015年版で要求される"プロセス"への変化に対応するためには，"プロセス"と"手順"の違いを理解する必要がある．そのためには，JIS Q 9001における"プロセス"の考え方を理解しておくことが望ましい．特にJIS Q 14001とJIS Q 9001を両方導入している組織は，"プロセス"の考え方が規格ごとに違うということはあり得ないはずである．JIS Q 9001による"プロセス"の考え方の基本事項については，【実施上の参考情報】の部分で解説する．

"環境マネジメントシステムを確立し維持するとき，組織は，組織の状況についての知識を考慮しなければならない"という環境固有の規定は，2015年改訂審議の中頃までは細分箇条4.1及び4.2に個々に記載されていた．これらの内容を一本化して細分箇条4.4に移し，細分箇条4.1及び4.2のアウトプットが"知識"であることを明確にするとともに，環境マネジメントシステムの構築及び運用の基礎とすることを要求している．

【実施上の参考情報】

JIS Q 9001:2015の細分箇条4.4（品質マネジメントシステム及びそのプロセス）では，附属書SLの共通要求事項の直後に，次のような品質マネジメントシステム規格に固有の要求事項が追加され，"プロセス"に関する基本的な要求事項を規定している．

> 組織は，品質マネジメントシステムに必要なプロセス及びそれらの組織全体にわたる適用を決定しなければならない．また，次の事項を実施しなければならない．
>
> **a)** これらのプロセスに必要なインプット，及びこれらのプロセスから期待されるアウトプットを明確にする．
> **b)** これらのプロセスの順序及び相互関係を明確にする．
> **c)** これらのプロセスの効果的な運用及び管理を確実にするために必要な判断基準及び方法（監視，測定及び関連するパフォーマンス指標を

含む.）を決定し，適用する．
d) これらのプロセスに必要な資源を明確にし，及びそれが利用できることを確実にする．
e) これらのプロセスに関する責任及び権限を割り当てる．
f) **6.1** の要求事項に従って決定したとおりにリスク及び機会に取り組む．
g) これらのプロセスを評価し，これらのプロセスの意図した結果の達成を確実にするために必要な変更を実施する．
h) これらのプロセス及び品質マネジメントシステムを改善する．

"プロセスアプローチ"では，PDCA は"プロセス"に対して適用され，プロセスが改善されることでマネジメントシステム全体が改善されていく．環境や品質マネジメントを含めて，組織の事業目的を達成するために必要なプロセスは組織ごとに異なる．

マネジメントシステムをプロセスとその相互作用として構成するためには，プロセスを表現する技法が必要になる．このような技法を適用してプロセスを表現（可視化）することは"プロセスマッピング"と呼ばれる．品質マネジメントシステムを構成する個々のプロセスの表現技法として広く活用されているものに"タートル図"がある．

自動車メーカーのサプライチェーン向けの品質マネジメントシステム規格である ISO/TS 16949:2009（自動車生産及び関連サービス部品組織の ISO 9001:2008 適用に関する固有要求事項）では，プロセスアプローチの徹底した適用が求められており，審査もプロセスアプローチで実施される．"タートル図"は，『ISO/TS 16949:2009 ガイダンスマニュアル［日本語訳］』（日本規格協会 編）の中でプロセスの表現技法として推奨されている．

図 3.2 にタートル図の基本形を示す．タートル図の七つのボックスに対象とするプロセスの要素を記入することで，プロセスのインプットとアウトプット，プロセスに必要な資源（物的資源及び人的資源），プロセスの運用方法（どのようにインプットをアウトプットに変換するか），プロセスの評価項目や指標，

4. 組織の状況

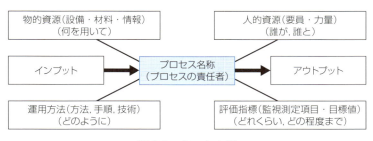

図 3.2　タートル図

そしてプロセスの責任者（プロセスオーナー）が決定される．すなわち，タートル図の全てのボックスに当該プロセスで必要な内容を記載することで，プロセスに対する要求事項（JIS Q 9001：2015，4.4）を満たすプロセスを明確にすることができる．

　タートル図は個々のプロセスを定義するためには有効な表現技法であるが，プロセス間の相互作用の表現には必ずしも適切とはいえない．タートル図の各ボックスはそれぞれ別のプロセスと相互作用している．

　"プロセス"は個々に独立して捉えるのではなく，プロセス間のつながりと相互作用として捉えることが肝要である．また，組織のプロセスには階層構造があることを理解し，最上位のプロセス（マクロなプロセス）から順番に，下位のプロセス（ミクロなプロセス）に必要な程度まで展開していくとよい．

　例えば，図 3.3 に示すように，製造業なら製品を生産するという基幹業務プロセス（JIS Q 9001：2008 では製品実現プロセスと表現されていた）は，受注，設計，製造，出荷，などのサブプロセス（第 2 階層）に展開され，これらのサブプロセスは，それぞれ更に詳細な第 3 階層のプロセスに展開できる．プロセスの階層化をどこまで深く進めていくのかは，組織の規模や業務の複雑さ，管理のしやすさなどに応じて組織が決定すればよい．

　プロセス間の相互作用の一例として，製造プロセスと廃棄物管理プロセス間の相互作用の例を図 3.4 に示す．

　製造プロセスの出力は，大別すれば製品と廃棄物があり，製品は出荷プロセ

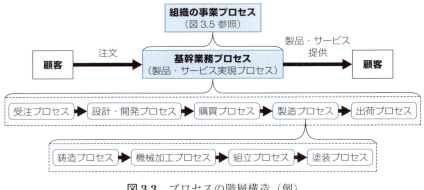

図 3.3　プロセスの階層構造（例）

スへ，廃棄物は廃棄物管理プロセスへの入力となる．製造プロセスと廃棄物プロセスの関係をさらに詳細に見てみると，廃棄物の受け渡しという入出力関係だけではなく，様々な相互作用があることがわかる．この二つのプロセス間の相互作用は組織によって異なり，図3.4は，そうした相互作用の一例にすぎない．

　製造プロセスから排出される廃棄物は，組織内の廃棄物処理プロセスに引き渡されるが，引き渡すための組織内ルールが定められているはずである．例えば，廃棄物の置き場所，廃棄物の分別ルールや表示，大きな事業所で廃棄物処理プロセス側が様々な部門から排出される廃棄物を収集する場合には，収集の時刻なども決められているだろう．製造プロセスから排出される廃棄物の内容や組成及び排出量などは，製造する物が変われば変化する．

　したがって，製造プロセス側で製造する物が変わる場合は，事前に廃棄物処理プロセス側に変更の内容を連絡し，廃棄物処理プロセス側での対応が可能かどうか，処理委託先も含めての確認が必要になる．廃棄物処理の準備が整わなければ生産は開始できない．

　組織が廃棄物の削減目標を設定している場合，廃棄物処理プロセス側から製造プロセス側に廃棄物の管理区分ごとの排出量実績やコストなどがフィードバックされることもある．製造プロセス側でマテリアルフローコスト会計を適用し

【プロセス間の入出力関係】

【プロセス間の相互作用】

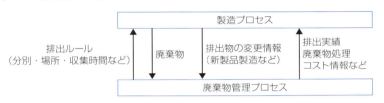

図 3.4 プロセスとその相互作用の例（製造プロセスと廃棄物管理プロセスの場合）

て廃棄物とコストの削減を目指す場合には，廃棄物管理プロセス側から提供される情報が不可欠になる．このように，組織内のプロセス間には単純な入出力の関係だけではなく様々な相互作用があり，そうした相互作用の中で，環境マネジメントシステムとして管理すべき相互作用を明確にしておく必要がある．

図 3.4 で例示した相互作用を製造プロセスのタートル図（図 3.2）で考えると，排出ルールは"物的資源"（製造部門の廃棄物置き場など）と"運用方法"（分別ルール，組織内の廃棄物収集時刻など）に該当する．

廃棄物の変更情報は，廃棄物とともに製造プロセスの出力に，廃棄物管理プロセスからフィードバックされる排出実績やコスト情報は"評価指標"に該当する．製造プロセスと廃棄物管理プロセスのタートル図の間で，このようなリンクを表現することも可能であるが，その他の多くのプロセスとの間にも様々なつながりがあることを考えると，タートル図だけで全てのプロセス間の相互作用までを表現することには無理がある．組織は必要に応じて複数のプロセス表記技法を適用して，プロセスとその相互作用を表現することを考慮するとよい．

5. リーダーシップ

箇条5（リーダーシップ）では，経営者に対する要求事項，すなわち"トップマネジメントは○○しなければならない"とする要求事項が，三つの細分箇条としてまとめて配置されている．

5.1 リーダーシップ及びコミットメント

――― JIS Q 14001：2015 ―――

5.1 リーダーシップ及びコミットメント

トップマネジメントは，次に示す事項によって，環境マネジメントシステムに関するリーダーシップ及びコミットメントを実証しなければならない．

- **a)** 環境マネジメントシステムの有効性に説明責任を負う．
- **b)** 環境方針及び環境目標を確立し，それらが組織の戦略的な方向性及び組織の状況と両立することを確実にする．
- **c)** 組織の事業プロセスへの環境マネジメントシステム要求事項の統合を確実にする．
- **d)** 環境マネジメントシステムに必要な資源が利用可能であることを確実にする．
- **e)** 有効な環境マネジメント及び環境マネジメントシステム要求事項への適合の重要性を伝達する．
- **f)** 環境マネジメントシステムがその意図した成果を達成することを確実にする．
- **g)** 環境マネジメントシステムの有効性に寄与するよう人々を指揮し，支援する．
- **h)** 継続的改善を促進する．
- **i)** その他の関連する管理層がその責任の領域においてリーダーシップを実証するよう，管理層の役割を支援する．

5. リーダーシップ

> **注記** この規格で"事業"という場合，それは，組織の存在の目的の中核となる活動という広義の意味で解釈され得る．

【解　説】

2004年版にはこうした要求事項はなく，附属書SLによって導入されたものである．

経営者によるコミットメントの実証を求める要求事項は，JIS Q 9001の2000年改訂で導入された箇条5（経営者の責任）の中の5.1（経営者のコミットメント）において，"コミットメントの証拠を次の事項によって示すこと"というテキストが導入されたことに始まっている．その後発行された食品安全マネジメントシステム（ISO 22000）や情報セキュリティマネジメントシステム（JIS Q 27001）でも同様の要求事項が採用され，2011年に附属書SLの適用義務化前に最後に発行されたエネルギーマネジメントシステム（JIS Q 50001）では，既に"コミットメントを実証する"と表現が変わっている．

したがって，トップに対してコミットメントの実証を求める要求事項は，2000年以降のマネジメントシステム規格でほぼデファクト化していたといえ，仮に附属書SLが登場しなくてもJIS Q 14001:2015では導入されることになっていただろう．

どのような分野に適用されるマネジメントシステムであっても，トップマネジメントのコミットメントとリーダーシップがなければ，組織内で有効な仕組みとして機能することはできない．JIS Q 14001:2015の序文の細分箇条0.3（成功のための要因）では，"環境マネジメントシステムの成功は，トップマネジメントによって主導される，組織の全ての階層及び部門からのコミットメントのいかんにかかっている"と指摘している．

コミットメントとリーダーシップの実証事項はa)からi)の9項目あるが，a)"環境マネジメントシステムの有効性に説明責任を負う"は，2015年版のJIS Q 14001とJIS Q 9001がそろって独自に追記した項目である．"説明責任（accountability）"に関する規定は，トップに要求される"実証"という意

味を明確にするために導入された.

9項目のうち4項目で登場する"確実にする"という表現の意味については，JIS Q 14001:2015 の附属書 A.3（概念の明確化）の中で，次のように記されている.

　　"確実にする（ensure）という言葉は，責任を委譲することができるが，説明責任については委譲できないことを意味する."

すなわち，この表現が使用されている事項については，必ずしもトップ自らが実行しなくとも，その責任（responsibility）を他の関連する経営幹部などに委任することでもよい．委任とは，責任を丸投げして後は知らないということではない．委任した事項が，確実に実行されていることを確認し，それについて最終的な責任をもつとともに，トップ自らが第三者に対して説明できること，これが"説明責任"である．"説明責任"は他者に委任できない．

JIS Q 14001:2015 で要求される"説明責任"は，特に何に対する説明かといえば，"環境マネジメントシステムの有効性"に関する説明であると明記されている．"有効性"は，"計画した活動を実行し，計画した結果を達成した程度"と定義されているため，経営者が第三者に対して実際に説明しなければならないこととして，環境方針でコミット（約束）する3点が最低限の必須事項となる．すなわち，組織の状況認識を踏まえた"汚染の予防及びその他の環境問題への対処"，"順守義務を満たすこと"及び"環境マネジメントシステムの継続的改善"に関する約束の説明と，その約束を確実に果たしていくために環境マネジメントシステムをどのように構築し，運用し，結果はどうなのかという説明である．

b）では，附属書 SL によるテキストに"組織の状況"が追記された．なお，JIS Q 9001:2015 でも同様の追記がなされている．

細分箇条 4.4（環境マネジメントシステム）で，"環境マネジメントシステムを確立し維持するとき，組織は，組織の状況についての知識を考慮しなければならない"という環境マネジメントシステム固有の要求事項が付記されているが，これを実行するためには，まずトップマネジメントが"組織の状況"に照

らして環境方針や環境目標が適切なものであることを確認しなければならない．

【実施上の参考情報】

　a）から i）の 9 項目の中で，最重要で，かつ組織が実施するうえで最も難解な事項は c）"組織の事業プロセスへの環境マネジメントシステム要求事項の統合を確実にする" という項目であろう．

　"事業プロセスへの統合" が求められる背景には，環境マネジメントシステムが真に効果を発揮するためには，その適用を運用（現場）レベルから経営戦略レベルにまで引きあげ，かつ本業の中で展開しなければならないという認識がある．これは，"事業プロセスへの統合" が附属書 SL で規定された要求事項であることから，全てのマネジメントシステム規格で共有される認識である．

　"事業プロセスへの統合" という考え方は，認証用マネジメントシステム規格以外の ISO 規格で従前から示されていた．例えば，JIS Z 26000（社会的責任に関する手引）の箇条 7（組織全体に社会的責任を統合するための手引）では，社会的責任の実践に重要かつ効果的なのは "その組織の統治を通じてそれを行う方法である" と記されている．また，マネジメントシステム規格共通要求事項に影響を与えた JIS Q 31000（リスクマネジメント―原則及び指針）の細分箇条 4.3.4（組織のプロセスへの統合）では，"リスクマネジメントは，現況に即し，効果的かつ効率的であるような形で，組織の実務及びプロセスの全てに適切に組み込まれることが望ましい" と記されている．これらに共通する概念は，環境を含む社会的責任のマネジメントやリスク管理などは，本業と別に実施するものではなく，本業の中で実施してこそ効果が上がり，効率的なのだという認識である．

　"事業プロセス" とは何か，それが明確にならなければ統合のしようがない．事業プロセスを表現する方法は数多くあるが，筆者は**図 3.5** に示す 3 階層モデルがいかなる業種・規模の組織にも適用できるものと考えている．

　中段の "基幹業務プロセス" は，製造業ならば製品を設計・製造する，小売業ならば商品を販売する，サービス業ならばサービス（例えば，通信や輸送手

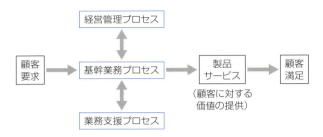

図 3.5 事業プロセスの基本（3 階層）モデル

段など）を提供する業務で，顧客に対して価値を提供して対価を得るという組織の基幹業務である．しかし，"基幹業務プロセス"だけで仕事が成り立っているわけではない．設備の維持管理や廃棄物管理，人事，経理などの"業務支援プロセス"があってこそ"基幹業務プロセス"が機能できる．

上段の"経営管理プロセス"は，経営者による組織目標の設定（売上や生産目標，利益率など）や，組織の業務を適正に管理するための社内規則や体制の整備など，意思決定プロセスと内部統制プロセスから構成される．

"事業プロセスへの統合"とは，環境マネジメントシステムの要求事項をこれらの 3 階層のプロセスのどこかに位置付けて，基本的な社内規則などと関連付け，会社の通常の業務プロセスの一部として実施することと理解すればよい．

図 3.5 は最も簡素化した基本モデルで，大企業ならばこの三つの階層のそれぞれを下位の階層に展開する（2 次，3 次レイヤーなど）とともに，各階層を幾つかのサブプロセスに細分化して理解する必要があるだろう．

一方，従業員数名の小企業であれば，基本モデルだけで十分と思われる．小企業では"経営管理プロセス"といっても実際は社長一人が担っていたり，"業務支援プロセス"は，ほとんど"基幹業務プロセス"を担う従業員が兼務していることもある．例えば，設備管理や廃棄物管理といった仕事は生産に従事する社員が交代で実施することもあろう．組織は，自らの事業プロセスを必要最小限のレベルで可視化（見える化）することが統合の出発点となる．

以降，図 3.5 の 3 階層に対応して，各レベルでの"事業プロセスへの統合"

about説明する．

（1） 経営管理プロセスへの統合

企業に関していえば，経営者（役員）の基本的な役割は会社法によって定められており，役員の職務が法令及び定款に適合することを確保するための体制の整備が規定されている．会社法は，役員個人の責任だけではなく，会社全般の"業務の適正を確保するための体制"の整備を求めており，この中にはコンプライアンスやリスク管理などを含む内部統制（組織体制や規則など）の確立が規定されている．

会社の方針や年度ごとの事業計画を策定し承認する手続きは，会社規則で定められているはずである．大企業では，コンプライアンス担当役員や業務監査を実施する監査部が設置されていることも多い．

JIS Q 14001：2015 では，経営戦略レベルで適用すべき要求事項が 2004 年版よりも増加しており，箇条4（組織の状況），箇条5（リーダーシップ及びコミットメント），6.1（リスク及び機会），6.2（環境目標及びそれを達成するための計画策定），9.1.2（順守評価），9.2（内部監査），9.3（マネジメントレビュー）などがそれに該当する．

事業方針も，会社の外部及び内部の状況やリスク認識に立脚して決定されるはずであり，環境方針も経営（事業）方針の一部として位置付けられ，それと一体のものとして，組織の最高意思決定機関による承認を得て決定されるべきであろう．なぜなら，環境方針や環境マネジメントシステムに関する計画（箇条4及び箇条6）の実行には，経営資源の裏付けを必要とするので，経営（事業）計画とリンクしていなければ具体化できないからである．

順守義務にかかわる要求事項は，全社のコンプライアンス体制や規則と，また環境マネジメントシステムの内部監査は全社の業務監査と関連付けられるべきである．会社の骨格となる体制や規則との関連付けを明確にすることこそが，経営管理プロセスへの統合である．

関連付けるとは，何も経営企画部門が環境マネジメントに関する外部・内部の課題抽出やリスク及び機会の決定を全て実施するとか，監査部が環境マネジ

メントシステムの内部監査や順守評価を全て実施するということではない．特に企業規模が大きくなると，環境マネジメントシステムの要求事項や環境関連法規制などの詳細を理解するには，環境分野の専門部署（又は専門職）が必要となる場合が多く，環境マネジメントシステムの計画立案，内部監査や順守評価を環境部門が主導して実施するほうが実効性は高い．

しかし，内部監査や順守評価で重要な問題が検出された場合には，監査部門やコンプライアンス担当役員と情報が共有され，必要な場合には組織の最高意思決定機関に情報が遅滞なく報告されることを確実にすべきである．社内規則で組織経営の基本的な内部統制と環境管理プロセスの関係，具体的には，環境管理部門の役割と他の部門との役割分担及び連携（報告・情報共有など）に関するルールを明確化することにより，環境マネジメントシステムの経営管理プロセスへの統合が実現できる．

（2）　基幹業務プロセスへの統合

"基幹業務プロセス" は，物を作る，物を売る，サービスを提供するなど，顧客に対する価値を創出し提供することで対価を得る，組織の中核業務である．したがって，このプロセスを構成する多くの活動や，生み出される製品及びサービスには，著しい環境側面やリスク及び機会が多く付随している．

"基幹業務プロセス" を構成するサブプロセスは業種や規模によって多種多彩であり，汎用モデルの提示は難しいので，本書では製造業のモデルで解説するが，小売業でもサービス業でもここで提示する考え方は適用できる．例えば，製造業の "基幹業務プロセス" は，受注，設計，購買，製造，出荷のようなサブプロセスに展開できる．

これらのプロセスの可視化手法の一つにタートル図があることは，細分箇条4.4 の【実施上の参考情報】で説明した．図 **3.6** に製造プロセスのタートル図による表現例を示す．タートル図は通常品質マネジメントシステムで使用されるため，品質マネジメントシステム規格に関する解説図書では，様々なプロセスに対する記載例を見ることができる．

図3.6 の各ボックス内に　　　で記載した内容が，品質マネジメントシステム

規格における製造プロセスの表現によく見られる記載項目である．また，▇▇▇は環境マネジメントシステムに関する記載項目の例である．

出発点は，出力に"廃棄物"と記載することである．どのようなものづくりでも，サービス提供や小売業でも，製品やサービスの出力には"廃棄物"が伴っている．物的資源（インフラストラクチャ）として，組織内の廃棄物管理プロセスによる回収サービスなどが不可欠となる．製造プロセスには電力などのエネルギーも必要になる．昨今のエネルギー価格の高騰や CO_2 排出削減に向けて，製造プロセスにも省エネ目標の設定が求められ，実績報告も必要であろう．こうして，製造プロセスにかかわる環境要件をタートル図上に記載できる．製造プロセスでは，品質，環境だけではなく，労働安全衛生や情報セキュリティ管理も要請されるであろうから，これらの内容も追記していけば，大きなタートル図ができあがる．こうして得られる全体が，製造プロセスの真の姿である．

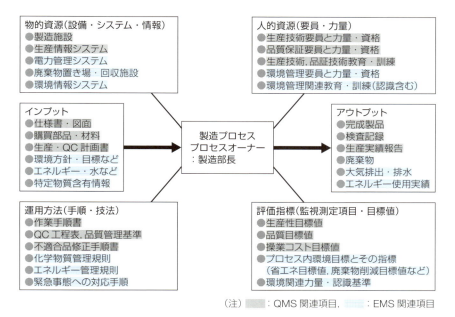

図 3.6　EMS 関連項目を追記した製造プロセスのタートル図

品質管理しか念頭にない製造プロセスなどは考えられない．製造プロセスの活動，製品，サービスに伴う著しい環境側面やリスク及び機会は，製造部長の管理下でその他の管理項目と一体として計画及び実行管理されるべきで，それによって環境マネジメントシステムの有効性が向上する．

タートル図は数多く存在するプロセスの可視化手法の一例であり，組織は企業内情報システムの設計で使用されるプロセスの可視化手法など，組織内でなじみの深い手法を使用すればよい．

(3) 業務支援プロセスへの統合

業務支援プロセスを構成する様々なサブプロセスも，タートル図で統合が計画できることはいうまでもない．

一方で，環境マネジメントシステムに関連する業務支援プロセスには，廃棄物管理プロセスや公害防止プロセス（排水処理設備の運用管理など），電力などのユーティリティ管理プロセスなどがあるが，これらはもともと組織の業務支援プロセスとして必須のものであり，改めて"事業プロセス（業務支援プロセス）"への統合を考慮する必要はない．そのままで組織にとっては不可欠な"業務支援プロセス"のサブプロセスになっている．

環境管理に限定されない業務支援プロセスには，JIS Q 14001:2015 の箇条7（支援）で規定される"力量（7.2）"や"認識（7.3）"の要求事項を満たすためのプロセスがある．このプロセスの骨格は，組織の教育・研修プロセスに統合できる．例えば，新入社員研修から新任役員研修に至る階層別教育の中で，環境マネジメントシステムに関して組織全体に共通する内容が織り込まれるべきであろう．一部のプロセスにだけ必要な"力量"や"認識"を確実にする活動は，タートル図に即していえば，各プロセスの"人的資源"の能力向上を目的に，該当プロセスオーナーの管理下で計画され実施されるものもある．

"コミュニケーション（7.4）"で要求される様々な環境コミュニケーションのためのプロセスの計画は，中核部分は広報，宣伝，IR（投資家関係）などの，組織の全体的なコミュニケーションプロセスのサブプロセスと位置付けて計画されるべきであろう．しかし，営業部門による取引先とのコミュニケーション

や,購買部門によるサプライヤーとのコミュニケーションなどもあることを忘れてはならない.

環境報告書の発行などの,環境部門主導で実施するコミュニケーションであっても,組織外への情報開示については広報部門などによる承認ルールが通常は定められているはずであり,該当する社内規則に則ってこれらのコミュニケーションプロセスが計画されなければならない.

細分箇条7.4の解説で詳しく述べるが,JIS Q 14001:2015ではコミュニケーションに関する要求事項が強化され,法定の環境関連報告(例えば,省エネ法による定期報告など)を管理するプロセスの確立が求められる.法定報告に対応するプロセスは,一般のコミュニケーションプロセスとは分けて捉える必要のある場合がある.

"文書化した情報(7.5)"の管理は,組織の文書管理体系や規則と統合されなければならない.事業プロセス全般にわたるIT化が更に拡大する中で,環境マネジメントシステムの情報システム化を積極的に推進することによって,事業プロセスへの統合も促進される.

5.2 環境方針

――― JIS Q 14001:2015 ―――

5.2 環境方針

トップマネジメントは,組織の環境マネジメントシステムの定められた適用範囲の中で,次の事項を満たす環境方針を確立し,実施し,維持しなければならない.

a) 組織の目的,並びに組織の活動,製品及びサービスの性質,規模及び環境影響を含む組織の状況に対して適切である.

b) 環境目標の設定のための枠組みを示す.

c) 汚染の予防,及び組織の状況に関連するその他の固有なコミットメントを含む,環境保護に対するコミットメントを含む.

注記　環境保護に対するその他の固有なコミットメントには,持続

可能な資源の利用，気候変動の緩和及び気候変動への適応，並びに生物多様性及び生態系の保護を含み得る．
d) 組織の順守義務を満たすことへのコミットメントを含む．
e) 環境パフォーマンスを向上させるための環境マネジメントシステムの継続的改善へのコミットメントを含む．
　環境方針は，次に示す事項を満たさなければならない．
── 文書化した情報として維持する．
── 組織内に伝達する．
── 利害関係者が入手可能である．

【解　説】

　環境方針（5.2）の満たすべき条件として，附属書 SL に規定された a) では 2004 年版に規定されている"組織の活動，製品及びサービスの性質，規模及び環境影響"を含めて"組織の状況"に対する適切性が追記された．細分箇条 4.4 で規定された"組織の状況の知識を環境マネジメントシステム確立の際に考慮する"という内容が，環境方針にも適用されることが明示されている．

　b) は附属書 SL どおりの内容であり，d) では附属書 SL の"適用される要求事項"という表現を，細分箇条 4.2 で導入した"順守義務"という用語に置き換えている．

　e) では，細分箇条 4.4 及び後述する 10.3 と並んで"環境パフォーマンスを向上するために"というフレーズを付加しており，JIS Q 14001:2015 では"環境マネジメントシステムの継続的改善"から"環境パフォーマンスの継続的改善"に重点が移っていることが強調されている．

　c) は，2004 年版では"汚染の予防に関するコミットメント"を求めていた部分だが，それ以外の"組織の状況に関連するその他の固有なコミットメントを含む，環境保護に対するコミットメント"まで拡大され，注記として"持続可能な資源の利用"，"気候変動の緩和及び気候変動への適応"，"生物多様性及び生態系の保護"が例示されている．"汚染の予防"と今回追記された3項目

を合わせた四つの環境課題は，JIS Z 26000（社会的責任に関する手引）の細分箇条 6.5（環境）において，組織が対応すべき四つの環境課題として整理され，課題ごとに"課題の説明"と"関連する行動及び期待"が記述されている．

"汚染の予防"以外の環境課題に対するコミットメントを必要に応じて求める規定は，スタディグループ勧告の中でも ISO 26000 との整合性に関する勧告 5 及び 6 に対応して導入された．ここでは全ての組織に一律して四つの課題へのコミットメントを求めてはおらず，"組織の状況"に適切な課題を組織が選択すればよい．どこまでコミットするかは組織次第であり，業種や組織の規模などによっても，その必要性は異なるだろう．

"方針"は，附属書 SL では"必要に応じて利害関係者が入手可能"とされ，2004 年版の"一般の人々が入手可能"とする要求事項に比べると後退する印象を与える．このため，附属書 SL から"必要に応じて"は削除したが，"利害関係者"を"一般の人々"に変更することは見送られた．ISO 14001 改訂 WG では，両者は事実上同等の要求と見なすと解釈している．

【実施上の参考情報】

この細分箇条に対しては，実施上の参考情報はない．

5.3 組織の役割，責任及び権限

—— JIS Q 14001:2015 ——

5.3 組織の役割，責任及び権限

トップマネジメントは，関連する役割に対して，責任及び権限が割り当てられ，組織内に伝達されることを確実にしなければならない．

トップマネジメントは，次の事項に対して，責任及び権限を割り当てなければならない．

a) 環境マネジメントシステムが，この規格の要求事項に適合することを確実にする．

b) 環境パフォーマンスを含む環境マネジメントシステムのパフォーマ

> ンスをトップマネジメントに報告する.

【解　説】

この細分箇条は附属書SLどおりで,環境固有の追記はb)の"環境パフォーマンスを含む"という部分だけである.この部分は,パフォーマンス重視の考え方を強調する意図から追記された.

2004年版では,"資源,役割,責任及び権限"が一つの細分箇条（4.4.1）を形成していたが,附属書SLにおいては"資源"が切り離され,細分箇条7.1として独立している.

また,2004年版では"管理責任者"という言葉が使用され,その役割が規定されていたが,2015年版では同等の責任及び権限を割り当てることは変わらないものの,"管理責任者"という言葉は使用していない.規格から用語が消えても,組織が従来どおり"管理責任者"という名称で人を割り当てることは当然ながら問題なく,附属書Aではそのような趣旨が説明されている.

【実施上の参考情報】

この細分箇条に対しては,実施上の参考情報はない.

6. 計　画

6.1 リスク及び機会への取組み

6.1.1 一般

── JIS Q 14001:2015 ──

6.1.1 一般

> 組織は,**6.1.1〜6.1.4**に規定する要求事項を満たすために必要なプロセスを確立し,実施し,維持しなければならない.
>
> 環境マネジメントシステムの計画を策定するとき,組織は,次の**a)〜c)**を考慮し,

a) 4.1 に規定する課題
b) 4.2 に規定する要求事項
c) 環境マネジメントシステムの適用範囲

次の事項のために取り組む必要がある．環境側面（**6.1.2** 参照），順守義務（**6.1.3** 参照），並びに **4.1** 及び **4.2** で特定したその他の課題及び要求事項に関連する，リスク及び機会を決定しなければならない．

— 環境マネジメントシステムが，その意図した成果を達成できるという確信を与える．
— 外部の環境状態が組織に影響を与える可能性を含め，望ましくない影響を防止又は低減する．
— 継続的改善を達成する．

組織は，環境マネジメントシステムの適用範囲の中で，環境影響を与える可能性のあるものを含め，潜在的な緊急事態を決定しなければならない．

組織は，次に関する文書化した情報を維持しなければならない．

— 取り組む必要があるリスク及び機会
— **6.1.1**〜**6.1.4** で必要なプロセスが計画どおりに実施されるという確信をもつために必要な程度の，それらのプロセス

【解 説】

"リスク及び機会"の定義（本書第 3 部 3.2.11）で解説したように，細分箇条 6.1 のタイトルである"リスク及び機会"というフレーズは環境固有に定義されているので，"潜在的で有害な影響（脅威）及び潜在的で有益な影響（機会）"という定義のとおりに理解しなければならない．

この定義で"影響"と訳されている言葉の原文は"effect"である．本書 1.1.2 (2)［ISO 14001:1996 の開発］の中で，"effect"と"impact"という言葉の使い分けについて激しい議論があったことを紹介したが，2015 年改訂では再びこの言葉の使い分けが大きな意味をもつことになった．これに関して附属書 A.3（概念の明確化）では，次のように説明されている．

> ─── JIS Q 14001:2015　附属書A(参考) ───
> この規格では，"影響"（effect）という言葉は，組織に対する変化の結果を表すために用いている．"環境影響"（environmental impact）という表現は，特に，環境に対する変化の結果を意味している．

この説明に基づけば，"リスク及び機会"は何に対する"影響"なのかというと，"環境"ではなく，"組織"に対するものであることになる．

附属書A.6.1.1（一般）に，次のような解説がある．

> ─── JIS Q 14001:2015　附属書A(参考) ───
> **6.1.1**で確立されるプロセスの全体的な意図は，組織が環境マネジメントシステムの意図した成果を達成し，望ましくない影響を防止又は低減し，継続的改善を達成できることを確実にすることである．

"リスク及び機会"を決定するための前提となる"組織の状況の理解（4.1）"では，"組織の目的に関連し，かつ，その環境マネジメントシステムの意図した成果を達成する組織の能力に影響を与える，外部及び内部の課題"の決定が要求されていることからも，"リスク及び機会"は"組織又は組織の環境マネジメントシステム"に関するものであることがわかる．

附属書SLの箇条6は"リスク及び機会への取組み"というタイトルで，4.1及び4.2で得た知識をベースにリスク及び機会の決定を求めているが，JIS Q 14001:2015では6.1を四つの細分箇条（6.1.1から6.1.4）に区分し，"環境側面（6.1.2）"及び"順守義務（6.1.3）"に関する要求事項を，附属書SLによるリスク関連の要求事項に合体させた構成になっている．

細分箇条6.1.1（一般）では，環境固有に6.1全体を包含したプロセスの確立と，組織が必要とする範囲での"文書化した情報"に関する要求事項を環境固有に規定して，プロセスの確立及び実施を求める要求事項を6.1.2から6.1.4で繰り返さないようにしている．

"リスク及び機会"の発生源として，"環境側面"，"順守義務"並びに"細分

箇条 4.1 及び 4.2 で特定されたその他の課題及び要求事項"の三つがあることが提示され，それらから生起するリスク及び機会の決定が求められている．

"リスク及び機会"の決定は，①マネジメントシステムが意図した成果を達成できることを確実にする，②望ましくない影響を防止又は低減する，③継続的改善を達成する，という三つの目的が附属書 SL で規定されており，これらの目的に関係するリスクと機会に限定して考えればよい．

上記の目的のうち②に関するリスクとは，従来のマネジメントシステム規格では"予防処置"として規定されていた内容に代わるものである．なお，予防処置とは本来は計画段階から考慮しておくべきもので，不適合とその是正処置とをセットで要求する形式はユーザーに誤解を与えるとして，附属書 SL では予防処置という用語も細分箇条も削除している．食品安全マネジメントシステム（ISO 22000）では当初から規格全体が予防処置であるとして，"予防処置"という言葉が入った細分箇条や要求事項はない．

マネジメントシステム規格は適用分野にかかわらず，いずれも経営リスク，すなわち不確実性をマネジメントするものであるから，食品安全だけではなく全てのマネジメントシステム規格で計画段階から予防処置を組み込むという考え方が，附属書 SL で採用された．

JIS Q 14001：2015 では，"望ましくない影響を防止又は低減する"という附属書 SL による規定に，"外部の環境状態が組織に与える影響を含め"というフレーズを追記している．これは，細分箇条 4.1 で解説した気候変動などが組織に与えるマイナスの影響について考慮することを意味している．

リスク及び機会を決定する方法は組織に任されており，組織の状況に応じて"非常に単純な定性的プロセス又は完全な定量的評価を含む場合がある"と JIS Q 14001：2015 の附属書 A.6.1.1 で説明されている．

また，緊急事態の決定について，2004 年版では"緊急事態への準備及び対応"の中で特定することが要求されていたが，"緊急事態"は"リスク（脅威）"の一形態であることから，2015 年版では，緊急事態の決定までは細分箇条 6.1.1 で要求し，"準備及び対応"に関する要求事項は細分箇条 8.2 で規定している．

2004年版では，"特定する（identify）"という言葉が使用されていたが，2015年版では附属書SLの規定方法と整合して"決定する（determine）"という動詞に変更された．これは表現上の変更であり，技術的な内容に変更はない．

緊急事態については，"環境に影響を与えるものを含め"と表現されていることから，それ以外の緊急事態，すなわち環境に害を与える事態に加えて，組織に害を与える事態も含むことが示唆されている．例えば，環境への取組みに関して組織外に提供した情報が誤りであった場合など，誤りの内容と程度によっては社会的，あるいは法的に大きな問題となる場合がある．こうした問題をどこまで緊急事態として想定するかは組織が決定すればよい．

緊急事態の対象は"環境マネジメントシステムの適用範囲の中で"と記されているように，あくまで環境マネジメントシステムで対処すべき緊急事態を決定すればよいことはいうまでもない．要求事項の最後に，文書化した情報を求める規定があり，"リスク及び機会"に関する文書化した情報と，"6.1.1～6.1.4で必要なプロセスが計画どおりに実施されるという確信をもつために必要な程度の，それらのプロセス"の文書化した情報の維持が求められている．従来の"手順"と同様，どこまでのプロセスを"文書化した情報"とするかの判断は，組織に任されている．

組織の自由度はあるが，"必要な程度の"という表現は，"必要な場合"という表現とは違い，文書化する情報が全く必要ないということは想定していない．なお，"プロセスが，計画どおりに実施される（された）という確信をもつために必要な程度の，文書化した情報を維持する"という表現は，細分箇条8.1（運用の計画及び管理）における附属書SLにおける表現に由来するもので，この細分箇条に加えて，8.1及び8.2の3か所で使用されている．この表現の意図及び意味については，細分箇条8.1で詳しく解説する．

【実施上の参考情報】
"リスク及び機会"には，①環境側面，②順守義務，及び③細分箇条4.1及

び 4.2 で決定されたその他の課題及び要求事項，の三つの発生源があることが示されている．"リスク及び機会"の決定は，リスク源ごとに個別に決定してもよいし，全てのリスク源を一括して決定してもよい．

いずれの場合も，組織は"リスク及び機会"を決定するプロセスを計画し，実施し，維持しなければならない．

各リスク源から発生し得る"リスク及び機会"を決定するアプローチの例を，以下に紹介する．

(1) 環境側面に関連するリスク及び機会の決定

細分箇条 6.1.1 では，リスク源の一つとして"環境側面"があげられているが，"著しい環境側面"とは記されていないことに注意する必要がある．これが意味することを理解するために，環境マネジメントシステムを既に適用済みの組織は"著しい環境側面"を自組織がどのような基準で決定しているか再確認してみるとよい．

"著しい環境側面"とは，"著しい環境影響を与える又は与える可能性がある"と規定されている（用語の定義 3.2.2 注記 1）ため，基本としては，環境に対する影響の大きさという単一の基準で"著しさ"を決定すればよい．

ここで，"与える可能性のある"という表現が使用されていることで，"リスク"という言葉は使用されていなくても，可能性（不確実性）を考慮に入れるということは"リスク"を考慮することにほかならない．これまでも当然予知できる緊急事態や，非通常の操業状況などを考慮することで，リスク（脅威）がある程度は考慮されていた．

さらに，JIS Q 14001 の 2004 年版の附属書 A.3.1 では，"著しい"と判断するための基準及び方法を確立することを奨励しており，そのような基準について"環境上の事項，法的課題及び内外の利害関係者の関心事に関係するような評価基準の確立及び適用を含むものであるとよい"と説明していた．

"利害関係者の関心事"など，環境への影響以外の要素を考慮するということは，仮に環境への影響がそれほど大きくなくても，利害関係者が高い関心を寄せる課題についても"著しい環境側面"として取りあげて対応するとよいと

いう意味になる．

図 **3.7** に"著しい環境側面"を決定する基準の二つの概念の違いを示す．

（A）は，"著しさ"を環境に対する影響の大きさという単一の基準（閾値）によって決定する概念を示している．（B）は，環境に対する影響の大きさ（横軸）だけではなく，"利害関係者の関心事"の大きさ（重要度）を縦軸に加えて，二つの視点から著しい環境側面を決定する概念を表している．（A）でも（B）でも"影響の大きさ（重要度）"としては，例えば"有害物質の流出事故が発生した場合"というような将来の仮定（不確かさ）を含めて評価すれば，"リスク思考"を織り込んだ"著しさの基準"とすることもできる．

"利害関係者の関心事"とは，2015 年版の 4.2 で規定される"利害関係者のニーズ及び期待"を考慮することと同じことである．そうしたニーズや期待への対応が不十分であれば，仮に環境への影響は小さくても，組織に対する社会的評価などの"組織に対する影響"は大きなものとなる可能性もある．これは 2004 年版でも，"著しい環境側面"の決定の中で"リスク"や"利害関係者の関心事"などを含めて考慮することが示唆されており，実際に我が国の大手環境優良企業では，既にそのような考慮がなされているところも多い．

"著しさ"の基準の中に"環境に対する影響"だけではなく，"組織（経営）に対する影響"の視点も入れ込むことで，環境側面に関連する"リスク及び機

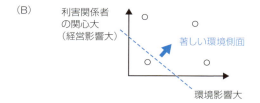

図 **3.7**　著しい環境側面の基準

会"の決定を"著しい環境側面"の決定に包含することも可能となる.

（2） 順守義務に関連するリスク及び機会の決定

順守義務に関連するリスク及び機会には，次の二つの領域がある.

① 順守義務を満たすことができないリスク（脅威）

② 順守義務の変化が組織にもたらすリスク及び機会

一つ目は，管理の失敗（義務内容の理解不足，管理の不足，ヒューマンエラーなど）によるもので，"統制リスク（control risk）"とも呼ばれる.

統制リスクを最小化するためには，力量の向上（教育）やダブルチェックの徹底など，管理の仕組みの精緻化を図ることが求められる.

二つ目のリスクのほうが，中長期的な組織の競争力にとっては重大な影響を及ぼし得る．例えば，法律（制度）が変わったり，新たな法律（制度）ができると，組織に様々な影響を与える.

一例として，"電気事業法改正"による"小売りの自由化"や"発送電の分離"といった制度改革は，電気事業者（電力会社）のあり方を変えるだけでなく，ガスや石油などのエネルギー事業者，更には一般のエネルギー利用企業の事業にも多大な影響を与え得る．電気事業法改正による規制緩和が進み，一般企業による送配電網の利用の技術的・コスト的制約が軽くなると，例えば組織は一事業所に大規模自家発電（コジェネレーション）を導入して，組織の所有する全国の事業所に電力を託送することが，従来よりも容易になる．それにより，一事業所だけでの導入では投資の短期回収が困難であったものが，可能となる場合も出てくるだろう．特に，省エネ法改正によりピークカットが要求されるようになった現状では，夏場のピークを乗り切るうえでも有利になり得る.

"電気事業法改正"に限らず，法律や制度が変わると，それが組織にとって様々な脅威や機会をもたらす可能性がある.

法規制が変更されるにはそれなりの理由があり，多くの場合は社会的に話題となる事件が出発点となる．何かの事件を契機として，法改正や新法制定の審議が始まる．しかしながら，国会での承認が必要となるレベルの法改正や新法制定にはかなりの時間がかかる．まずは省庁の審議会，委員会，研究会といっ

た場で利害関係者が参加して議論がなされる．当該法改正や新法制定によって大きな影響を受ける業界団体などは，通常このような場に委員として参画する．そこで具体的な法改正内容などが合意されると報告書案が起草され，広く一般社会の意見を聴取するパブリックコメントに付される場合もある．

　こうしたプロセスを経て法案が決定し，国会での審議に入り，成立・公布・施行に至るまでは少なくて１年，内容によっては数年かかるものもある．

　業界団体の中心となる大企業は，比較的早い段階から課題認識が可能だろうが，十分な専門スタッフをもたない小企業では，情報の入手が遅れがちになる．経営に重大な影響を与え得るような大きな法改正や新法制定については，業界団体が遅滞なく傘下の小企業にも情報提供し，必要ならば行政の担当者を招致して説明会を開催するなど，順守義務を満たすことに支障をきたさないようなサービスが求められる．順守義務の決定や順守義務の変化を法律の制定過程のどの時点で捉えているか，それぞれの組織で再確認してみるとよい．

　変化が大きく重要なものほど早く認識して準備を進めないと，対応が間に合わず法令不順守状態になってしまったり，"機会"を捉えることが遅れて，余分なコストがかかる場合もある．重要な法規制の変化に関する認識の遅れは，組織にとって"脅威"になる．

　"順守義務"の決定を，法律が公布されてから実施しても，施行までに対応すればよいという考え方もあるが，このような後追い対応に終始していては競争力向上にはつながらない．順守義務の変化動向を可能な限り早めに捉え，かつ，その順守を考えるだけではなく，それが自組織にもたらす脅威や機会までを一括して検討することも可能である．"順守義務に関連するリスク及び機会"とは，このようなことを示しているのである．

(3)　その他の課題及び要求事項に関連するリスク及び機会

　組織の状況（内部及び外部の課題）や，利害関係者のニーズ及び期待への組織の対処のあり方が，組織に対してリスク及び機会をもたらし得る．事業環境の変化に気付かなかったり，利害関係者のニーズや期待に応えられない組織は，存続が困難になるだろう．

"組織の状況"の認識に基づいて対処すべき"脅威と機会"を決定するプロセスは，普通の経営戦略決定プロセスそのものである．したがって，適用可能な実務的手法は数多くあり，組織は経営企画部門などで既に使用している手法を採用して実施すればよい．このプロセスは通常，組織の状況認識からリスクの決定まで一気通貫で実施されており，規格の箇条ごとに分けて実施する必要はない．

6.1.2 環境側面

JIS Q 14001：2015

6.1.2 環境側面

組織は，環境マネジメントシステムの定められた適用範囲の中で，ライフサイクルの視点を考慮し，組織の活動，製品及びサービスについて，組織が管理できる環境側面及び組織が影響を及ぼすことができる環境側面，並びにそれらに伴う環境影響を決定しなければならない．

環境側面を決定するとき，組織は，次の事項を考慮に入れなければならない．

a) 変更．これには，計画した又は新規の開発，並びに新規の又は変更された活動，製品及びサービスを含む．
b) 非通常の状況及び合理的に予見できる緊急事態

組織は，設定した基準を用いて，著しい環境影響を与える又は与える可能性のある側面（すなわち，著しい環境側面）を決定しなければならない．

組織は，必要に応じて，組織の種々の階層及び機能において，著しい環境側面を伝達しなければならない．

組織は，次に関する文書化した情報を維持しなければならない．
— 環境側面及びそれに伴う環境影響
— 著しい環境側面を決定するために用いた基準
— 著しい環境側面

  注記 著しい環境側面は，有害な環境影響（脅威）又は有益な環境影

> 響（機会）に関連するリスク及び機会をもたらし得る．

【解　説】

　細分箇条 6.1.2（環境側面）は全て環境固有の要求事項で，2004 年版の細分箇条 4.3.1（環境側面）の要求事項をほぼ踏襲しており，基本的な概念に変更はない．しかし，"ライフサイクルの視点を考慮し"というフレーズが意図的に追加されていることに注意が必要である．2004 年版の"影響を及ぼすことができる環境側面"と同じ意味ともいえるが，原材料の取得から最終廃棄に至るまでの全過程を俯瞰して"影響を及ぼすことができる"ということを，より幅広く考慮することを求める意図がある．

　細分箇条 8.1（運用の計画及び管理）で，外部委託したプロセスに対する管理及び影響や，ライフサイクルの視点で実施しなければならない事項が要求されているため，細分箇条 6.1.2 で要求される"著しい環境側面"の決定のプロセス中で，外部委託やライフサイクルにおける"著しい環境側面"を十分検討しておく必要がある．具体的に考慮すべき課題の例は，後述するように，附属書 A.6.1.2 の中の"組織の活動，製品及びサービスの環境側面の例"で明示されている．"ライフサイクルの視点"の重要性については，序文 0.2（環境マネジメントシステムの狙い）で詳しく述べているので，改めて参照されたい．

　これに関する実務的対応の考え方については，【実施上の参考情報】の中で具体例を示して解説する．既に JIS Q 14001：2004 を適用している組織は，"環境側面"という用語について十分理解していると思われるが，これから JIS Q 14001 を導入しようとする組織にとっては，この用語の理解は最初の難関となるかもしれない．"環境側面"という用語の意味や，それが導入された経緯については，本書第 1 部 3.2.2（環境側面）で詳しく解説しているので参照されたい．

　"環境側面"の代表的な例として，"エネルギーの使用（電力を使う，重油を燃やして動力を得るなど）"がある．"管理できる環境側面"とは，組織が自らの意思で制御できる環境側面である．省エネ活動を進めてエネルギー使用量を

削減することが可能であれば，管理できる環境側面になる．

　組織外の取引先が使用するエネルギーは，組織が直接管理できないものである．しかし，取引先に対して省エネ活動の推進を要請することや省エネ技術の支援を行うことなどによって，取引先のエネルギー使用に影響を与えることができる場合もある．このようなものが"影響を及ぼせる環境側面"となる．

　2004年版では，環境側面を"特定する（identify）"という言葉が使われていたが，2015年版では"決定する（determine）"に変更された．これは，附属書SLにおいて"特定する（identify）"という表現は使用せず，"決定する（determine）"に統一されているため，規格内の表現の整合性という観点から変更されたもので，2004年版から概念が変わったわけではない．

　2004年版では，"環境側面"の特定は要求されているが，それに伴う"環境影響"の決定は明示的には要求されていない．これに対して，2015年版では"環境側面，並びにそれらに伴う環境影響"の決定が一体として求められている．

　"環境側面"と"環境影響"の関係について，2004年版の附属書A.3.1（環境側面）の中で，"有害か有益かを問わず，全体的に又は部分的に環境側面から生じる，環境に対する変化を環境影響という．環境側面と環境影響とは，一種の因果関係である"と述べられており，"環境影響"に関するそれ以上の説明はない．これに対して，2015年版の附属書A.6.1.2（環境側面）の中では，2004年版と全く同一の説明に加えて，次のような解説が掲載されている．

JIS Q 14001：2015　附属書A（参考）

　有害か有益かを問わず，全体的に又は部分的に環境側面から生じる，環境に対する変化を環境影響という．環境影響は，近隣地域，地方及び地球規模で起こり得るものであり，また，直接的なもの，間接的なもの，又は性質上累積的なものでもあり得る．環境側面と環境影響との関係は，一種の因果関係である．

　2004年版でも，"著しい環境側面"を決定するためには，"環境側面"がどの程度の"環境影響"を与えるかについて多少なりとも知っていなければなら

ないはずである．したがって，2004年版では明確に表現されていなかったとはいえ，"環境側面"に伴う"環境影響"を知ることは間接的に要求されていたともいえる．

2015年版において，"環境側面に伴う環境影響"の決定が明示的に要求されるようになった理由は，"著しさ"の基準の設定と，"環境側面"に起因する"リスク及び機会"を考慮すること（6.1.1）が要求事項となったためである．"環境側面"に伴う"環境影響"に関する知識や情報が全くなければ，"著しさ"の基準の設定も"環境側面"に起因する"リスク及び機会"の決定もできないからである．

環境側面とそれに伴う環境影響を決定するとき，2004年版と同様に"計画した又は新規の開発，並びに新規の又は変更された活動，製品及びサービスを含む"変更の考慮が要求されている．新たな要求事項ではないが，計画段階で変更を考慮する場合，変更に伴う環境影響の程度が完全に確定できない場合もあるだろう．"不確かさ"を伴う計画段階では，"著しさ"を"リスク（脅威）及び機会"という視点からも考慮してみるとよい．

一般に，何か"変更"がある場合には，それがもたらす可能性のある影響について十分考慮しておく必要がある．"変更のマネジメント（MoC：Management of Change）"の重要性については，細分箇条8.1（運用の計画及び管理）の中で要求事項として規定されているので，その部分で詳しく解説する．

また，"非通常の状況及び合理的に予見できる緊急事態"の考慮が要求されている部分は，2004年版では附属書Aに記載されていた内容で，2015年改訂で要求事項に昇格した．

なお，細分箇条6.1.1での緊急事態は，環境に対する緊急事態だけでなく，組織に対する緊急事態をより包括的に決定することを求めているが，細分箇条6.1.2での緊急事態は，2004年版の概念と同様，環境に対する緊急事態である（環境に対する緊急事態も，その対応次第では組織に対する緊急事態に進展し得る）．

6. 計　　画

　組織は環境の中に存在している以上，その活動，製品及びサービスは大なり小なり環境と相互作用することは避けられない．つまり，環境側面はあらゆるところにあり，その全てに対して管理又は影響を及ぼすことは現実的ではない．

　したがって，環境側面から引き起こされる環境影響が相対的に大きいものを"著しい環境側面"として限定することで，管理及び影響の対象を絞り込むことになる．何をもって"著しい"と判定するかは従来から組織に一任されており，2004年版までは"著しさ"の基準を明確にすることは要求事項ではなかった．

　既述のように，従来は，JIS Q 14001の附属書Aで"著しさ"の基準をできるだけ客観的に決定することが推奨されていた．しかしながら，1996年版に対する認証審査において審査機関が組織に対して"著しさ"の基準の説明を求めることが一般化した結果，現状ではほぼ全ての認証取得組織において"著しさ"の基準が明確化されている．

　2015年版では，"設定した基準を用いて"著しい環境側面を決定することが明確な要求事項となったが，ほとんどの組織では既に実施済みのため，追加要求事項とはならないだろう．

　"必要に応じて，組織の種々の階層及び機能において，著しい環境側面を伝達しなければならない"という要求事項は，内部コミュニケーションに関する要求であり，細分箇条7.4.2（内部コミュニケーション）で規定すべきとの意見もあったが，内部コミュニケーションの要求は一本化せず，本細分箇条や細分箇条9.1（監視，測定，分析及び評価）などで，特定の情報に関する内部コミュニケーションの要求事項を，その情報が生み出される細分箇条で規定することになった．

　2004年版では，環境側面（4.3.1）のb)で著しい環境側面の決定を要求するとともに，"組織は，この情報を文書化し，常に最新のものにしておくこと"と規定されていた．"この情報"がどこまでの情報を指すのかが不明確で，2004年版の附属書A.3.1では，"著しい環境側面に関係する情報を取りまとめる際に，組織は，その情報を環境マネジメントシステムの計画及び実施にどのように利用するかを考えるとともに，経緯を示すための情報を保持する必要性

を考慮するとよい"という追加情報が記載されているが，やはり明確ではなかった．

これに対して2015年版では，"環境側面及びそれに伴う環境影響"，"著しい環境側面を決定するために用いた基準"，並びに"著しい環境側面"の三つのビュレット項目が明記されている．特に，"環境側面及びそれに伴う環境影響"の文書化した情報の維持は，組織にとって負担増となり得る．なお，ほかの箇所でも述べているが，"文書化した情報を維持しなければならない"という要求事項の"維持（maintain）"には，"最新のものにしておく"という意味があるので，これについては2004年版の要求事項と変わらない．

最後の注記で，"著しい環境側面"が"リスク及び機会"をもたらし得るとの記載があるが，これは細分箇条6.1.1で"環境側面"が"リスク及び機会"の発生源であるとしていることと異なるように見えるかもしれない．

ここで"環境側面"ではなく，"著しい環境側面"が"リスク及び機会"をもたらし得るとしているのは，次の二つの意図がある．

第一の意図は，"環境側面"よりも，"著しい環境側面"の方が"リスク及び機会"になる可能性が大きいことを指摘することである．"環境側面"の定義（3.2.2）の注記1において，"著しい環境側面は，一つ又は複数の著しい環境影響を与える又は与える可能性がある"と記載されているように，組織が設定する"著しさ"の基準にかかわらず，環境に著しい影響を及ぼす又は及ぼす可能性があるものは"著しい環境側面"として認識されなければならない．

これについて，附属書A.6.1.2（環境側面）では，"著しさ"の基準に環境影響の観点以外の要素を組み込む場合に，それによって環境影響から判定した"著しさ"が過小評価されることがないよう注意喚起している．重要な内容なので，附属書A.6.1.2に記載されている文章を次に引用しておく．

JIS Q 14001：2015　附属書A(参考)

環境に関する基準は，環境側面を評価するための主要かつ最低限の基準である．基準は，環境側面（例えば，種類，規模，頻度）に関連することもあれば，環境影響（例えば，規模，深刻度，継続時間，暴露）に関連する

> こともある．組織は，その他の基準を用いてもよい．ある環境側面は，環境に関する基準を考慮するだけの場合には著しくなかったとしても，その他の基準を考慮した場合には，著しさを決定するためのしきい（閾）値に達するか，又はそれを超える可能性がある．これらのその他の基準には，法的要求事項，利害関係者の関心事などの，組織の課題を含み得る．これらのその他の基準は，環境影響に基づいて著しさがある側面を過小評価するために用いられることを意図したものではない．

細分箇条 6.1.1（リスク及び機会への取組み）の解説の中で述べたように，環境マネジメントシステムが扱う"リスク及び機会"は，"経営への影響"であるが，環境に著しい影響（impact）を与える又は与える可能性があることは，法令違反になる可能性があったり，あるいは社会的責任に照らして組織の評価を損なう可能性がある．したがって，"著しい環境側面"は"リスク及び機会"になり得るのである．

第二の意図は，"著しさ"の基準を設定するときに"リスク及び機会"の考慮を織り込めば，"著しい環境側面"と環境側面に関する"リスク及び機会"の決定を一体化してもよいことを示すことである．

これに関して，附属書 A.6.1.1（一般）に次のような説明が記載されている．

> ─────── **JIS Q 14001：2015　附属書A(参考)** ───
> 環境側面（**6.1.2** 参照）は，有害な環境影響，有益な環境影響，及び組織に対するその他の影響に関連する，リスク及び機会を生み出し得る．環境側面に関連するリスク及び機会は，著しさの評価の一部として決定することも，又は個別に決定することもできる．

この附属書 A.6.1.1 の説明は，先に引用した附属書 A.6.1.2 の説明と合わせて理解する必要がある．

【実施上の参考情報】

"影響を及ぼせる"ということを組織の内部から見ると，例えば組織の上流（サプライチェーン）では，せいぜい直接の取引先である1次サプライヤーくらいまでしか見えない（思い付かない）であろう．しかし，例えば紛争鉱物規制[*22]に見られるような資源の原産地規制に対応するためには，規制される紛争鉱物の不含有を供給者との取引契約で明記することで，原産地の選択（もしくは特定地域の排除）が可能になる．なお，アメリカの紛争鉱物規制には，1996年以来の国内紛争で人権・労働・環境問題が危機的状況にあるコンゴ民主共和国内の武装勢力の資金源を根絶する目的がある．

このように，最終製品メーカーは，"買わない"という決定を下すことでサプライチェーンのはるか先の原産地にまで影響を及ぼすことが可能なのである．イスラム過激派の台頭などにより，今後はますます，先進国の大企業が環境や人権などの国際行動規範を守るために影響力を広く行使することが求められる可能性が高い．

JIS Z 26000（社会的責任に関する手引き）の細分箇条4.7（国際行動規範の尊重）では，次のように指摘されている．

組織は，国際行動規範とは整合しない，又はこれを無視した他者の不法行為で，デューディリジェンス（注）を用いることで，社会，経済又は環境に重大なマイナスの影響を及ぼす可能性があることをその組織が知っていた，又は知っていたはずの違法行為を助けた場合に，加担したものとみなされるかもしれない．また，組織は，こうした不法行為に対して沈黙していた場合，又はこうした不法行為から利益を得た場合にも，加担したものとみなされるかもしれない．

[*22] コンゴ民主共和国とその周辺国から産出された金や錫などを製品に使用した場合に米国証券取引委員会に対する報告義務を定めた米国法令．

注：デューディリジェンス（due diligence）（細分箇条 2.4）
　あるプロジェクト又は組織の活動のライフサイクル全体において，組織の決定及び活動によって社会面，環境面及び経済面に引き起こされる，現実の及び潜在的なマイナスの影響を回避し軽減する目的で，マイナスの影響を特定する包括的で先行的かつ積極的なプロセス．

　"ライフサイクルの視点"で，細分箇条 4.1 及び 4.2 で規定される組織の状況や，利害関係者の期待及びニーズに関する経営的な広い視点での認識を踏まえ，直接の取引先を超えたはるかかなたの資源の原産地や，最終廃棄物の処分地（例えば，海外への電気電子機器廃棄物の不法な移動）についても考慮することが，ますます必要になっている．

　そのような視点に欠けると，国際環境 NPO などからの抗議や，最悪の場合，製品のボイコット運動や CSR を重視する取引先から取引中止を通告されるといった事態にもつながりかねない．"著しい環境側面"の決定においても，経営者の視点や事業プロセスとの統合の必要性がいっそう大きくなる傾向があることを理解しておく必要がある．

6.1.3　順守義務

― JIS Q 14001：2015 ―

6.1.3　順守義務

　組織は，次の事項を行わなければならない．

a) 組織の環境側面に関する順守義務を決定し，参照する．
b) これらの順守義務を組織にどのように適用するかを決定する．
c) 環境マネジメントシステムを確立し，実施し，維持し，継続的に改善するときに，これらの順守義務を考慮に入れる．

　組織は，順守義務に関する文書化した情報を維持しなければならない．

　　注記　順守義務は，組織に対するリスク及び機会をもたらし得る．

【解　説】

　この細分箇条も全て環境固有の要求事項で，細分箇条 4.2 で説明したように"順守義務"は従来の"法的及びその他の要求事項"と概念は同じであり，この部分の要求事項も 2004 年版の細分箇条 4.3.2（法的及びその他の要求事項）をほぼ踏襲している．

　違いは，"組織にどのように適用するかを決定する"という部分で，2004 年版では"環境側面にどのように適用するかを決定する"とされていた．

　環境マネジメントシステムにかかわる順守義務は，環境側面に対して何らかの要求を課すことは間違いないが，それだけにとどまらない場合が多い．例えば，省エネ法が適用される組織では，"エネルギーの使用"という環境側面に対して，エネルギーの使用の合理化のために順守すべき技術基準などが規定されることに加えて，エネルギー管理士の配置や，定期報告・中長期報告の提出など，環境側面に適用される要求事項だけではなく，組織に対して適用される要求事項も含まれている．このため，2015 年版での表現のほうが包括的で正確である．

　"どのように適用するか"とは，それぞれの順守義務が要求する内容に関して，組織内で必要な対応を決めるということである．省エネ法に関していえば，技術基準を満たすための方法を適用することに加えて，必要な資格者の配置や，報告類の作成プロセス及び責任者を決めることなどがある．

　順守義務を構成する二つの領域，"組織が順守しなければならないもの"と"組織が順守することを選んだ要求事項"については，附属書 A.6.1.3 の中に，**表 3.3** に示す例が掲載されている．

　本書第 1 部の冒頭で述べたように，ISO 14001 は組織が法的義務を超えた自主的な取組みを推進する仕組みとして開発されたもので，法令順守にとどまっていては，その存在価値が半減する．表 3.3 に例示するような自主的な義務を，できるだけ広く取り入れることが望ましい．

　a）の"組織の環境側面に関する順守義務"という表現は，2004 年版の"組織の環境側面に関係して"と原文は同じ（related to its environmental aspects）なので，意味は変わらない．2004年版では更に"適用可能な"というフレーズが入っていたが，当たり前のことであるため，2015年版では削除している．

"組織の環境側面に関する順守義務"の中核となる"法的要求事項"に，どこまでの法律を含めるかの判断は組織に任されている．我が国では（また多くの諸国でも），"環境法"という明確な領域が法学界で定められているわけではない．JIS Q 14001に関係する法規については，環境基本法を頂点として，大気，水質，土壌，廃棄物などに関連する法規と，化学物質管理の一部やエネルギーの使用に関連する法規くらいまでを守備範囲と考えている組織がほとんどだろう．

しかし現実社会では，環境問題への関心が高まるにつれて，経済や社会の様々な側面に関する法規の中に環境にも関連する規定が組み込まれる傾向が加速している．例えば，一般消費者向けの環境情報に対しては，社会的監視の目がますます厳しくなっている．

消費者向けの製品情報が正しく提供されることを担保するための法律として"景品表示法（不当景品類及び不当表示防止法）"がある．1962年制定の古い法律で，公正取引委員会が所管していたが，2009年の消費者庁の設立とともに同庁に移管され，大幅な改正も行われて罰則も強化された．

表 3.3 順守義務の例（JIS Q 14001:2015 附属書 A.6.1.3 より）

法的要求事項	自主的に選択する義務
・国際，国内及び自治体の法令及び規制 ・許可，認可，又はその他の承認の形式による要求事項 ・規制当局による命令，規則又は指針 ・裁判所又は行政審判所の判決	・コミュニティグループ又はNGOとの合意 ・公的機関又は顧客との合意 ・組織の要求事項 ・自発的な原則又は行動規範 ・自発的なラベル又は環境コミットメント ・組織との契約上の取決めによって生じる義務 ・関連する，組織及び業界の標準

実際に，2009年4月に大手家電メーカーの商品の宣伝文書の中で，環境に対する影響に関して事実と異なる説明が記載されていたことに対して，景品表示法による排除命令が発出された．表示が不適切でも環境影響はないが，経営への影響は甚大であった．

　2014年6月の景品表示法改正により，事業者には"表示等の適正な管理のため必要な体制の整備その他必要な措置"を講じることが求められることになった（第7条，2014年12月1日施行）．

　製品の著しい環境側面に関して，他社との違いを訴求して販売促進を図ろうとする場面を目にする機会が，ますます増えてきている．そうした環境に関する宣伝文句を規制する景品表示法は，"組織の環境側面に関する順守義務"なのだろうか．

　温室効果ガスの排出や有害物質の含有といった，著しい環境側面に直接的に適用される省エネ法や化学物質管理の法令は明らかに該当しても，環境に関する宣伝文を規制する法令は，環境側面とはいわば間接的な関係である．"環境側面に関する"の"関する"を直接的に適用されるものに限定するか，間接的に適用され得るものまで含むか，その判断は組織次第である．景品表示法以外の，同様の関係があり得る法令の更なる追加事例は，【実施上の参考情報】の中で提示する．

　現在の実態として，景品表示法を環境マネジメントシステムの対象としている組織は少ないだろう．しかし社会は，製品の環境配慮を消費者に訴求する場合には，正しい情報の提供を期待している．それを認識すれば，細分箇条4.2（利害関係者の期待及びニーズの理解）に従って，環境マネジメントシステムでも留意すべき順守義務として決定することもできる．

　順守義務については，"決定し，参照する"と規定されている．"参照する"とは，決定した順守義務（例えば，適用される法令など）の詳細な（具体的な）要求事項の内容は，どこからどのように得られるかという情報を明確にしておくことを意味している．

　近年，行政情報及び手続きの電子化［電子政府：e-Gov（イーガブ）］が急

速に進んでおり，法令であれば，"法令データ提供システム"によって全ての法規が"参照"できる．例えば，自主的に受け入れた義務として，環境報告書を定期的に発行することを決めた場合，準拠したい環境報告書のガイドラインなどの"参照先"は，今やほとんどインターネット上に存在しているだろう．

細分箇条 6.1.2 と同様に，最後の注記で"順守義務"が"組織に対するリスク及び機会をもたらし得る"と記載されているが，この注記の意図は細分箇条 6.1.1 で解説したとおりである．なお，ここでの"リスク及び機会"は，"組織に対する"と記されており，"環境に対する"ではない．

【実施上の参考情報】
(1) 環境マネジメントシステムにも関係し得る法令の例
"景品表示法"が"環境側面に関する"法令か，もしくは"環境マネジメントシステムに関係する"法令か否かは，規格の要求事項からは判断できず，組織が判断する事項である．通常は"環境法規"とは呼ばれないが，環境関連でも適用され得る法令はほかにも幾つかあり，その代表的なものは，消費者や投資家など向けの企業又は製品情報の適正な開示に関する規制である．

消費者保護に関係するものとして，例えば，土壌汚染のある土地の売買賃借における"重要事項の説明義務"がある．

2003 年 1 月，"不動産鑑定評価基準"の中で土壌汚染の調査が義務付けられた．汚染した土地は買い手がつきにくく，土地評価額が下がる．

土壌汚染が存在する土地の売却や賃貸しに際しては，"宅地建物取引業法"により，売り手・貸し手側に，契約上の"重要事項"として買い手・借り手側に対する事前説明を行う義務が規定されている．実際に 2005 年には，超大手不動産会社が販売したマンションにおいて，入居者に土壌汚染の存在について事前説明をしなかったとして"宅地建物取引業法違反（重要事項の不告知）"で摘発・送検され，関係する大手企業のトップが辞任する事件が起きている．不要になった土地（遊休資産）の売却又は賃貸しは，どのような組織にもあり得ることだからこそ注意しなければならない．

地下水汚染問題を抱える企業は多いが，法的には"水質汚濁防止法"を意識するだけでは十分でない．むしろ，民法第709条（不法行為の一般的要件及び効果）による損害賠償訴訟の可能性のほうが，深刻な場合がある．

投資家向けの情報開示については，投資家の保護と公正な市場取引を担保するために金融商品取引法によって，投資家が投資先の選択について意思決定を行うために参照される有価証券届出書や有価証券報告書，目論見書（有価証券の販売のための投資家向け説明文書）などに不実記載（虚偽記載）があると，それらの文書の提出者に対しては懲役10年以下，罰金（個人1,000万円以下，法人7億円以下）などの罰則が適用されるとともに，投資家がこうむった損害に対する賠償責任が生じる．賠償責任は，企業の役員にも監査を行った公認会計士や監査法人にも課せられる．これに加えて，金融庁からの課徴金も課せられる．

有価証券報告書などで不実記載（虚偽記載）があると，程度によっては証券取引所への上場が廃止されることもある．

近年，企業における環境やCSRへの取組み内容や実績を，投資の意思決定の一部として参照する投資家が増えてきており，まだ摘発事例はないものの，環境報告書などでの不実記載が金融商品取引法による摘発という事態にもつながり得ることを認識しておく必要があるだろう．

"環境法"という領域が，閉じていない，一義的に限定できないとなると，環境マネジメントシステム事務局が環境関連の法令順守を全て統括することは不可能である．だからこそ，"事業プロセスへの統合"が不可欠になり，本節で例にあげた"宅地建物取引業法"に関する知識などは，総務部門や経営企画部門などの組織内で土地の売買賃借の許認可権限を有する部門がそのプロセスに内部化することが必要であり，"景品表示法"による規制への対応は，環境関連の宣伝文句や社外広報の許認可権限を有する広報・宣伝部門のプロセスの中で実施するしかないのである．

組織に適用される環境関連法規の決定は，各部門が自らの業務に関係する法的義務を自ら決定するような仕組み（社内規則）としておくことが肝要である．

環境マネジメントシステムで所管する法令の範囲は組織が決めればよいが，その部分だけに注意しても，組織の責任は果たせない．組織のコンプライアンスの一部を環境マネジメントシステムが分担しているという，視野の広さが必要である．環境関係も含めて，各部門が自らの業務にかかわる順守義務とその変化への対応に責任をもち，環境部門は環境に関する専門的視点から各部門を支援するような姿が望ましい．

(2) 順守義務を確実に満たすために

順守義務を満たすことは，これまでも環境方針の中でトップが約束（コミットメント）する事項であったが，今回の改訂では方針で約束したことが確実に実行されるようにするための要求事項が，多くの箇所に織り込まれている．特に，順守義務を満たすことを担保する要求事項の拡充が著しく，これらの要求事項を全体として理解して組織内に展開する必要がある．

JIS Q 14001：2015 の附属書 A.5.2（環境方針）では，トップマネジメントが環境方針の中で約束（コミットメント）した事項を確実に実施することの重要性について，次のように説明されている．

JIS Q 14001：2015　附属書 A（参考）

全てのコミットメントが重要ではあるが，利害関係者には，順守義務，中でも適用される法的要求事項を満たすことに対する組織のコミットメントに，特に関心をもつ者もいる．この規格では，このコミットメントに関連した，多くの相互に関連する要求事項を規定している．これらには，次の事項についての必要性が含まれる．

2015 年版では，順守義務に関する要求事項が，2004 年版と比べてはるかに多くの細分箇条で規定されている．

表 3.4 に，2015 年版と 2004 年版の順守義務に関する要求事項の対比を示す．2004 年版では，"順守義務" という用語はなく，"法的要求事項及び組織が同意するその他の要求事項" という長い表現が使用されていたが，この表現は既述のように 2015 年版で導入された "順守義務" という用語と全く同一で

あることから，表 3.4 では，2004 年版の要求事項に対しても"順守義務"という用語に置き換えて示している．

この表からも明らかなように，2004 年版では五つの細分箇条で順守義務にかかわる要求事項が規定されていたが，2015 年版では 14 の細分箇条に拡大した．これらの要求事項については細分箇条ごとに解説するが，環境マネジメントシステムの中での順守義務のマネジメントは，これら 14 の細分箇条の規定を総合的に理解し，全体として整合（連携）がとれた形で実施する必要がある．

表 3.4 順守義務に関する要求事項

JIS Q 14001:2015	JIS Q 14001:2004
4.2 利害関係者のニーズ及び期待の理解 順守義務となるものを決定	
4.3 EMS の適用範囲の決定 適用範囲の決定にあたって順守義務を考慮	
5.2 環境方針 順守義務を満たすことへのコミットメント	**4.2 環境方針** 順守義務を順守するコミットメント
6.1.1 （リスク及び機会への取組み）一般 順守義務に関連したリスク及び機会の決定	
6.1.3 順守義務 順守義務を決定し，組織にどう適用するかを決定	**4.3.2 法的及びその他の要求事項** ・順守義務を特定し，組織の環境側面にどう適用するか決定する手順 ・EMS の確立・実施・維持において順守義務を考慮
6.1.4 取組みの計画策定 順守義務への取組みを計画	
6.2.1 環境目標 環境目標を策定するとき，順守義務を考慮	**4.3.3 目的，目標及び実施計画** ・順守義務に関するコミットメントに整合する ・目的・目標の設定，レビューで，順守義務を考慮
7.2 力量 順守義務を満たすために必要な力量の決定	

6. 計　画

表 3.4 （続き）

JIS Q 14001:2015	JIS Q 14001:2004
7.3　認　識 順守義務を含む，EMS 要求事項に適合しないことの意味を認識	
7.4.1　（コミュニケーション）一般 コミュニケーションプロセスを計画するとき，順守義務を考慮	
7.4.3　外部コミュニケーション 順守義務による要求に従って，外部コミュニケーションを実施	
7.5.1　（文書化した情報）一般 文書化した情報の程度を決める理由の一つに，順守義務を満たしていることを実証する必要性を掲載	
9.1.2　順守評価 • 順守評価のプロセスを確立・実施・維持 • 順守状況に関する知識と理解を維持	**4.5.2　順守評価** • 順守評価の手順の確立，実施，維持
9.3　マネジメントレビュー • 順守義務の変化のレビュー • 順守義務を満たすことのレビュー	**4.6　マネジメントレビュー** • 順守評価の結果のレビュー • 順守義務の変化のレビュー

注　JIS Q 14001:2004 では，"順守義務" は "法的及び組織が同意するその他の要求事項" と表現されている．

6.1.4　取組みの計画策定

――― JIS Q 14001:2015 ―――

6.1.4　取組みの計画策定

組織は，次の事項を計画しなければならない．

a） 次の事項への取組み

　　1）著しい環境側面

　　2）順守義務

　　3）**6.1.1** で特定したリスク及び機会

> **b)** 次の事項を行う方法
>   **1)** その取組みの環境マネジメントシステムプロセス（**6.2**，箇条 **7**，箇条 **8** 及び **9.1** 参照）又は他の事業プロセスへの統合及び実施
>   **2)** その取組みの有効性の評価（**9.1** 参照）
>
>   これらの取組みを計画するとき，組織は，技術上の選択肢，並びに財務上，運用上及び事業上の要求事項を考慮しなければならない．

【解　説】

"リスク及び機会" に加えて，"著しい環境側面"，"順守義務" の三つの課題に対する取組みの計画が求められている．

取組みの方法として，"環境マネジメントシステムプロセス又は他の事業プロセスへの統合及び実施" に続いて，細分箇条6.2，箇条7，箇条8及び細分箇条9.1を参照と付記している意図は，取組みには，環境目標に設定して改善を進める（6.2），力量や認識を向上させる（7.2，7.3），運用計画及び運用管理の対象とする（8.1），緊急事態への準備及び対応の中で扱う（8.2），監視及び測定対象として推移をみる（9.1）など，様々な選択肢があることを示すことにある．JIS Q 14001:2015の附属書A.6.1.4では，"取組みを高いレベルで計画する" と説明されており，ここでは課題ごとに経営層が選択肢を決定し，その取組みの詳細は参照先の要求事項に従って計画する．

JIS Q 14001:2015の附属書A.6.1.4では，"これらの取組みは，労働安全衛生，事業継続などの他のマネジメントシステムを通じて，又はリスク，財務若しくは人的資源のマネジメントに関連した他の事業プロセスを通じて行ってもよい" と説明している．"著しい環境側面"，"順守義務"，"リスク及び機会" に対する取組みについても全て環境部門が担うのではなく，"事業プロセスへの統合" という観点からの計画が求められる．

事業プロセスはもとより，他のマネジメントシステムの中で環境マネジメントシステムの計画で決定された取組みを一体的に実施する場合，その部分は環境マネジメントシステムの認証審査の対象になることは変わらない．

取組みの計画の中で，"その取組みの有効性の評価"の方法の決定も求められることに，注意が必要である．この規定は附属書 SL によるもので，"計画"段階で"結果"の評価方法についての計画も求める規定は，細分箇条 6.2.2（環境目的を達成するための計画策定）にもある．

要求事項最後の，"技術上の選択肢，並びに財務上，運用上及び事業上の要求事項の考慮"は，2004 年版では"目的，目標及び実施計画"で規定されていた内容がこの細分箇条に移動されたものである．2015 年版では，"環境目標"として設定して取り組むだけではなく，様々な取組みの選択肢があることから，それらの全ての取組みの決定に当たって，"技術上の選択肢，並びに財務上，運用上及び事業上の要求事項の考慮"を求めることに修正された．"技術上の選択肢，並びに財務上，運用上及び事業上の要求事項"とは，経営資源や適切な技術，事業上の優先順位などを勘案して計画することを求めるもので，経営資源の裏付けのない計画や，事業戦略の優先順位とかい離した，形だけで実態が伴わない計画を排除する意図がある．

【実施上の参考情報】

"他の事業プロセスを通じた取組み"には様々な取り組み方があり得るので，組織が最も有効で効率的と考える方法を採用すればよい．

例えば，物流に伴う温室効果ガス（GHG）の排出が"著しい環境側面"として決定されている場合，環境部門の主導でその大幅な削減を図ることは困難であろう．このような場合，組織として物流の効率化と費用削減を目的としたプロジェクトが動き出すような機会を待って，そのプロジェクトの中で GHG の排出削減を目指すのが最も実効性のある取組みとなる可能性が高い．物流担当役員の主導の下で物流部門が本気で業務改善を計画しない限り，モーダルシフト[23]や他社との共同運送といった業務の遂行方法の，思い切った変更施策は立案し得ない．

重要な取引先での"著しい環境側面"の改善活動は，取引先の協力を得て環

---

[23] トラック輸送から，鉄道・船舶による輸送への一部切替えなど．

境目標に設定して改善活動を進めることも可能ではある．しかし，"事業継続計画（BCP）"の必要性が認識される機会を待って，当該取引先の"著しい環境側面"が事業継続上のリスク（脅威）になると認識したうえで対応を計画するほうが，効果的な場合もあるだろう．

細分箇条 6.1 の計画において，4.1（組織の状況の理解）と 4.2（利害関係者のニーズ及び期待の理解）の考慮を求めているのは，ここで例示したような経営戦略的視点からの計画の可能性を示唆するものである．

6.2 環境目標及びそれを達成するための計画策定
6.2.1 環境目標

JIS Q 14001：2015

6.2.1 環境目標

組織は，組織の著しい環境側面及び関連する順守義務を考慮に入れ，かつ，リスク及び機会を考慮し，関連する機能及び階層において，環境目標を確立しなければならない．

環境目標は，次の事項を満たさなければならない．

a） 環境方針と整合している．
b） （実行可能な場合）測定可能である．
c） 監視する．
d） 伝達する．
e） 必要に応じて，更新する．

組織は，環境目標に関する文書化した情報を維持しなければならない．

【解　説】

附属書 SL の細分箇条 6.2 は，環境マネジメントシステムでは，6.2.1 と 6.2.2 に分割されている．2004 年版では，環境目的と環境目標の 2 段階での設定が規定されていたが，2015 年版では従来の環境目標（environmental target）の要求は削除された．

6. 計　画

　しかしながら，本書第3部3.2.6（環境目標）で解説したとおり，2015年版のJIS化に当たっては，"environmental objective"は"環境目的"ではなく，"環境目標"の訳をあてることを決めた．

　2004年版を適用している組織にとっても，改訂によって"環境目標"が削除されたというよりは，"環境目的"が削除されたと理解するほうが，改訂の意図をより正確に反映することになる．

　細分箇条6.2.1では，環境目標を設定するときの考慮事項として，"著しい環境側面"，"順守義務"及び"リスク及び機会"の3項目が環境固有に追加されているが，"リスク及び機会"以外の2項目は2004年版からの継続である．"著しい環境側面"及び"順守義務"については，"考慮に入れる（take into account）"，"リスク及び機会"については"考慮する（consider）"と動詞が使い分けられている．

　"考慮に入れる（take into account）"は，考慮した結果に考慮事項が何らかの形で反映されることを求めるもので，"考慮する（consider）"は，考慮した結果に考慮事項が反映されなくてもよいという意味で，表現が使い分けられている．なお，この区別は規格全体を通じて適用されている．

　これらが意味することは，"環境目標"には少なくとも一つの"著しい環境側面"や"順守義務"に関する内容が掲げられなければならないが，"リスク及び機会"に関連する内容は"環境目標"に入れなくともよい，ということである．

　ささいなことであるが，2004年版では"関連する部門及び階層"で環境目的及び目標の設定を求めていたが，2015年版では，"関連する機能及び階層"と表現が変わっている．2004年版の"部門"の原文は"function"であり，2015年版でも原文に変更はない．これは，ISO 14001:2015のJIS化に際して，あくまで原文に忠実に訳するという方針に従って，"機能"に変更されたものである．また，"プロセス"は業務を部門横断的な"機能"として捉える概念であることも変更の理由である．

　環境固有の要求事項に続く，環境目標が満たすべき五つの要件は，全て附属

書SLによる規定である.

　このうち，b)では "(実行可能な場合) 測定可能である" と規定されており，これも附属書SLどおりである．"測定可能" という意味の解釈について改訂WGで議論になり，エキスパートの間でも解釈に幅があることが明確になったため，日本の提案に基づく次のようなテキストが附属書A.6.2に記載された．

JIS Q 14001:2015　附属書A(参考)

"測定可能な" という言葉は，環境目標が達成されているか否かを決定するための規定された尺度に対して，定量的又は定性的な方法のいずれを用いることも可能であるということを意味する．

　定性的な測定には，例えば，JIS Q 9001で要求される顧客満足の測定などがある．統計的に有意となるように顧客調査方法を設計し，回答結果を統計的手法を用いて処理することで "顧客満足度" が測定できる．このように，"測定可能" ということには，定性的な，主観を含むような測定方法も適用できることを含んでいる．

　JIS Q 9001:2015 では，"実行可能な場合" という括弧付のフレーズは削除されており，全ての品質目標は測定可能でなければならない．JIS Q 14001:2015でも実際の適用に当たっては，全て "測定可能な" 目標とすべきであろう．これについては，細分箇条6.2.2の【実施上の参考情報】で詳しく解説する．

【実施上の参考情報】

　この細分箇条に対する実施上の参考情報は，次の6.2.2で一括して示す．

6.2.2　環境目標を達成するための取組みの計画策定

JIS Q 14001:2015

6.2.2　環境目標を達成するための取組みの計画策定

　組織は，環境目標をどのように達成するかについて計画するとき，次の事項を決定しなければならない．

a) 実施事項
b) 必要な資源
c) 責任者
d) 達成期限
e) 結果の評価方法．これには，測定可能な環境目標の達成に向けた進捗を監視するための指標を含む（**9.1.1** 参照）．

　組織は，環境目標を達成するための取組みを組織の事業プロセスにどのように統合するかについて，考慮しなければならない．

【解　説】

　JIS Q 14001：2015 では，環境マネジメントシステムの継続的改善にとどまらず，"環境パフォーマンスの改善"に関する要求事項の拡充[*24]が意識されており，この一環として，附属書 SL による"結果の評価方法"の決定を求める部分に，"指標を含む"というフレーズが追加された．

　"指標"とは，"運用，マネジメント又は条件の状態又は状況の，測定可能な表現"と定義されている（用語及び定義 3.4.7）．環境目標に対して指標の推移をみることで，目標の達成に向けての進捗の度合いが明確に評価できるようにするとよい．

　"指標"の要求事項化は，JIS Q 50001：2011（エネルギーマネジメントシステム）で，"エネルギーパフォーマンス指標"とそれを評価するための"ベースライン"の設定が規定されたことから，スタディグループ勧告事項 8 に明記され，ISO 14001 の 2015 年改訂の審議に入る前から，"指標"を求めることの合意が形成されていた．

　環境目標に対する指標の設定要求には，"測定可能な環境目標の達成に向けた進捗を監視するための"というフレーズが付加されており，"測定可能な環境目標"に対してだけ"指標"が求められている．しかしながら，附属書 SL

[*24] 本書第 1 部 表 1.2 記載の，スタディグループ勧告 7，8 参照．

による"結果の評価方法"の決定を求める要求事項には"実行可能な場合"というような除外規定はなく，測定可能でない目標に対しても"結果の評価方法"は決定しなければならない．"測定可能でない目標"の結果を評価する方法とはどのようなものか，そのような方法が存在するのか，この問題については，【実施上の参考情報】で考え方を解説する．

環境目標の達成計画についても，事業プロセスへの統合方法の検討が求められている．環境目標の中には，様々な事業プロセスの中での取組みの一部として包含されて取り組まれるものもあり得ることは，細分箇条6.1.4の【実施上の参考情報】を参照されたい．

【実施上の参考情報】
"パフォーマンス"は，附属書SLにおいて"測定可能な結果"と定義されている．"測定可能な"といわれると，定量的なものと理解しがちだが，パフォーマンスの定義の注記1には次のような記載がある．

"パフォーマンスは，定量的又は定性的な所見のいずれにも関連し得る．"
すなわち，"定性的な所見"も"測定可能な"という概念に含まれるのである．なお，"測定（measurement）"は，附属書SLでは"値を決定するプロセス"と定義されている．ちなみに，"値"は原文では"value"という単語が使用されている．

"value（値）"は，必ずしも定量的な数値でなくてもよい．小学校の成績表を思い出すと，筆者の時代は5段階評価で，5が最高評価で1が最低評価であった．1から5の評価は，授業態度やテストの成績などを総合して，教諭が決めた評価である．テストの成績は定量評価であるが，授業態度などは主観的・定性的な評価である．1から5という数値の最終決定は主観的な要素を含んでいるが，数字で表現すると定量的な評価だと思ってしまう．さらに昔にさかのぼれば，成績評価は"甲，乙，丙，丁"というような漢字で示されていた．こうなると定量的な評価という感じがしなくなる．

世の中には，主観的な評価（値の決定）があふれている．フィギュアスケー

トでは，"技術点"と"構成点"を総合して最終評価が決まる．"構成点"でも"技術点"でも，ほとんどの場合は審判員ごとに数字が違う．このような評価も"測定"である．

JIS Q 9001 では，従来から"顧客満足"の測定・監視が要求されている．"顧客満足"は，本来は主観的な定性的情報であるが，適切に設計された顧客調査（アンケート）の結果を，統計的処理で数値化して測定できる．

環境マネジメント関連でいえば，"生物多様性"の価値を評価する様々な手法が提案されている．環太平洋戦略的経済連携協定（TPP）をめぐる議論の中でも，"農村の多面的価値"として農産物の産出を超えた，国土の保全，観光資源としての価値などを広く含めた総合的な価値評価の手法が多数提案され，様々な試算がある．こうしたことの説明は本書の範囲を超えるので割愛するが，"測定可能"という意味を定性的なもの，主観的なものを含む広い意味で捉えることができる．

JIS Q 14001:2015 に対応した"脅威"及び"機会"，"環境側面"の"著しさ"の決定プロセスで，"大・中・小"と優先順位付けすることも"測定"であると考えるとよい．"大"であった脅威を，"中"に下げるような取組みも，組織にとって少なくとも"大"か"中"か"測定可能"で進捗が評価できるようにしなければ，経営資源の投入が正当化できない．

一般に制御工学においては，"測定できないものは制御できない"といわれており，マネジメント分野でも"目標"は"SMART = Specific, Measurable, Relevant, Achievable, Time related"であること，すなわち，特定され，測定可能で，適切で，達成可能で，時間軸が定められていることが基本である．

JIS Q 14001:2015 で，パフォーマンスが一層重視されていることを鑑みると，環境目標の設定は全て測定可能なもの（定性的所見も含む）とし，指標化することが望ましい．

結果を生まない形式的な環境マネジメントシステムを維持していくことは，組織にとって合理的な対応ではない．環境パフォーマンスの不断の向上を追求することで環境マネジメントシステムの形骸化が回避され，組織内の取組みの

活性化も期待できるのである．

7. 支　　　援

7.1　資源

---　JIS Q 14001：2015　---
7.1　資源
　組織は，環境マネジメントシステムの確立，実施，維持及び継続的改善に必要な資源を決定し，提供しなければならない．

【解　説】

　箇条7（支援）には，PDCAの構成要素としては分類できないがPDCAを支援するために必要な要素として，"資源"，"力量"，"認識"，"コミュニケーション"，"文書化した情報"，の五つの細分箇条が含まれている．

　"資源"については，2004年版では"資源，役割，責任及び権限（4.4.1）"という括りで規定されていたが，附属書SLによって"役割，責任及び権限"は細分箇条5.3として分離され，"資源"が独立した細分箇条となっている．

　細分箇条7.1は，附属書SLによる規定だけで，環境固有の追加要求事項はない．2004年版の要求事項に記載されていた資源の例，"人的資源及び専門的な技能，組織のインフラストラクチャ，技術並びに資金"などは，附属書A.7.1に記載されている．この変更は，要求事項をできるだけ簡潔化するという趣旨によるもので，2004年版の要求事項を変える意図はない．

【実施上の参考情報】

　この細分箇条に対しては，実施上の参考情報はない．

7.2 力量

JIS Q 14001:2015

7.2 力量

組織は,次の事項を行わなければならない.

a) 組織の環境パフォーマンスに影響を与える業務,及び順守義務を満たす組織の能力に影響を与える業務を組織の管理下で行う人(又は人々)に必要な力量を決定する.

b) 適切な教育,訓練又は経験に基づいて,それらの人々が力量を備えていることを確実にする.

c) 組織の環境側面及び環境マネジメントシステムに関する教育訓練のニーズを決定する.

d) 該当する場合には,必ず,必要な力量を身に付けるための処置をとり,とった処置の有効性を評価する.

   注記 適用される処置には,例えば,現在雇用している人々に対する,教育訓練の提供,指導の実施,配置転換の実施などがあり,また,力量を備えた人々の雇用,そうした人々との契約締結などもあり得る.

組織は,力量の証拠として,適切な文書化した情報を保持しなければならない.

【解 説】

"力量"についても,2004年版では"力量,教育訓練及び自覚(4.4.2)"という括りで規定されていたが,附属書SLによって"力量"と"認識"(JIS Q 14001:2004 では"自覚")が,それぞれ細分箇条7.2及び7.3として独立して規定されるようになった.なお,附属書SLには教育訓練に関する要求事項はない.

この部分の要求事項の核となるのは,従来どおり必要な力量の決定であるが,力量を決定すべき対象者が2004年版よりも相当に拡大している.

2004年版では"著しい環境影響の原因となる可能性をもつ作業を実施する人"に対して力量が求められていたが，2015年版では"環境パフォーマンスに影響を与える業務，及び順守義務を満たすことに影響を与える業務を行う人"に対して，力量の決定が求められる．具体的には，附属書A.7.2において，以下のような人々の力量を決定することが示されている．

―― JIS Q 14001：2015　附属書A（参考）――

a) 著しい環境影響の原因となる可能性をもつ業務を行う人
b) 次を行う人を含む，環境マネジメントシステムに関する責任を割り当てられた人
　1) 環境影響又は順守義務を決定し，評価する．
　2) 環境目標の達成に寄与する．
　3) 緊急事態に対応する．
　4) 内部監査を実施する．
　5) 順守評価を実施する．

2004年版で力量を決定する対象者として規定されていた"著しい環境影響の原因となる可能性をもつ業務を行う人"という規定は，1996年版から変わっておらず，暗黙裡に製造業の事業所での適用を念頭に記載されていた．

したがって，本社などオフィス部門での適用において，力量を規定すべき該当者が見あたらないという事態もあり得たが，2015年版では，オフィス部門だけの適用においても，力量を決定する対象者は必ず特定できる．

また，2004年版では，力量をもつことを確実にする対象の母集団は"組織で実施する又は組織のために実施する全ての人"という表現で述べられていたが，2015年版では"組織の管理下で行う人（又は人々）"に変わっている．

同様の表現が細分箇条7.4.3（認識）などの数か所で使用されており，この表現は2004年版の表現と意味は変わらないことが附属書A.3（概念の明確化）で次のように明記されている．

7. 支　援

> ──── JIS Q 14001:2015　附属書A(参考) ────
> "組織の管理下で働く人（又は人々）"という表現は，組織で働く人々，及び組織が責任をもつ，組織のために働く人々（例えば，請負者）を含む．この表現は，旧規格で用いていた"組織で働く又は組織のために働く人"という表現に置き換わるものである．この新しい表現の意味は，旧規格から変更していない．

　附属書SLには"教育訓練"に関する要求事項はないが，環境固有の要求事項として，"環境側面及び環境マネジメントシステムに関連する教育訓練のニーズを決定する"という内容が追加された．これは，2004年版での要求事項と全く同じ表現になっている．教育訓練は，力量を獲得する処置の一つであり，"力量を備えた人の雇用"など，ほかにも様々な方法があることが，注記で示されている．

　教育訓練を含め，必要な力量を身に付けるための処置をとった場合には，その有効性を評価しなければならない．例えば，教育訓練を実施したのであれば，2004年版ではその記録が求められていたが，2015年版ではその教育訓練の有効性を評価しなければならない．これを実施するためには，教育訓練の実施の前に，それによってどのような結果（レベル）を目標とする（目指す）のか，あらかじめ計画段階で，"達成すべき結果"を明確にしておかなければ評価はできない．

【実施上の参考情報】
この細分箇条に対しては，実施上の参考情報はない．

7.3　認識

> ──── JIS Q 14001:2015 ────
> **7.3　認識**
> 　組織は，組織の管理下で働く人々が次の事項に関して認識をもつことを

確実にしなければならない．

- **a）** 環境方針
- **b）** 自分の業務に関係する著しい環境側面及びそれに伴う顕在する又は潜在的な環境影響
- **c）** 環境パフォーマンスの向上によって得られる便益を含む，環境マネジメントシステムの有効性に対する自らの貢献
- **d）** 組織の順守義務を満たさないことを含む，環境マネジメントシステム要求事項に適合しないことの意味

【解　説】

　細分箇条7.3のタイトル"認識"は，英文では"awareness"であり2004年版と同じであるが，附属書SLの和訳において"自覚"ではなく"認識"とすることが決定されたため，JIS Q 14001:2015もこれに従って変更した．

　附属書SLでは，細分箇条7.3の冒頭の要求事項は，"人々は…しなければならない"という形式で規定されているが，人々に認識をもたせるのは組織の責任であるため，環境マネジメントシステムでは，"組織は，…確実にする"という表現を付加している．

　ここで規定される，認識すべき四つの内容は，表現の違いはあるが2004年版で"自覚"を求める四つの項目と，概念上の大きな違いはない．

　認識をもたなければならない"組織の管理下で働く人々"は，細分箇条7.2（力量）の部分で解説したように，2004年版の"組織で働く又は組織のために働く人々"と全く同じ意味である．

　d）は，2004年版のd）"規定された手順から逸脱した際に予想される結果"に対応している．この部分は，附属書SLでは"環境マネジメントシステムの要求事項に適合しないことの意味"と記載されており，2004年版より幅広い表現となっている．さらに，環境固有に"順守義務を満たさないことを含む"が追記された．これは，字数からいえば小さな追記ではあるが，要求事項としては大きな追加作業を求める内容になった．組織の順守義務として決定される

ものは，法的義務だけでも相当数あると思われるが，それらの全てを，組織内の全員が一律に認識する必要はないことは常識的に明らかである．

例えば，環境マネジメントシステム事務局の関心が高い廃棄物処理法について，そうした法律があるというレベルの認識は，全社員がもっておくべきとしよう．だが，マニフェストや廃棄物処理業者との委託契約書に不備があった場合に，運悪く不法投棄事件に巻き込まれると排出事業者責任が問われ，関係自治体から不法投棄された廃棄物の撤去などの措置命令が発出される可能性があり，規模にもよるが数百億円単位の支出を余儀なくされた事例がある，というようなことまで認識しなければならないのは，廃棄物管理担当部門の人だけでよいだろう．

多くの一般社員は入社してから定年退職するまで，一度もマニフェストや廃棄物処理業者との契約書を見ることはないだろう．部門ごとの責任範囲に応じて，認識すべき"順守義務とそれを満たさないことの意味"は違ってくる．

【実施上の参考情報】
この細分箇条に対しては，実施上の参考情報はない．

7.4 コミュニケーション

7.4.1 一般

―― JIS Q 14001:2015 ――

7.4.1 一般

組織は，次の事項を含む，環境マネジメントシステムに関連する内部及び外部のコミュニケーションに必要なプロセスを確立し，実施し，維持しなければならない．

a) コミュニケーションの内容
b) コミュニケーションの実施時期
c) コミュニケーションの対象者
d) コミュニケーションの方法

> コミュニケーションプロセスを確立するとき，組織は，次の事項を行わなければならない．
> ― 順守義務を考慮に入れる．
> ― 伝達される環境情報が，環境マネジメントシステムにおいて作成される情報と整合し，信頼性があることを確実にする．
> 　組織は，環境マネジメントシステムについての関連するコミュニケーションに対応しなければならない．
> 　組織は，必要に応じて，コミュニケーションの証拠として，文書化した情報を保持しなければならない．

【解　説】

コミュニケーションについては，環境マネジメントシステムや品質マネジメントシステム規格などの分野ごとに，対象も目的も，その重要性も異なることから，附属書SLでは，内部・外部のコミュニケーション（内容，実施時期，対象者，方法）について決定することだけを規定し，具体的な要求事項は個別の規格に任せている．

環境固有に追加された規定では，コミュニケーションプロセスの確立と，その際に，順守義務を考慮することが求められる．

コミュニケーションに関する要求事項は，**表 3.5** に示すように，箇条7以外で規定されるものがあり，これらについてもプロセスに含める必要がある．

コミュニケーションのためのプロセスは，要求事項に規定される，何を（what），いつ（when），誰に（to whom），どのように（how）を明確にすることが出発点となる．組織がコミュニケートする相手（誰に）は，顧客，供給者（サプライヤー），行政機関，地域社会（コミュニティ），非政府組織，投資家，従業員などの多様な利害関係者で，さらには社会全体が相手になり得る．

こうした個々の利害関係者が必要とする環境情報の内容やレベル，公表媒体などに対する要望はきわめて多様であり，単一のコミュニケーションプロセスで全ての利害関係者とのコミュニケーションを管理することは，困難であろう．

7. 支　援

表 3.5　箇条 7 以外で規定されるコミュニケーションに関する要求事項

細分箇条	コミュニケーションに関する要求事項
4.3　EMS の適用範囲の決定	環境マネジメントシステムの適用範囲は，文書化した情報として維持しなければならず，かつ，利害関係者がこれを入手できるようにしなければならない．
5.1　リーダーシップ及びコミットメント	有効な環境マネジメント及び環境マネジメントシステム要求事項への適合の重要性を伝達する．
5.2　環境方針	組織の管理下で働く人々を含む，組織内に伝達する．
5.3　組織の役割，責任及び権限	関連する役割に対して，責任及び権限を割り当て，組織内に伝達することを確実にしなければならない． b）環境パフォーマンスを含む環境マネジメントシステムのパフォーマンスをトップマネジメントに報告する．
6.1.2　環境側面	組織は，必要に応じて，組織の種々の階層及び機能において，著しい環境側面を伝達しなければならない．
6.2.1　環境目標	d）伝達する．
8.1　運用の計画及び管理	c）請負者を含む外部提供者に対して，関連する環境上の要求事項を伝達する． d）その製品又はサービスの，輸送／提供，使用及び使用後の処理における，潜在的な著しい環境影響に関する情報を提供する必要性について考慮する．
8.2　緊急事態への準備及び対応	f）必要に応じて，教育訓練を含む，緊急事態への準備及び対応に関係する適切な情報を，組織の管理下で働く人々を含む，適切な利害関係者に提供する．
9.1　監視，測定，分析及び評価 9.1.1　一般	組織は，コミュニケーションプロセスによって決定されたとおりに，かつ，順守義務による要求に従って，環境パフォーマンスに関連する情報について，内部及び外部の双方のコミュニケーションを行わなければならない．
9.2　内部監査 9.2.2　内部監査プログラム	d）監査の結果を関連する管理層に報告することを確実にする．
9.3　マネジメントレビュー	f）苦情を含む，利害関係者からの関連するコミュニケーションの考慮

環境マネジメントシステムに関するコミュニケーションプロセスを確立するうえで考慮すべき事項については，この細分箇条の【実施上の参考情報】の中で解説する．

要求事項の第2段落で，コミュニケーションプロセスを確立するときに，順守義務を考慮に入れることが求められる．ここでは"考慮に入れる（take into account）"と記されていることから，細分箇条6.2.1（環境目標）の解説で述べたように，順守義務によるコミュニケーションの要求事項は，プロセスに必ず反映されなければならない．

順守義務によるコミュニケーションの要求事項には，内部コミュニケーションにかかわるものと，外部コミュニケーションにかかわるものがある．法的要求事項を例に挙げれば，内部コミュニケーションとしては，従業員に対する有害化学物質の安全データシートの開示や，有害危険物の表示義務などが該当する．

外部コミュニケーションには，環境関連法令によって求められる報告義務が挙げられる．例えば，省エネ法による定期報告や中長期報告，廃棄物処理法による定期報告，環境関連の許認可に付随する環境情報の提供などがある．組織自らが義務として受け入れた事項，例えば毎年定期的に環境報告書を発行する，環境ラベル制度に参画する，などによる環境情報のコミュニケーションについても，計画の中で考慮することが求められる．

これらとともに，"環境情報が環境マネジメントシステムで作成される情報と整合し，信頼性がある"ことが要求されている．つまり，利害関係者に伝達される環境情報の管理を環境マネジメントシステムで実施せよ，ということを意味している．

ISO 14001改訂の第2次委員会案（CD 2）では，"コミュニケーションは，透明かつ適切で，信頼でき，明確かつ確実でなければならない"という要求事項が規定されていたが，これらの事項は"環境コミュニケーションの原則"ではあっても，検証可能な要求事項としては不適切であるとして国際規格案（DIS）に移行する段階で削除され，附属書A.7.4に移動された．

附属書A.7.4では，次のように述べられている．

7. 支　援

> **JIS Q 14001：2015　附属書A（参考）**
>
> 　コミュニケーションは，次の事項を満たすことが望ましい．
> a) 透明である．すなわち，組織が，報告した内容の入手経路を公開している．
> b) 適切である．すなわち，情報が，関連する利害関係者の参加を可能にしながら，これらの利害関係者のニーズを満たしている．
> c) 偽りなく，報告した情報に頼る人々に誤解を与えないものである．
> d) 事実に基づき，正確であり，信頼できるものである．
> e) 関連する情報を除外していない．
> f) 利害関係者にとって理解可能である．

　これらの内容は要求事項ではないが，組織には，これらの原則が実現されるようにコミュニケーションプロセスを確立し，実施することが期待されている．細分箇条4.2（利害関係者のニーズ及び期待の理解）の要求事項を実施するためには，利害関係者との双方向のコミュニケーションが不可欠である．

　附属書A.7.4で説明されているように，コミュニケーションプロセスは組織内外との双方向のプロセスとして捉える必要がある．

　細分箇条7.4.1では，コミュニケーションのためのプロセスに関する要求事項に続いて，"組織は，環境マネジメントシステムについての関連するコミュニケーションに対応しなければならない"と規定されているが，"対応する"という表現も"情報の提供"と"情報の取得"の双方向でのコミュニケーションを意味している．

　最後の"証拠として，文書化した情報を保持"という表現は，従来の"記録"を求めるものである．組織の様々な部門で実施される全ての環境コミュニケーションを記録することは不可能であり，"必要に応じて"と限定詞が付加されているように，重要なコミュニケーションについて記録を残しておけばよい．

【実施上の参考情報】

組織の環境マネジメントシステムに関連する利害関係者には，顧客，供給者（サプライヤー），行政機関，地域社会（コミュニティ），非政府組織，投資家，従業員などが考えられ，更には社会全体が世論や企業に対するイメージを形成する利害関係者であり得る．

こうした個々の利害関係者が必要とする環境情報の内容やレベル，公表媒体などに対する要望はきわめて多様であり，全ての利害関係者の満足を得ることは困難である（環境省"環境報告ガイドライン2012年版"より）．

通常，企業では利害関係者ごとに相対する部門が決まっており，一般社会やその代表たる新聞などのメディア対応は広報部門，顧客対応は営業・宣伝部門，投資家への対応は財務・IR（インベスターズ・リレーション）部門，などである．**図3.8**に，多様な利害関係者と組織内担当部門の関係の例を示す．

多様な外部コミュニケーションを一元的に管理・統括することは，事実上不可能であるが，とはいえ，社内の各部署が整合性のないばらばらの情報を社外に向けて発信することは，避けなければならない．整合性のない情報の開示は，企業に対する信頼を失墜させることにもなり得る．

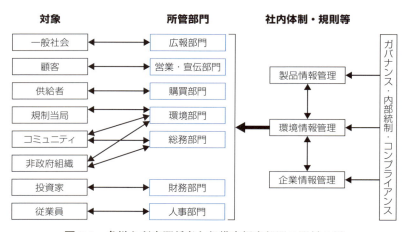

図3.8　多様な利害関係者と組織内担当部門の関係の例

組織の公式なコミュニケーションについては，ある程度の規模以上の組織では，情報開示内容の確認及び承認に関する社内規則や，体制・責任が定められているだろう．例えば，環境報告書でも環境部門や環境担当役員の一存で公開されることはなく，広報部門や広報担当役員などによる内容の確認と認許が必要であろう．

　しかし，こうした検閲の網を，各部門が日常実施する業務上のコミュニケーション全般にわたってかけることは非現実的である．このため，外部に伝達される環境情報の基本となる内容は，組織内の各部門で共有され，離齟がないようにしなければならない．環境部門には，企業内の様々な部門での環境関連コミュニケーションに関する支援や相談の要請に積極的に応えることが求められる．こうした目的を達成するためにも，組織の種々の階層及び部門間での内部コミュニケーションが不可欠になる．

　外部コミュニケーションで使用される環境情報には，企業の環境への取組み（方針・計画・目的など）やその成果（パフォーマンス）に関する"企業情報"としての環境情報と，提供する製品やサービスにおける環境配慮の内容に関する"製品情報"としての環境情報がある．

　この両者に対する情報管理の基本的な仕組みやルールを社内規則などで明確にしておくことが肝要である．

　法令によって要求される環境情報の行政機関への報告については，それ以外の環境コミュニケーションとは別の管理プロセスが必要となる場合もある．また，内部コミュニケーション（7.4.2）で要求される"組織の管理下で働く全ての人が継続的改善に寄与できるようなコミュニケーションプロセス"も，その他のコミュニケーションプロセスとは別のものとなり得る．

　このように，コミュニケーションプロセスは単一のプロセスではなく，目的又は対象別に並列のプロセスがあったり，基本となるプロセスのサブプロセスとして階層化して位置付けるような形で構成され得る．

7.4.2 内部コミュニケーション

---- JIS Q 14001:2015 ----

7.4.2 内部コミュニケーション

組織は，次の事項を行わなければならない．

a) 必要に応じて，環境マネジメントシステムの変更を含め，環境マネジメントシステムに関連する情報について，組織の種々の階層及び機能間で内部コミュニケーションを行う．

b) コミュニケーションプロセスが，組織の管理下で働く人々の継続的改善への寄与を可能にすることを確実にする．

【解　説】

この細分箇条は，全て環境固有の要求事項である．

a) は 2004 年版の要求事項と基本は同じである（細分箇条 6.2.1 で解説したとおり，2004 年版で"部門"と訳されていた箇所が"機能"に変更されている）．しかし，"環境マネジメントシステムの変更を含め"というテキストが追加されている．

2015 年版では，この部分を含む 6 か所で"変更のマネジメント"に対する要求事項が強化されている．"変更のマネジメント"の重要性については附属書 A.1（一般）の中でまとまった記述がある．また，細分箇条 8.1（運用の計画及び管理）でも関連する要求事項があるので，詳細は 8.1 で解説する．

b) は，組織内の人々が環境マネジメントシステムの活動に参加，貢献できるような仕組み（プロセス）の整備を求めている．最近はめったに聞かれなくなった言葉だが，古来の"目安箱"のようなもの，最近では社内のイントラネットによる意見・提案収集の仕組みのようなものを整備すればよい．

【実施上の参考情報】

既述のように，内部コミュニケーションには環境方針の伝達など，他の細分箇条で規定されるものがある（表 3.5 参照）．これらも含め，内部コミュニケー

ションのためのプロセスは,外部コミュニケーションのためのプロセスとは別のものとしてもよい.

7.4.3 外部コミュニケーション

7.4.3 外部コミュニケーション ― JIS Q 14001:2015

組織は,コミュニケーションプロセスによって確立したとおりに,かつ,順守義務による要求に従って,環境マネジメントシステムに関連する情報について外部コミュニケーションを行わなければならない.

【解　説】

この細分箇条も全て環境固有の要求事項である.外部コミュニケーションに当たっては,順守義務を含め,細分箇条7.4.1のプロセスで確立した内容の実施が求められている.

ISO 14001改訂の第2次委員会案(CD 2)では,細分箇条7.4.3のタイトルは"外部コミュニケーション及び報告"と記されており,行政への法定報告や自主的に実施する環境報告が強く意識されていた.最終的にタイトルから"報告"は削除されたが,改訂審議の経緯から"外部コミュニケーション"には"環境報告"が含まれている.外部コミュニケーションに関係する"順守義務"については,細分箇条6.1.3及び7.4.1の解説を参照されたい.

【実施上の参考情報】

コミュニケーションプロセスを確立する際に,順守義務を考慮に入れるという要求事項に対応するためには,まず法令で要求される環境コミュニケーションの種類と内容を把握する必要がある.これについてはJIS Q 14001:2015の細分箇条6.1.3(順守義務)で規定される,組織に適用される法令を決定するプロセスによって決定されなければならない.

エネルギー使用量が所定の量を上回れば,省エネ法による,企業単位での定

期報告や中長期計画の提出が求められる．法令による報告義務を規定した環境法規は多く，一例として温暖化対策法（地球温暖化対策の推進に関する法律），PRTR法（特定化学物質の環境への排出量の把握等及び管理の改善の促進に関する法律），廃棄物処理法（廃棄物の処理及び清掃に関する法律），改正フロン法（フロン類の使用の合理化及び管理の適正化に関する法律）などがある．加えて，近年は地方自治体の条例に基づく環境関連の計画策定・報告義務なども増えている．

また，特定の施設を有する製造業の事業所では，公害防止統括者，公害防止主任管理者（国家資格），公害防止管理者（国家資格）などの任命と届出が求められるとともに，関連する測定と記録保存義務が課せられ，必要な場合には所轄の都道府県知事への報告が求められることもある．大気汚染防止法や水質汚濁防止法に規定される特定の施設については，設置時や変更時の届出義務もあり，これらの行政への環境関連の届出も環境コミュニケーションの一部である．

一般に法令に基づく環境情報の報告内容については，政省令や告示によって報告事項の詳細が規定されていることが多い．法令に基づく環境情報の報告は，法令順守（コンプライアンス）の観点からも，十分な管理が必要になる．

法定環境報告のプロセスは，個別法ごとに報告内容に関する規定が異なり，組織内の担当部門が異なる場合もあるため，法令ごとにコミュニケーションのサブプロセスを計画・実施するほうがよい場合もある．

また，こうしたものはコミュニケーションプロセスから外して，コンプライアンスプロセスの中で対処するという考え方もある．

法定報告以外で組織が自ら受け入れた順守義務，例えば毎年環境（CSR）報告書を発行するとか，製品やサービスに関連する環境ラベルやフットプリント制度に参画して環境表示を貼付するような場合，環境報告や環境表示に関する要求事項や指針に準拠する必要がある．任意領域での環境情報の開示についても，適合すべき基準や指針を明確にし，その順守を確実にするようなプロセスの確立が必要である．

順守義務による環境情報の開示をコミュニケーションプロセスとして捉える

か，コンプライアンスプロセスとして捉えるかにかかわらず，個々の環境報告の責任者や，最終的な組織内の承認権者（それぞれの報告プロセスのプロセスオーナー）を明確に規定するとよい．

JIS Q 14001:2015 では，信頼できる環境コミュニケーションを実施するために必要なプロセスの確立が求められているが，伝達される個々の環境情報の信頼性を直接要求するものではない．したがって，認証審査においては，コミュニケーションプロセスが審査対象となるのであって，環境報告書や省エネ法の定期報告書などの内容そのものは審査対象外である．システム審査と情報審査は別物なのである．

7.5 文書化した情報
7.5.1 一般

JIS Q 14001:2015

7.5.1 一般

組織の環境マネジメントシステムは，次の事項を含まなければならない．

a) この規格が要求する文書化した情報
b) 環境マネジメントシステムの有効性のために必要であると組織が決定した，文書化した情報

　注記　環境マネジメントシステムのための文書化した情報の程度は，次のような理由によって，それぞれの組織で異なる場合がある．
- 組織の規模，並びに活動，プロセス，製品及びサービスの種類
- 順守義務を満たしていることを実証する必要性
- プロセス及びその相互作用の複雑さ
- 組織の管理下で働く人々の力量

【解　説】

"文書化した情報（documented information）"という言葉は，附属書 SL

で定義されている（本書第2部3.11参照）．組織の経営システムのIT化が急速に進展している状況から，"ISO規格＝紙の文書・記録"というイメージを払しょくし，遠からずマネジメントシステム規格関連の文書，記録をはじめ手順なども全てIT化される（マネジメントシステム規格自体がIT化される）という展望のもとで，この用語が採用されている．

　概念としては，先を見たよい概念とは思われるが，組織内でこうした用語は通常は使用されておらず，また規格で規定された用語を，組織は使用しなければならないという規定はない．これについてはJIS Q 14001:2015の附属書A.2（構造及び用語の明確化）で，次のような説明が記載されている．

────────────────── JIS Q 14001:2015　附属書A(参考)
　この規格の箇条の構造及び一部の用語は，他のマネジメントシステム規格との一致性を向上させるために，旧規格から変更している．しかし，この規格では，組織の環境マネジメントシステムの文書にこの規格の箇条の構造又は用語を適用することは要求していない．組織が用いる用語をこの規格で用いている用語に置き換えることも要求していない．組織は，"文書化した情報"ではなく，"記録"，"文書類"又は"プロトコル"を用いるなど，それぞれの事業に適した用語を用いることを選択できる．

　細分箇条7.5.1での附属書SLへの環境固有の追加は，文書化した情報の必要な程度に関係する注記の中だけであり，これらについては特に説明は不要であろう．

　7.5.1に規定される要求事項は，2004年版の"文書類（4.4.4）"の要求事項に対応している．改訂審議の半ば頃までは，2004年版で規定されている"環境マネジメントシステムの主要な要素，それらの相互作用の記述，並びに関係する文書の参照"が環境固有に追記されていたが，ISO 9001改訂審議において，7.5.1に対しては分野固有の追記はしない方針が明確化されたことから，環境マネジメントシステムでも追記しないことになった．

　これによって，JIS Q 9001:2015では"品質マニュアル"という言葉が姿

を消し，JIS Q 14001：2015 でも，それに対応していた前述の規定が削除された．しかしながら，環境マネジメントシステムの有効性のために組織が必要と決定すれば，従来の環境マニュアルのようなものを継続しても，もちろん差支えはない．

JIS Q 14001：2015 が要求する"文書化した情報"には，表 3.6 に示すもの

表 3.6 JIS Q 14001：2015 が要求する"文書化した情報"の一覧表

JIS Q 14001：2015 該当箇条	"文書化した情報"の要求事項
4.3　EMS の適用範囲の決定	EMS の適用範囲（利害関係者が入手可能）
5.2　環境方針	環境方針（利害関係者が入手可能）
6.1　リスク及び機会への取組み 6.1.1　一般	・6.1 のプロセスの有効性を確信するために必要なもの ・取り組む必要があるリスク及び機会
6.1.2　環境側面	・環境側面とその環境影響 ・著しい環境側面を決定するために用いた基準 ・著しい環境側面
6.1.3　順守義務	順守義務
6.2　環境目標及びそれを達成するための計画策定 6.2.1　環境目標	環境目標
7.2　力量	力量の証拠
7.4　コミュニケーション 7.4.1　一般	コミュニケーションの証拠（必要に応じて）
7.5　文書化した情報 7.5.1　一般	・この規格が要求するもの ・EMS の有効性のために必要と組織が決定したもの
8.1　運用の計画及び管理	プロセスの有効性を確信するために必要なもの
8.2　緊急事態への準備及び対応	プロセスの有効性を確信するために必要なもの
9.1　監視，測定，分析及び評価 9.1.1　一般	監視，測定，分析及び評価の結果の証拠
9.1.2　順守評価	順守評価の結果の証拠
9.2　内部監査	監査プログラムの実施及び監査結果の証拠
9.3　マネジメントレビュー	マネジメントレビューの結果の証拠
10.2　不適合及び是正処置	・不適合の性質及び処置の証拠 ・是正処置の結果の証拠

がある．

【実施上の参考情報】

ISO/TC 207/SC 1 が 2015 年改訂の概要を説明した公開文書 "ISO 14001 の改正 スコープ，スケジュール及び変更点に関する情報文書 2014 年 7 月更新版"[*25] の中では，改訂による大きな変更点の一つとして "文書類" があげられており，次のような説明が示されている．

> マネジメントシステムの運営のためのコンピューター及びクラウド型システムの進化を反映して，改正版では，"文書" 及び "記録" に代わって，"文書化した情報" という用語を導入している．

附属書 SL のガイダンス文書でも，同様の説明が記載されている．"文書化した情報" という用語は，組織における世界的な情報システムの進化を背景とした用語の変更である．

インターネットに代表される IT 技術の飛躍的な進展は，組織の事業プロセスの様々な要素の情報システム化を促し，その結果，組織内外での情報共有化の拡大や部門間及び組織間連携・調整の容易化など，組織の業務効率や生産性の大幅な向上をもたらしている．

環境マネジメントに関する IT 化も，様々な部分で進展しつつあり，早いものでは 1998 年にスタートした産業廃棄物の適正処理管理ための電子マニフェストシステムがある．

電子マニフェストシステムを使用すると，記入ミスや漏れが防止されること

[*25] 和訳は日本規格協会ウェブサイトの「ISO 14000 ファミリー規格開発情報」で公開されている．なお，既述のとおり，2015 年 3 月 18 日以降に日本規格協会が公開する文書では，"revision" の日本語訳について，ISO 規格の場合は "改訂" という表記を原則として用いている（JIS Z 8002 に基づく）が，この文書は 2014 年 7 月に公表されたものであるため，"改正" という言葉が使用されている．

で管理の信頼性が向上し，かつ，所轄自治体への"排出事業者の産業廃棄物管理票交付等状況報告"が不要となるなどのメリットは大きいが，排出事業者から収集運搬，最終処分業者までの参画がそろわないと十分な効果が得られないこともあり，2013年度末での普及率は35％にとどまっている．

省エネ法の定期報告の作成についても，自動集計できるエクセルシートなどが以前から提供されてきたが，今では報告書作成支援機能を大幅に充実化したツールが資源エネルギー庁から公開されるなど，個別業務の効率化に向けた情報処理技術の活用が着々と進みつつある．

また，ビジネス用ソフトウェア・ソリューション提供企業からは，既に様々な環境経営支援ソフトやソリューションサービスが提供されている．

例えば，温室効果ガスの排出やエネルギー使用量などの多様な環境パフォーマンス情報を統合管理し，集計作業などを自動化するものや，PRTR制度（化学物質排出移動量届出制度）により求められる報告を，購買（資材）情報システムとリンクして自動作成するシステムなどが，大手企業では既に多く導入されている．

JIS Q 14001:2015の適用は，事業プロセスのあらゆる場面で情報化がいっそう加速する状況の中で実施されることを認識しておかなければならない．

環境マネジメントシステムの情報システム化を念頭に導入された"文書化した情報"の概念（用語）を最大限に生かすためには，今回の改訂を好機として，次世代環境マネジメントシステムを企業情報システムの一部として見直してみるとよい．情報システムとして捉えることで，"プロセスとその相互作用"や，"事業プロセスへの統合"というJIS Q 14001:2015の要求事項への対応が，より確実に，かつ容易に実現できる．

組織が従来の環境マニュアル的なものを今後も維持すると決定した場合に，今後の環境マニュアルは"文書化した情報"であることを想起すれば，紙による文書のイメージから脱却し，電子化することが肝要である．電子化・情報システム化を前提に考えると，規格の箇条番号に沿った構成からも脱却することができる．

規格の箇条番号に基づいたマニュアルの構成が，組織の運営の実態からかい離した形式的なシステムと運用の形骸化につながるという認識が，欧米のマネジメントシステム規格関係者の間で広がっている．

環境マネジメントシステムに必要な"プロセス"は，あくまで組織のビジネスプロセスの中での業務の流れとして捉えるもので，規格の要求事項の箇条番号ごとに決定するものではない．

JIS Q 14001:2015 でも JIS Q 9001:2015 でも，トップマネジメントの責任が重視され，経営戦略レベルでの適用の拡大をめざしている．これに対応していくには，環境マネジメントシステムに関する組織内のルールやコミュニケーションで使用される言葉は，自組織の役員室で通常使用されるものでなければならない．例えば"著しい環境側面"を"重要な環境課題"と表現してもよく，それが規格で使用される"著しい環境側面"であると翻訳して理解するのは，外部の審査員の役割である．

規格の箇条番号や特殊な用語から自由になって，自らの組織にとって一番理解しやすい形で，環境マネジメントシステムを"文書化した情報"として構築すればよい．

7.5.2　作成及び更新

JIS Q 14001:2015

7.5.2　作成及び更新

　文書化した情報を作成及び更新する際，組織は，次の事項を確実にしなければならない．

a) 適切な識別及び記述（例えば，タイトル，日付，作成者，参照番号）

b) 適切な形式（例えば，言語，ソフトウェアの版，図表）及び媒体（例えば，紙，電子媒体）

c) 適切性及び妥当性に関する，適切なレビュー及び承認

【解　説】

この細分箇条は附属書SLどおりで，環境固有の追加要求事項はない．

ここでの規定は，次の細分箇条と合わせて，2004年版の"文書管理（4.4.5）"及び"記録の管理（4.5.4）"の要求事項に対応している．

【実施上の参考情報】

この細分箇条に対しては，実施上の参考情報はない．

7.5.3　文書化した情報の管理

――― JIS Q 14001：2015 ―――

7.5.3　文書化した情報の管理

環境マネジメントシステム及びこの規格で要求されている文書化した情報は，次の事項を確実にするために，管理しなければならない．

a） 文書化した情報が，必要なときに，必要なところで，入手可能かつ利用に適した状態である．

b） 文書化した情報が十分に保護されている（例えば，機密性の喪失，不適切な使用及び完全性の喪失からの保護）．

文書化した情報の管理に当たって，組織は，該当する場合には，必ず，次の行動に取り組まなければならない．

― 配付，アクセス，検索及び利用

― 読みやすさが保たれることを含む，保管及び保存

― 変更の管理（例えば，版の管理）

― 保持及び廃棄

環境マネジメントシステムの計画及び運用のために組織が必要と決定した外部からの文書化した情報は，必要に応じて識別し，管理しなければならない．

注記　アクセスとは，文書化した情報の閲覧だけの許可に関する決定，又は文書化した情報の閲覧及び変更の許可及び権限に関す

> る決定を意味し得る．

【解　説】

この細分箇条も附属書 SL どおりで，環境固有の追加要求事項はない．

附属書 A.7.5 では，"文書化した情報の複雑な管理システムではなく，環境マネジメントシステムの実施及び環境パフォーマンスに，最も焦点を当てることが望ましい"と述べられている．2015 年改訂の 10 回の作業会合での審議を通じて，細分箇条 7.5.2（作成及び更新）及び 7.5.3（文書化した情報の管理）で規定される要求事項が，2004 年版による文書管理や記録の管理の要求事項に対して変更があるという認識は一切なかった．

【実施上の参考情報】

この細分箇条に対しては，実施上の参考情報はない．

8. 運　用

8.1 運用の計画及び管理

―― JIS Q 14001:2015 ――

8.1 運用の計画及び管理

　組織は，次に示す事項の実施によって，環境マネジメントシステム要求事項を満たすため，並びに **6.1** 及び **6.2** で特定した取組みを実施するために必要なプロセスを確立し，実施し，管理し，かつ，維持しなければならない．
— プロセスに関する運用基準の設定
— その運用基準に従った，プロセスの管理の実施

　　　注記　管理は，工学的な管理及び手順を含み得る．管理は，優先順位（例えば，除去，代替，管理的な対策）に従って実施されることもあり，また，個別に又は組み合わせて用いられることもある．

8. 運　用

> 　組織は，計画した変更を管理し，意図しない変更によって生じた結果をレビューし，必要に応じて，有害な影響を緩和する処置をとらなければならない．
>
> 　組織は，外部委託したプロセスが管理されている又は影響を及ぼされていることを確実にしなければならない．これらのプロセスに適用される，管理する又は影響を及ぼす方式及び程度は，環境マネジメントシステムの中で定めなければならない．
>
> 　ライフサイクルの視点に従って，組織は，次の事項を行わなければならない．
>
> **a)** 必要に応じて，ライフサイクルの各段階を考慮して，製品又はサービスの設計及び開発プロセスにおいて，環境上の要求事項が取り組まれていることを確実にするために，管理を確立する．
>
> **b)** 必要に応じて，製品及びサービスの調達に関する環境上の要求事項を決定する．
>
> **c)** 請負者を含む外部提供者に対して，関連する環境上の要求事項を伝達する．
>
> **d)** 製品及びサービスの輸送又は配送（提供），使用，使用後の処理及び最終処分に伴う潜在的な著しい環境影響に関する情報を提供する必要性について考慮する．
>
> 　組織は，プロセスが計画どおりに実施されたという確信をもつために必要な程度の，文書化した情報を維持しなければならない．

【解　説】

　この細分箇条では，附属書 SL によって，規格の要求事項と細分箇条 6.1（リスク及び機会への取組み）で決定した取組みを実施するために必要なプロセスの計画，実施，管理が求められている．さらに，細分箇条 6.2（環境目標及びそれを達成するための計画策定）で決定した取組みの実施についても含むように追記されている．

また，附属書SLで，"プロセスを計画し，実施し，かつ管理し"と記されている部分を，JIS Q 14001：2015の中の他の細分箇条でのプロセス要求の表現と整合させるため，"計画し"を"確立し"に変更し，かつ"維持し"という言葉を追記している．ただし，他の細分箇条でのプロセス要求の表現には，"管理し"という言葉は含めていない．

細分箇条4.4で解説した包括的な"プロセスとその相互作用"を含む環境マネジメントシステムの確立要求と，本細分箇条でのプロセスの計画要求を合わせて読めば，JIS Q 14001：2015の要求事項を満たすためのプロセスが包括的に求められていることになる．

すなわち，細分箇条ごとにプロセスの確立について記載されていなくとも，全ての要求事項に対して，それを実施するプロセスが確立されていなければならない．

2004年版での運用管理の対象は，"著しい環境側面に伴う運用"であったが，2015年版では，"環境マネジメントシステム要求事項を満たすため，並びに6.1及び6.2で特定した取組みを実施するため"の運用管理に拡大している．特に，6.1で特定した取組みには，"著しい環境側面"，"順守義務"，"リスク及び機会"に対する運用管理が全て含まれる．

"プロセスに関する運用基準の設定"と"その運用基準に従ったプロセスの管理の実施"は附属書SLによる規定であるが，その意味についてJIS Q 14001：2015の附属書A.8.1で次のように解説されている．

JIS Q 14001：2015　附属書A（参考）

　運用管理の方式及び程度は，運用の性質，リスク及び機会，著しい環境側面，並びに順守義務によって異なる．組織は，プロセスが，有効で，かつ，望ましい結果を達成することを確かにするために必要な運用管理の方法を，個別に又は組み合わせて選定する柔軟性をもつ．こうした方法には，次の事項を含み得る．

a) 誤りを防止し，矛盾のない一貫した結果を確実にするような方法で，プロセスを設計する．

> **b)** プロセスを管理し,有害な結果を防止するための技術(すなわち,工学的な管理)を用いる.
> **c)** 望ましい結果を確実にするために,力量を備えた要員を用いる.
> **d)** 規定された方法でプロセスを実施する.
> **e)** 結果を点検するために,プロセスを監視又は測定する.
> **f)** 必要な文書化した情報の使用及び量を決定する.

"プロセスに関する運用基準の設定"とは,意図する結果が継続的に安定して得られるようにプロセスを設計し,必要な運用管理基準を定めることを意味しており,細分箇条4.4の【実施上の参考情報】で解説した"プロセス"の基本的な構成要素を明確に規定することと理解すればよい.

ここで述べられているa)からf)までの事項は,"プロセス"を規定するうえでの最小限の内容にとどめているが,JIS Q 9001:2015の細分箇条4.4で規定される,プロセスが備えるべき要件を簡素化した内容になっており,"プロセス"の概念がJIS Q 14001:2015とJIS Q 9001:2015で変わるものではない.

JIS Q 14001:2015の"プロセス"の定義の本文はJIS Q 9001:2015と同じであるから,まず"プロセス"を規定するためには"インプット"と"アウトプット"を明確にする必要がある.それに続いて,"インプットをアウトプットに変換する"方法について,附属書A.8.1のa)及びb)に述べられているように,"矛盾のない一貫した結果を確実にするような方法"を定め,必要に応じて"有害な結果を防止する"ような技術的な管理を組み込むことが必要である.

また,d)で"規定された方法でプロセスを実施する"と説明されており,ここでいう"規定された方法"には,従来の"手順"が含まれる.実際に,国際規格案(DIS)の段階では,この部分に"(手順)"と付記されていたが,"手順"の要求事項が全廃され,手順の定義も削除したことから,この部分に付記していた"(手順)"も削除された.こうした経緯から,d)は"手順"も包含した表現である.

"手順"があっても,それが実施されることは保障されない."インプットを

アウトプットに変換する"ためには，"手順"などに加えて，人・物・金といった経営資源が不可欠であり，c)では特に"力量を備えた要員"について言及している．

e)が"プロセス"の備えるべき最も重要な属性であり，"プロセス"は監視又は測定されることで初めて，計画したアウトプットが得られるようになる．"PDCA"の概念は，環境マネジメントシステムを構成するそれぞれの"プロセス"ごとに適用されることによって初めて，環境マネジメントシステムとしての意図した結果が達成されるのである．

f)は，"プロセス"を規定するための"文書化した情報"の程度は組織が決定すればよいことを示している．2004年版では，"手順"の文書化の要否は"環境方針並びに目的及び目標から逸脱するかもしれない状況を管理する"ものかどうかで判断することが規定されていた．2015年版の"プロセス"をどこまで"文書化した情報"とするかは，細分箇条7.5.1（文書化した情報　一般）のb)で規定されるように，"環境マネジメントシステムの有効性のために必要であると組織が決定"した範囲とすればよい．

環境マネジメントシステムに必要な"プロセス"をどのように構築するかは，組織が決めることである．2015年版の要求事項に適合する環境マネジメントシステムは，"プロセスとその相互作用"に立脚した環境マネジメントシステムで，さらに"事業プロセスへの統合"という要求事項を実現するためには，組織の既存のプロセスと整合した"プロセス"となるはずである．

附属書A.8.1の冒頭に"運用管理の方式及び程度は，運用の性質，リスク及び機会，著しい環境側面，並びに順守義務によって異なる"と説明されているように，管理の対象によって必要な管理の方法やその規定の程度は異なる．

要求事項の本文中の注記で，これらの管理方法に関して，"優先順位（例えば，除去，代替，管理的な対策）に従って実施されることもあり"と記されているが，"優先順位"の原文は"hierarchy"である．この概念は労働安全衛生マネジメントシステム（OHSAS 18001:2007）での"危険源"に対する管理策の決定において考慮することが求められたものであり，ISOで策定中のISO

45001においてもこの概念が引き継がれている．"優先順位"の考え方を記載することに対しては反対意見もあったが，労働安全衛生マネジメントシステムとの整合性を考慮して，記載された．

続いて，附属書SLで規定された，計画の変更管理や，変更に伴う意図しない負の影響がみられた場合の対処が求められているが，これは運用段階での予防処置とみなすことができる．ISO 14001:2015では，この部分に対して追記はないが，欧米の複数の国から，"変更のマネジメント（MoC：Management of Change）"という観点は重要であり，この規定をいっそう拡充する必要があるという提案がなされた．

"変更のマネジメント"という概念も，労働安全衛生マネジメントシステムにおいて確立されたもので，国際労働機関（ILO）が2001年に公表した"ILO-OSHガイドライン"で，基本的な考え方が示された．

労働災害の多くは，技術や設備の変更，人やルールの変更などの"変更"に伴って発生している．このため，労働災害につながり得るような"変更"に対しては，事前にその危険性を確認し，労働者に対して十分な説明や注意喚起が必要になる．これは，労働災害の未然防止という意図が大きく，したがって，附属書SLで導入されたこの規定は，運用段階の"予防処置"なのである．

JIS Q 14001:2015でも，細分箇条6.1.2（環境側面）において，環境側面を決定する際に，活動，製品及びサービスの"変更"を考慮することが求められている．

開発中の労働安全衛生マネジメントシステム（ISO 45001）や，品質マネジメントシステム（JIS Q 9001）の2015年改訂では，"変更"を扱う細分箇条が置かれているが，JIS Q 14001:2015では，規格のPDCAを通じて，必要な箇所で"変更のマネジメント"を求めている．ISO 14001改訂WGでも，"変更のマネジメント"について独立した細分箇条を立てるべきだとの意見もあったが，結果的にJIS Q 14001:2015の附属書A.1（一般）の中で，"変更のマネジメント"の概念の重要性と，関連する要求事項が，細分箇条4.4，6.1.2，7.4.2，8.1，9.2.2，9.3に規定されているという説明を記載することになった．

"変更のマネジメント"に関する規定に続いて，外部委託したプロセスに対する要求事項がある．ここでは，附属書SLによる外部委託したプロセスに対する管理の要求に対して，環境固有に"影響を及ぼす"という言葉が追加され，併せて，外部委託したプロセスに適用される"管理の方式及び程度，又は影響を及ぼす方式及び程度は，環境マネジメントシステムの中で定めなければならない"という要求事項が追記されている．

アウトソースしたプロセスに対する管理は，JIS Q 9001では2000年改訂から要求されていた（表現形式は異なるものの，1987年発行のISO 9001初版でも請負者に対する管理に関する要求は存在していた）．JIS Q 9001及びその用語の定義を規定したJIS Q 9000でも，従来は"外部委託する（アウトソース）"という用語の定義はなかったが，アウトソースしたプロセスの管理を求める要求事項（JIS Q 9001:2008，細分箇条4.1）の注記2として，附属書SLに近い説明が提示されていた．

従来のJIS Q 14001でも，細分箇条4.4.6（運用管理）のc)で，"組織が用いる物品及びサービスの特定された著しい環境側面に関する手順を確立し，実施し，維持すること．並びに請負者を含めて，供給者に適用可能な手順及び要求事項を伝達する"という規定があったが，"外部委託する（アウトソース）"という言葉はなく，"請負者"を"外部委託先"より狭く解釈していた組織も多いだろう．外部委託したプロセスに適用する管理又は影響の方式や程度は，委託内容や規模，委託先との関係（資本関係や技術供与，人的交流，取引関係の経緯など），保有する力量，立地などの様々な要因によって相手先ごとに異なることが多い．外部委託先に対する管理，又は影響に関しては【実施上の参考情報】で補足する．

"ライフサイクルの視点に従って，組織は，次の事項を行わなければならない"に続いて，a)からd)の4項目が記載されているが，これらは組織の上流（サプライチェーン）及び下流（製品・サービスの提供に伴う物流，販売，使用から最終廃棄に至る流れ），すなわち組織の"バリューチェーン"に対する管理又は影響を及ぼす内容に関する規定である．

8. 運用

　ISO 14001改訂作業において，委員会原案（CD）の段階までは，細分箇条8.2（バリューチェーンの管理）として独立した細分箇条が置かれていた．国際規格案（DIS）に移行した第8回WG会合において"バリューチェーンの管理"に関する規定は，細分箇条8.1に統合された．この決定の理由については，本書第1部1.2の，第8回WG会合の審議概要に記載したとおりである．

　"ライフサイクルの視点"という言葉を導入した意図については，細分箇条6.1.2（著しい環境側面）で解説したが，細分箇条8.1の【実施上の参考情報】でも，その意義について追加情報を記載する．

　上流のサプライヤーに対しては，購買仕様や委託契約の中で必要な環境関連の事項を規定することができる．組織内の設計・開発プロセスや，それらの変更に当たって環境関連の課題を考慮することも規定されている．省エネ・省資源設計などがこれに当たる．

　下流側に対しては，環境関連の情報の提供の必要性を考慮することが規定されている．ユーザーに対する適切な使用方法（例えば省エネにつながるような使用法や，廃棄時に電池などを取り外してから廃棄を求める説明など）に関する情報の提供や，リサイクル及び廃棄物処理関係者に対する有害物質の含有状況や，その適切な処理方法に関する情報の提供などが求められる．組織の上流及び下流（バリューチェーン）に関するこれらの要求事項への対応についても，【実施上の参考情報】で基本事項を解説する．

　細分箇条8.1の要求事項の最後に，"プロセスが計画どおりに実施されたという確信をもつために必要な程度の，文書化した情報を維持しなければならない"との規定がある．

　附属書SLでは，"文書化した情報の保持（keeping）"と表現されていたが（第2部8.1参照），環境固有に"維持（maintain）"に変更している．"文書化した情報"を求める要求事項の文章について，JIS Q 14001：2015の附属書A.3（概念の明確化）で次のように説明されている．

───── JIS Q 14001：2015　附属書A（参考） ─────
　この規格では，記録を意味する場合には"…の証拠として，文書化した情

報を保持する"という表現を用い，記録以外の文書類を意味する場合には"文書化した情報を維持する"という表現を用いている．

したがって，ここで要求されている文書化した情報は，"記録以外の文書類"である．2004年版の運用管理（4.4.6）でも記録に関する要求事項はなく，一方"手順"についてはこの部分でだけ"文書化した手順"が要求されていた意図が継続されている．しかしながら，"プロセスが計画どおりに実施されたという確信をもつために必要な程度の"ということの意味を正しく理解するためには，使用される動詞が"維持"か"保持"かで"文書類"と"記録"を機械的に区別することは必ずしも適切とはいえない．

前述した附属書A.8.1で，"プロセスが，有効で，かつ，望ましい結果を達成することを確かにするために必要な運用管理の方法"として例示されているa）からf）の中のf）に"必要な文書化した情報の使用及び量を決定する"とされているように，運用管理のためのプロセスの有効性を確保する目的で，a）からe）に例示されるような内容を含めて，プロセスに関する文書化した情報が求められている．細分箇条4.4の【実施上の参考情報】で紹介した"タートル図（図3.2）"などのプロセスの可視化手法を用いた"文書化した情報"を適用してもよい．従来の"文書化した手順"と同様に，どこまでプロセスを"文書化した情報"とするかの判断は，組織に任されている．

組織の自由度はあるが，"必要な程度の"という表現は，"必要な場合"という表現とは違い，文書化する情報が全く必要ないということは想定していない．プロセスの運用に関する監視・測定項目や，計画どおりにプロセスが運用されているかどうかを判断するための基準などは，"情報"として利用可能な状態にしておかなければならない．

"プロセスが計画どおりに実施された"という表現は，日本語では過去形のように読まれる可能性があるが，原文は"process(es) has(have) been carried out"と現在完了形であるため，過去から現在までを含めて，"これまでも計画どおりに実施されてきており，現在も計画どおりに実施されている"

という意味で理解する必要がある．

　このような"確信"をもつためには，設定したプロセスの運用基準に則ってプロセスの管理が実施されているかどうか，前述のリスト e) で提示されているように，"結果を点検するために，プロセスを監視又は測定する"ことが不可欠である．ここでいう"結果"には，プロセスの最終結果だけではなく，"インプット"から"アウトプット"に至るプロセスの中で実施される活動の要所要所での"結果"の確認を含むと理解するのが自然であろう．

　"結果"に関する文書化した情報は，"証拠として"という表現がなくとも，一般的には"記録"と理解することもできる．したがって，"文書化した情報を維持する"という表現が使用されていても，"プロセスが計画どおりに実施されたという確信をもつために必要な程度の，文書化した情報"に記録を含むことが禁止されているわけではないので，組織は"記録"を含め，必要な文書化した情報の範囲と内容を決定すればよい．

　この要求事項とほぼ同様の要求事項が 6.1.1 及び 8.2 にあるが，6.1.1 では"プロセスが計画どおりに実施される（they are carried out）"，8.2 でも，"プロセスが計画どおりに実施される［process(es) is(are) carried out］"と，いずれも現在形の表現となっている．6.1.1 は計画のプロセスであること，8.2 は緊急事態への準備及び対応に関するプロセスであるため，いずれも運用管理のように過去から現在への継続ではなく，現在にのみ焦点があることによる時制の使い分けがなされているが，要求事項の趣旨は同じである．現在形の表現の場合は，"記録"を求める意図は弱くなっていると考えられるが，例えば，8.2 の場合は"緊急事態への準備及び対応"の計画で定めた対応処置のテストの結果など，"記録"に当たる文書化した情報を含めることは当然ながら差支えない．

　"プロセスが計画どおりに実施されたという確信をもつために必要な程度の，文書化した情報"という文章の意味を詳細に解説したが，附属書 A.1（一般）に記載されているように，"この規格の特定の文又は箇条を他の箇条と切り離して読まないほうがよい"．細分箇条 7.5.1 に規定されているように，"環境マネジメントシステムの有効性のために必要であると組織が決定した，文書化し

た情報"は,それが文書類か記録かにかかわらず使用すればよい.

なお,"プロセスが計画どおりに実施されたという確信をもつために必要な程度の,文書化した情報"という文章の意味は,ISO 9001:2015 での解釈と相違する可能性がある.これについて関心のある読者は,後述する【実施上の参考情報】の(4)を参照されたい.

【実施上の参考情報】

(1)　外部委託先に対する管理と影響の考え方

"アウトソース"とは,組織の機能又はプロセスの一部を外部の組織が実施することをいい,元来,組織が実施していない(事業プロセスではない)ものを利用することはアウトソースではない.電気事業者ではない組織が電力の供給を受けることや,廃棄物処理業ではない組織が廃棄物処理業者に処理を委託することはアウトソースとはいわない.

例えば,製造業で,めっきや塗装など,社内のプロセスで実施していた業務を外部の企業に委託するようなものをアウトソースという.

近年,企業は生産性向上やコストダウンを目的として様々な業務の外部委託を拡大していることに注意する必要がある.かつては社内に大型の計算機を設置し,情報処理部門が運用していたような情報処理業務のアウトソース化が急速に進行している.コールセンターや保養所の運営管理などにも,アウトソースが拡大しているようである.

"外部委託する(アウトソース)"の定義(3.3.4)の注記は,重要である.

外部委託したプロセスは,それが環境マネジメントシステムの地理的な適用範囲の外,例えば中国やベトナムで実施されていても,それは環境マネジメントシステムの適用範囲内として管理又は影響を及ぼすことが求められる.管理又は影響の方法は組織が環境マネジメントシステムの中で決めればよいが,地理的所在にかかわらず,外部委託したプロセスは環境マネジメントシステムの適用範囲に含まれることを認識しなければならない.

同じプロセス,例えばめっきや塗装を,自社の事業所構内又は隣接した場所

に立地する企業に外部委託する場合と,ベトナムやタイに立地する企業に外部委託する場合とでは,当然ながら"管理又は影響"の方法は変わらざるを得ない.ごく近傍にあれば社内のプロセスに近い管理も可能かもしれないが,海外となるとそうはいかない.外部委託先に対する管理又は影響の方法や程度は,委託先ごとに適切なものとしなければならない.

こうした"管理又は影響の方法"は,"事業プロセスへの統合"という全般的な要求事項に即していえば,"購買(資材調達)プロセス"の中に組み込まれていなければならない.一般的に,外部組織への業務委託などの取引関係を確立するに当たっては,信用調査をはじめとして相手方の技術力や管理能力を評価するとともに,品質不良などの不具合発生時の責任分担や,必要に応じて二者監査を実施するなどの契約事項に双方が合意したうえで取引関係が始まる.

環境に関する事項が,品質,コスト,納期などの基本的な取決めと同様に,契約書やその後の購買部門による運用管理の中に反映されている形になれば,事業プロセスへの統合ができているといえるだろう.

(2) **ライフサイクルの視点の重要性**

ある製品が地球環境に与える影響を,その製品の全ライフサイクル,すなわち原材料の取得又は天然資源の産出段階から,使用後の処理(最終処分)までを含めて考慮することがなぜ必要なのか.この問いに正しく答えることができないまま,単に外部の利害関係者(取引先,行政機関あるいは環境 NPO など)から情報開示を求められるから対応するという姿勢では,本当に価値ある取組みは期待できない.

ライフサイクル思考の重要性を理解するためには,視点を"生産"から"消費"に移すことが必要になる.国連や EU の環境政策の中では,"持続可能な生産と消費"という大きな旗印が掲げられており,"消費"の視点からの環境政策がいろいろと検討され,試行されてきている.

2012 年 4 月,イギリス下院のエネルギー及び気候変動委員会から"消費ベースの排出量報告"と題した報告書が公表された.報告書によると,2008 年のイギリスの温室効果ガス排出量は 1990 年比で 19%削減されたが,イギリス

が消費した物品に伴う排出量は 20% 増加している．

　イギリスなどの先進国からは生産拠点が発展途上国に移転しているため，イギリス国内の生産活動に伴って排出される温室効果ガスは減っている．一方，イギリスで消費する物品の海外生産の増加に伴って，イギリス国外での温室効果ガス排出量は増加する．結局，環境負荷が真に低減されたのではなく，単に国境を越えて移転し，むしろ増加しているということである．これはイギリスに限らず先進国共通の現象で，今後とも，国連が国ごとの国内生産に対する排出量削減に焦点を当て続けることの適切性が問われつつある．

　このことを一企業に当てはめて考えると，"外部委託（アウトソース）"に対する管理責任が ISO 14001：2015 で強化された理由がわかるはずである．

　多量のエネルギーを使用するプロセスや，有害物質を排出するプロセスなどを外部に委託するだけで，その企業の内部だけを見た環境パフォーマンスは簡単に改善する．しかしそれは本当の改善ではなく，単に環境負荷を外部に出して見えなくしただけである．日本を含め，先進国の企業では環境負荷を隠す意図はなくとも，グローバル市場の中での最適地生産を追求する中で，環境負荷の移転が無意識に進んでしまう．

　このような認識に立って，国連や EU では"ライフサイクル思考"に基づく環境政策がより強力に推進されるようになっている．

(3) 　バリューチェーンの管理と影響の基本

　外部委託先を含むサプライヤーや販売ディーラーなど，組織のバリューチェーンはきわめて複雑で，多数の組織が関係している．大企業の場合には，組織にとって直接の取引先（一次サプライヤーなど，組織が物品・サービスを直接購入又は販売する相手方となる組織）だけでも数万社あるいはそれ以上の数になる場合があり，それらの全てに対して，一律に管理又は影響を及ぼすことは現実的ではない．直接の取引先を超える範囲のバリューチェーンの組織については，組織の特定すら困難な場合も多い．

　直接の取引先であれば，物品やサービス取引の一環として情報や金銭の授受が伴うことから，環境情報の授受についても比較的容易ではあるが，その先の

組織となると，直接の取引先の協力を得なければ何らかの依頼をすることすら難しくなる．こうした現実の中で，"ライフサイクル思考"を実践するためには，次のような事項を明確に自覚して取り組む必要がある．

- 目的
- 目的に照らした選別（スクリーニング）
- 重要性の判断（マテリアリティ，ホットスポット）
- 協同

以下，この 4 点について基本的な事項を説明する．

(a) 目的

例えば，バリューチェーン（スコープ 3）での温室効果ガスの排出量を算定するという活動は，手段であって，目的ではない．では何のためにそれを実施するのか，"目的"を明確にしないで着手すると，いたずらに経営資源（費用と時間）を浪費するだけで，それに見合う効果が得られない（又は不明）ということになってしまう．

例えば"カーボン・ディスクロージャ・プロジェクト（CDP）から質問状が届いたから，投資家の世界での企業評価を向上するため，少なくとも同業他社との比較で不利にならないために算定する"というのも目的としてはあり得る．

CDP の質問では，スコープ 1，2，3（3 はオプション）の排出量の開示だけではなく，気候変動問題をどのように捉え，関連する"リスク及び機会"をどのように認識し，それに対してどう取組みを計画・実施し，結果（パフォーマンス）はどうか，というような総合的な情報開示が求められている．このうち排出量の算定については，いかなる基準に準拠して算定したのか，信頼できる基準への準拠が求められる．

GHG プロトコルによるスコープ 3 の算定基準は，最も普及している基準であり，それに準拠すれば十分評価はされるが，そこで 15 のカテゴリーが提示されているからといって，全てのカテゴリーをカバーする必要があると考えるのは必ずしも正しくはない．

業種や業態，全体の排出に占めるカテゴリーごとの割合，組織のリスク認識，

管理又は影響を及ぼせる程度などによって，算定すべきカテゴリーを選別し，組織独自の気候変動への対応戦略と整合して情報開示するほうが，全てのカテゴリーをカバーした情報をストーリーなく開示するよりも高得点となる可能性が高い．"網羅性よりストーリー"（重要事項の説明責任）であり，日本企業の弱点は独自のストーリー性が弱いことにある．

（b） 目的に照らした選別（スクリーニング）

カーボンフットプリントを算定し表示する場合も，表示自体が目的なのではなく，利害関係者はカーボンフットプリントの数字が年を追うごとに小さくなっていくことを期待している．管理も影響を及ぼすこともできない数字を表示しても意味がない．

そもそも，バリューチェーンの環境データの取得には大きな困難が伴うことは既述したが，直接の取引先から入手するデータは正確で信頼できるとしても，その先のデータの取得が困難であれば，既存のLCAデータベースなどを利用して推計することが，GHGプロトコルをはじめ全てのガイドラインで認められている．

我が国ではLCA日本フォーラムが運営する"LCAデータベース"や，国立環境研究所による産業連関表ベースの"環境負荷原単位データベース"などがある．こうしたデータベースを利用すると，ある素材をどれだけ使用しているか（活動量）がわかれば，その素材1トン当たりのライフサイクルでの排出量データ（排出係数）を掛け算することで，バリューチェーンを通じた排出量の合計が容易に得られる．

このようにして得られるデータは，当然一般的な推定値にすぎず，当該企業が使用する特定のサプライヤー及びその先のバリューチェーンの真のデータとは一致しない．しかし，真のデータが得られない場合にデータベースによる推定値を利用することは，全てのガイドラインでも認知されている．

バリューチェーンの環境データには，このような"不確かさ"が伴うことが不可避であるため，"データ"の質のばらつきがあることを認識し，その算定上の仮定やデータの出所を明確にしておかなければならない．

GHGプロトコルのスコープ3の算定基準では（その他のガイドラインもほぼ同様），まずはデータベースなどを利用して全てのカテゴリーについて大まかな推計値を算出し，各カテゴリーの推計値が全体に占める割合をみて，全体の8割程度を占める重要なカテゴリーを抽出する"スクリーニング"の実施を推奨している．重要なカテゴリーが明らかになったら，それらについて更に精度を上げられるか否かを検討し，可能な範囲で詳細なデータ取得を実施する，という2段階のプロセスが提示されている．

膨大な数のバリューチェーンの関係組織に対応するには，"環境負荷の大きさ"や"リスク"，"管理又は影響"というような視点から，まず"スクリーニング"するという考え方をもつことが肝要である．

(c) 重要性の判断（マテリアリティ，ホットスポット）

重要性の判断ということは，既述の"スクリーニング"の基準を決めることにほかならない．そして"基準"を設定するうえで不可欠な事項が"目的"である．

企業情報開示の世界では，"マテリアリティ"という言葉がよく使われており，世界で最も普及しているといわれるGRI（グローバル・レポーティング・イニシアティブ）の持続可能性報告ガイドライン（第4版：G4）では，"マテリアリティ"を次のように説明している．

- 組織が経済，環境，社会に与える著しい影響を反映している，又は
- ステークホルダーの評価や意思決定に実質的な影響を与える

上記の二つの基準とともに，"マテリアリティは，ある側面が報告書に取りあげるのに十分な重要性をもつかどうかの閾値である"と解説されている．バリューチェーンやライフサイクルといった際限のない領域に関する情報では，網羅性よりもマテリアリティのほうが重要なのである．

ライフサイクルの視点から取り組むべき課題を抽出する企業の側にとっても，課題の重要性による選別と，優先順位付けが不可欠である．

莫大な利益を計上し豊富な資産を保有する超優良企業といえども，経営資源

には限りがある．限りある資源を使って取り組む以上，全ての課題に対応することはできないので，企業と環境双方の観点から課題ごとの重要性について優先順位を明確化し，優先順位の高いほうからできる範囲内で取組みを計画することは，環境経営だけでなく企業経営一般の常識であろう．

アメリカ企業などでは，優先的に取り組む必要がある課題を，よく"ホットスポット"と表現する．"ホットスポット"という言葉は，2011年の東京電力福島第一原子力発電所事故の後に我が国でもよく聞かれるようになった．気の遠くなるような巨大な課題に現実的に対応するためには，どこに"ホットスポット"があるのかをまず明確にしたうえで，必要性の高いところから順番に着手するしかないのである．

ライフサイクルでの取組みを計画するとき，"ホットスポット"という言葉を常に念頭に置いて考えるとよい．

(d) 協　同

JIS Q 14001:2015 では，企業の上流（外部委託を含むサプライチェーン）や下流（流通，販売，顧客，廃棄物処理など）に対しても"管理する又は影響を及ぼす"ことが規定されている．

しかし，バリューチェーンを構成する外部組織との実際の関係においては，"管理又は影響"という態度よりも"協同"という視点をもつことが重要ではないだろうか．JIS Z 26000（社会的責任に関する手引）でも，影響力の行使（7.3.3.2）において"組織はまず社会的責任に対する意識の向上を目的とした対話への関与，及び社会的に責任ある行動の奨励を検討すべきである"として，調達力などを背景とした一方的な対応の押し付けをしないように戒めている．

実際に，我が国の独占禁止法や下請法でも取引先に対する強権的な手法には様々な規制がかかっており，たとえ環境やCSRなどの高尚な目的のためであっても，注意しなければならない．

バリューチェーンのパートナーとして，協同して環境課題に取り組み，その成果も両者で享受できるようなWin-Winの関係及び取組みを計画することが期待されている．

（4） プロセスに関する文書化した情報

ISO 9001:2015 における"プロセス"に関する"文書化した情報"の基本的な要求事項は，細分箇条 4.4.2 で品質固有に次のように規定されている．

> **4.4.2** 組織は，必要な程度まで，次の事項を行わなければならない．
> **a)** プロセスの運用を支援するための文書化した情報を維持する．
> **b)** プロセスが計画どおりに実施されたと確信するための文書化した情報を保持する．

上記の文章で，a) の"維持する"の原文は"maintain"，b) の"保持する"は"retain"である．附属書 SL でも ISO 9001:2015 でも，"文書類"と"記録"を区別しないために"文書化した情報"という用語に統一したので，"文書化した情報"を求める要求事項を解釈するうえでも，"文書類"か"記録"かを明確に区分しないほうがよいと思われるが，a) は"プロセス"を規定する文書類，b) は"プロセス"の実施に関する"記録"を要求しており，"プロセス"が有効に実施されるためには，これらの両方が必要であることは明白である．

ISO 9001:2015 の細分箇条 8.1（運用の計画及び管理）における"文書化した情報"の要求事項は，次のように規定されている．

> **e)** 次の目的のために必要な程度の，文書化した情報の明確化，維持及び保持
> **1)** プロセスが計画どおりに実施されたという確信をもつ．
> **2)** 製品及びサービスの要求事項への適合を実証する．

1) は細分箇条 4.4.2 の b) と同様であり，2) は明らかに適合の実証に必要な"記録"を意味している．したがって，この部分の要求事項だけに絞っていえば，ISO 14001:2015 では"プロセス"に関する"文書類"，ISO 9001:2015 では"プロセス"に関する"記録"に重点がある．

こうした違いは，環境マネジメントシステムの運用管理と，品質マネジメントシステムの運用管理の従来の要求事項の性格の違いに起因していると思われる．品質マネジメントシステムの運用管理とは，"製品実現のプロセス"の管理であり，適合性評価のうえで最も重視される部分であることから，"実証"，すなわち"証拠"の保持がきわめて重要である．

従来の"文書類"と"記録"のどちらに重きがあるにせよ，附属書 SL でせっかく"文書類"と"記録"の区別をやめたのであるから，組織はあくまでもそれぞれのシステムの有効性のために必要な"文書化した情報"を主体的に決定すればよい．

8.2 緊急事態への準備及び対応

――― JIS Q 14001:2015 ―――

8.2 緊急事態への準備及び対応

組織は，**6.1.1** で特定した潜在的な緊急事態への準備及び対応のために必要なプロセスを確立し，実施し，維持しなければならない．

組織は，次の事項を行わなければならない．

a) 緊急事態からの有害な環境影響を防止又は緩和するための処置を計画することによって，対応を準備する．

b) 顕在した緊急事態に対応する．

c) 緊急事態及びその潜在的な環境影響の大きさに応じて，緊急事態による結果を防止又は緩和するための処置をとる．

d) 実行可能な場合には，計画した対応処置を定期的にテストする．

e) 定期的に，また特に緊急事態の発生後又はテストの後には，プロセス及び計画した対応処置をレビューし，改訂する．

f) 必要に応じて，緊急事態への準備及び対応についての関連する情報及び教育訓練を，組織の管理下で働く人々を含む関連する利害関係者に提供する．

組織は，プロセスが計画どおりに実施されるという確信をもつために必

要な程度の，文書化した情報を維持しなければならない．

【解　説】

　この細分箇条は全て環境固有の追加要求事項であるが，要求事項の基本的な部分は，JIS Q 14001：2004 の細分箇条 4.4.7（緊急事態への準備及び対応）を踏襲している．

　2004 年版では，潜在的な緊急事態の"特定"と"対応"のための手順が一括して求められていたが，2015 年版では，"決定"は，細分箇条 6.1.1（一般），6.1.2（著しい環境側面）の中で要求され，細分箇条 8.2 では，"対応"に限定して規定されている．なお，2004 年版での"特定"という言葉が，2015 年版では"決定"に変更されたことは，本書第 3 部 6.1.2 で述べたとおりである．

　また 2004 年版では，"緊急事態や事故"と記されていたが，"事故"という言葉が削除され，"緊急事態"に一本化された．"事故"が全て"緊急事態"になるわけではなく，"緊急事態"には"事故"に起因するものが当然含まれることから，"事故"が削除された．

　加えて，"緊急事態への準備及び対応"と題した細分箇条を有する労働安全衛生マネジメントシステムの規格である OHSAS 18001：2007 では，"事故"という言葉はなく，OHSAS 18001：2007 の後継規格として ISO で開発中の ISO 45001 においても同様であることから，JIS Q 14001：2015 でも"緊急事態"に一本化された．

　a）から c）までは，2004 年版では"緊急事態や事故に対応し，それらの有害な影響を予防（prevent）又は緩和（mitigate）すること"と一括して規定されていたものである．2004 年版の"予防する"という表現と，2015 年版の"防止する"は原文では共に"prevent"であり意味は変わっていない．

　d）及び e）の内容も，2004 年版で規定されていた内容である．f）は，緊急事態におけるコミュニケーションに関する規定で，2004 年版では附属書 A.4.7 に記されていた内容である．

　"緊急事態への準備及び対応"に関して，2004 年版では附属書 A で"手順"

の策定において考慮すべき事項がa)からm)までの13項目のリストとして掲載されていたが，2015年版の対応する附属書A.8.2では，緊急事態への準備及び対応のプロセスを計画するときの考慮事項が，a)からj)までの10項目に整理されて記載されている．

要求事項の最後に記されている，"組織は，プロセスが計画どおりに実施されるという確信をもつために必要な程度の，文書化した情報を維持しなければならない．"ということの意味は，細分箇条6.1.1及び8.1での"文書化した情報"に関する要求事項と同様であり，8.1で述べた解説を参照されたい．

【実施上の参考情報】
この細分箇条に対しては，実施上の参考情報はない．

9. パフォーマンス評価

9.1 監視，測定，分析及び評価
9.1.1 一般

---— JIS Q 14001:2015 —

9.1.1 一般

組織は，環境パフォーマンスを監視し，測定し，分析し，評価しなければならない．

組織は，次の事項を決定しなければならない．

a) 監視及び測定が必要な対象

b) 該当する場合には，必ず，妥当な結果を確実にするための，監視，測定，分析及び評価の方法

c) 組織が環境パフォーマンスを評価するための基準及び適切な指標

d) 監視及び測定の実施時期

e) 監視及び測定の結果の，分析及び評価の時期

組織は，必要に応じて，校正された又は検証された監視機器及び測定機

9. パフォーマンス評価

器が使用され，維持されていることを確実にしなければならない．

組織は，環境パフォーマンス及び環境マネジメントシステムの有効性を評価しなければならない．

組織は，コミュニケーションプロセスで特定したとおりに，かつ，順守義務による要求に従って，関連する環境パフォーマンス情報について，内部と外部の双方のコミュニケーションを行わなければならない．

組織は，監視，測定，分析及び評価の結果の証拠として，適切な文書化した情報を保持しなければならない．

【解　説】

細分箇条9.1のタイトルが附属書SLによって，"監視，測定，分析及び評価"とされたように，監視及び測定は，それ自体が目的ではなく，監視及び測定の結果を分析，評価してマネジメントシステム規格の有効性を含めた適切な運用管理がなされていることを確認し，問題があれば是正，改善につなげることが重要である．

附属書SLによる要求事項の前に，環境固有の要求事項として，"組織は，環境パフォーマンスを監視し，測定し，分析し，評価しなければならない"とする包括的な要求事項が追記された．附属書SLの要求事項では，"必要とされる監視及び測定の対象"の決定が求められているが，"必要がない"として監視，測定，分析及び評価が行われないというような適用を排除するために，包括的な要求事項を冒頭に配置した．

監視及び測定の対象に関して，2004年版の"著しい環境影響を与える可能性のある運用のかぎ（鍵）となる特性"というような限定は規定されていないが，全ての環境パフォーマンスの監視又は測定を求めているわけではない．監視又は測定の対象を選択するときの考慮事項について，附属書A.9.1（監視，測定，分析及び評価）の中で，次のように解説されている．

──────── JIS Q 14001:2015　附属書A（参考）────────

環境目標の進捗のほかに，監視し測定することが望ましいものを決定す

> るとき，組織は，著しい環境側面，順守義務及び運用管理を考慮に入れることが望ましい．

運用管理の考慮とは，細分箇条8.1（運用の計画及び管理）で求められる"運用基準"と，"(運用管理の) プロセスが計画どおりに実施されたという確信をもつために必要な程度の文書化した情報"に含まれる"環境パフォーマンス情報"が監視又は測定の対象となる．

附属書SLでは，監視及び測定の対象，方法及び時期を決定するだけでなく，分析と評価の方法及び実施時期も明確に決定することを求めている．JIS Q 14001：2015では，環境固有の要求事項として"組織が環境パフォーマンスを評価するための基準及び適切な指標"が追加され，評価するうえでの"基準"と"適切な指標"の決定が求められる．

細分箇条6.2.2で，環境目標の評価方法の決定に加え，測定可能な環境目標に対しては"指標"の設定が求められているが，ここでは環境目標だけではなく，運用管理の対象とするものなどのパフォーマンスについても，評価するための基準と指標が求められている．改訂審議の途上では，"鍵となるパフォーマンス指標（KPI：Key Performance Indicator)"と表現されていた時期もあり，全ての環境パフォーマンス情報の評価基準や指標を求めるものではない．ここでは，組織として重要な環境パフォーマンスに関して指標を決定し，改善若しくは悪化の度合いを評価するための基準，すなわち，指標の比較対象（基準年における指標の値など）を明確にすることを要求している．

"評価基準"の要求は，環境目標に対して設定された指標についても適用される．そもそも環境目標の場合には，指標をいつまでにどこまで改善するという基準が伴うはずである．

監視及び測定機器の校正又は検証の規定は，2004年版を踏襲している．

環境パフォーマンスに関するコミュニケーションの要求事項は，細分箇条7.4（コミュニケーション）で規定すべきとの意見もあったが，"環境パフォーマンスに関連する情報"は"監視，測定，分析及び評価"に関する要求事項に

9. パフォーマンス評価

よって作成されることから,ここで規定することになった.

環境パフォーマンスのコミュニケーションに関しても,全ての環境パフォーマンス情報の内部・外部コミュニケーションを求めているわけではなく,"コミュニケーションプロセスによって決定されたとおりに,かつ,順守義務による要求に従って"という細分箇条7.4.1の規定に従って実施すればよい.

この細分箇条での"文書化した情報"は,"証拠として…保持"と記されていることから,従来の用語でいう"記録"を要求するものである.

【実施上の参考情報】

JIS Q 14001:2015の箇条9のタイトルが"パフォーマンス評価"であり,細分箇条9.1のタイトルが"監視,測定,分析及び評価"であることからも自明なように,"環境パフォーマンス評価"が環境マネジメントシステムに組み込まれている.

これは,本書第1部の表1.2に示したEMS将来課題スタディグループ勧告の8で,"環境パフォーマンス評価(指標の使用など)を強化する"ことが明示されていることに応えるものである.スタディグループ勧告では,"ISO 14031,ISO 50001及びISO外のEMAS-Ⅲ,GRIなどでのパフォーマンスの取扱い方法を考慮する"と,具体的な検討対象まで提示されている.

ISO 14031(環境パフォーマンス評価―指針)は,ISO/TC 207/SC 4により1999年11月15日に初版が発行され(JIS Q 14031は2000年10月20日制定),2013年7月15日に改訂されている.ISO 14031:2013では,"環境パフォーマンス評価"を次のように定義している[*26].

3.10 環境パフォーマンス評価

組織の環境パフォーマンスに関して,経営判断をしやすくするプロセス.環境指標を設定すること,データを収集及び分析すること,環境パ

[*26] 執筆時点では,JIS改正がなされていないため,JIS Q 14031:2000をもとに筆者仮訳.

フォーマンスに関して情報を評価し，報告及びコミュニケーションをとること，並びにそのプロセスの定期的なレビュー及び改善をすること．

この定義に明記されているように，"指標"の設定は，環境パフォーマンス評価の基本である．

ISO 14031 では，図 3.9 に示すように環境パフォーマンス評価における各種指標の関係が提示されており，ISO 14031 の附属書 A にマネジメントパフォーマンス指標（MPI），操業パフォーマンス指標（OPI），環境状態指標（ECI）の実例が多数掲載されているので，組織が指標を検討する際に参考になるだろう．

また ISO/TC 207 では，温室効果ガスの排出量の算定（JIS Q 14064 シリーズ）や，ライフサイクル評価（JIS Q 14040，JIS Q 14044），環境効率（ISO 14045），マテリアルフローコスト会計（JIS Q 14051）など，様々な環境パフォーマンスを算定・評価する手法に関する環境マネジメントシステムの支援規格を多数開発しており，こうした規格も参照するとよいだろう．

環境パフォーマンス評価の定義を読めば，環境パフォーマンス評価と環境コミュニケーションが強く結び付いていることがわかる．このような背景から，

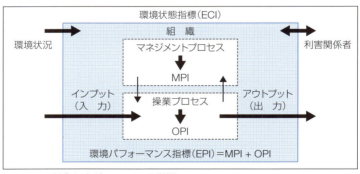

MPI：マネジメントパフォーマンス指標
OPI：操業パフォーマンス指標

図 3.9　環境パフォーマンス評価

細分箇条9.1（監視，測定，分析及び評価）の中で，環境パフォーマンスのコミュニケーションに関する要求事項が規定されている．

実際に，組織の環境パフォーマンスに関する情報開示の社会的要請はいっそう強くなってきており，環境（CSR含む）情報の開示のための各種ガイドラインなども，環境パフォーマンス指標を設定するうえで参考になる．

組織内の管理のためだけではなく，外部への情報開示も念頭においた適切な指標を初めから設定したほうが，組織にとっては取り組みやすいだろう．

9.1.2 順守評価

―― JIS Q 14001：2015 ――

9.1.2 順守評価

組織は，順守義務を満たしていることを評価するために必要なプロセスを確立し，実施し，維持しなければならない．

組織は，次の事項を行わなければならない．

a）順守を評価する頻度を決定する．
b）順守を評価し，必要な場合には，処置をとる．
c）順守状況に関する知識及び理解を維持する．

組織は，順守評価の結果の証拠として，文書化した情報を保持しなければならない．

【解　説】

この細分箇条は，全て環境固有の要求事項である．

2004年版では"手順"が要求されていたが，2015年版では"プロセス"の要求に変わっている．"手順"と"プロセス"の違いについては，細分箇条4.4及び8.1の解説の中で詳細に説明しているので参照されたい．順守評価のような重要な取組みは，"手順"を規定しただけでは有効性は担保されない．まさに"プロセス"として確立することが最も求められるところである．これについてはc)についての説明の中で詳しく述べる．

2004年版では"定期的"な評価が求められていたが，2015年版では"評価の頻度"は組織が決定する．

b) で規定された，"必要な場合"とは，順守義務を満たしていないことが検出された場合の是正処置を求めるものである．特に法令違反が検出されたときには，規制当局と協議して対応処置を決めることが附属書 A.9.1.2 で推奨されている．

c) は，順守評価に関する最も重要な新しい要求事項で，前述のスタディグループ勧告 11 に基づいて導入された．

"順守状況に関する知識及び理解を維持する"という要求は，順守評価を適切に実施することで実現されるべき状態を述べている．"維持する"という用語は"最新な情報"を要求する表現であるから，組織は常にこのような状態を保てるようにするプロセスを確立し，実施しなければならない．

最も重要なことは，"順守評価者"が，組織の順守義務とその組織への適用に関する具体的な内容について最新の知識をもっていることを確実にすることである．順守評価のできる十分な力量をもった人が評価しなければ，形だけの評価になってしまう．細分箇条 7.2（力量）の解説で述べたとおり，組織は順守評価者が必要な力量をもつことを確実にしなければならない．

順守評価をプロセスとして捉えれば，順守評価の結果として"順守状況に関する知識及び理解を維持する"という結果を達成するために必要な，方法や力量，判断基準，必要なその他の情報などを明確に規定することが可能となる．

細分箇条 6.1.3（順守義務）の【実施上の参考情報】で解説したように，順守義務を満たすことを確実にするための要求事項は，様々な細分箇条で規定されており（表 3.4 参照），これらの要求事項に対して個別に対処するのではなく，全体として理解し，プロセスとして確立する必要がある．細分箇条 9.1.2 で要求される順守評価だけを一つのプロセスとして実現することも可能ではあるが，細分箇条 6.1.3 や，その他の順守義務に関する要求事項を含めたプロセスとして実施してもよい．

9. パフォーマンス評価

【実施上の参考情報】

　順守義務の中でも法令順守は，環境マネジメントシステムとその認証に対する社会的信頼性を維持するうえで死活的ともいえるほど重要な事項である．EU では，ISO 14001:2004 の認証審査においても徹底的な確認を求めている．

　欧州の認定機関を統括する欧州認定機関協力機構（EA：European Accreditation）では，2007 年に"認定を受けた ISO 14001:2004 の認証の一部としての法的要求事項の順守（EA-7/04）"という文書を策定した[*27]．2010 年には，EU 域内の認証機関に対する強制文書（mandatory document）EA-7/04 M:2007 となったものである．

　この文書では，"順守評価"について次のように述べている（下線は筆者による）．

3.7.3

　認証機関は，組織が，必要な手順を確立していて，個々の適用可能な法的要求事項の順守評価を完全に済ませているか否かを判定することが望ましい．

　この審査の一つの鍵となる要素は，法的要求事項及びその適用に関する<u>順守評価を実施している個人の力量</u>であるとすることが望ましい．

3.7.4

　認証機関は，以下の活動を通じて，<u>評価内容の有効性を審査する</u>ことが望ましい．

1）　特定の法的要求事項の複数事例を取りあげ，それに対して組織が順守していると決定した案件をサンプリングする．
2）　他の審査活動（現地審査，運用管理の審査など）の中で，順守又は順守違反の証拠を探す．
3）　組織が行った順守評価が，決定された法的要求事項の全てを網羅して

---

*27　邦訳版は，公益財団法人日本適合性認定協会（JAB）のウェブサイトで公開されている（執筆時現在）．

いるかを点検する．
4) 評価の能力（関与している要員の力量，組織の活動と関係した評価の範囲など）を検証する．

この文書で提示された考え方が，スタディグループ勧告事項に反映され，ISO 14001:2015 における順守評価に関する要求事項につながった．

9.2 内部監査
9.2.1 一般

───── JIS Q 14001:2015 ─────

9.2.1 一般

組織は，環境マネジメントシステムが次の状況にあるか否かに関する情報を提供するために，あらかじめ定めた間隔で内部監査を実施しなければならない．
a) 次の事項に適合している．
　1) 環境マネジメントシステムに関して，組織自体が規定した要求事項
　2) この規格の要求事項
b) 有効に実施され，維持されている．

【解　説】

内部監査に関する要求事項（9.2）は，ほとんどが附属書 SL によるもので，環境固有の追加はごくわずかである．

2002 年には品質と環境の監査に関する要求事項を一本化した ISO 19011:2002（JIS Q 19011:2003）が策定され，2011 年には全てのマネジメントシステム規格の監査共通の指針として改訂されたこともあって，附属書 SL の規定には特に新たな概念は入っていない．しかし ISO 14001 においては，2004 年版の要求事項から大きく変化する内容が含まれていることに注意が必要である．

附属書 SL では，内部監査において環境マネジメントシステムが"有効に

(effectively)"実施され,維持されていることの確認が求められている.この部分は,2004年版では,"適切に(properly)"に実施され,維持されていると表現されていた.

これまでISO 14001では意図的に"有効に"という言葉の使用を避け,"適切に"を使用してきた.これはISO 14001の初版開発時,すなわち1990年代前半頃にアメリカを中心として,マネジメントシステムの有効性は経営者だけが判断できることで,第三者審査はもとより,内部監査でも"有効性"を確認するのは不適切だとの強い主張があったためである.経営者は有効でないシステムをそのままにしておくはずがない,というのが当時のアメリカの信念であった.

本業に対するマネジメントシステムであればアメリカの主張は今でも正しいと思われるが,2000年代に入ると認証取得だけを目的とし,成果(パフォーマンス)が上がらなくともよいとする組織が世界中にあることが明らかになったことから,審査制度を統括する国際認定フォーラム(IAF)を中心に"有効性審査"が必要であるとの声が上がるようになった.

附属書SLはこうした経緯を反映して起草されており,"有効性の継続的改善"が包括的に求められていることを認識しなければならない.

【実施上の参考情報】
この細分箇条に対しては,実施上の参考情報はない.

9.2.2 内部監査プログラム

― JIS Q 14001:2015 ―

9.2.2 内部監査プログラム

組織は,内部監査の頻度,方法,責任,計画要求事項及び報告を含む,内部監査プログラムを確立し,実施し,維持しなければならない.

内部監査プログラムを確立するとき,組織は,関連するプロセスの環境上の重要性,組織に影響を及ぼす変更及び前回までの監査の結果を考慮に

> 入れなければならない．
>
> 組織は，次の事項を行わなければならない．
> **a)** 各監査について，監査基準及び監査範囲を明確にする．
> **b)** 監査プロセスの客観性及び公平性を確保するために，監査員を選定し，監査を実施する．
> **c)** 監査の結果を関連する管理層に報告することを確実にする．
>
> 組織は，監査プログラムの実施及び監査結果の証拠として，文書化した情報を保持しなければならない．

【解　説】

内部監査プログラムを計画するときの考慮事項として，環境固有に，"組織に影響を及ぼす変更"が追記されている．これは細分箇条 8.1 の解説で述べた"変更のマネジメント（MoC）"の考え方を反映したものである．

ちなみに，JIS Q 9001:2015 でも，同じテキストが追記されている．

【実施上の参考情報】

この細分箇条に対しては，実施上の参考情報はない．

9.3　マネジメントレビュー

> ─ JIS Q 14001:2015 ─
>
> **9.3　マネジメントレビュー**
>
> 　トップマネジメントは，組織の環境マネジメントシステムが，引き続き，適切，妥当かつ有効であることを確実にするために，あらかじめ定めた間隔で，環境マネジメントシステムをレビューしなければならない．
>
> 　マネジメントレビューは，次の事項を考慮しなければならない．
> **a)** 前回までのマネジメントレビューの結果とった処置の状況
> **b)** 次の事項の変化
> 　**1)** 環境マネジメントシステムに関連する外部及び内部の課題

9. パフォーマンス評価

- **2)** 順守義務を含む，利害関係者のニーズ及び期待
- **3)** 著しい環境側面
- **4)** リスク及び機会
- **c)** 環境目標が達成された程度
- **d)** 次に示す傾向を含めた，組織の環境パフォーマンスに関する情報
  - **1)** 不適合及び是正処置
  - **2)** 監視及び測定の結果
  - **3)** 順守義務を満たすこと
  - **4)** 監査結果
- **e)** 資源の妥当性
- **f)** 苦情を含む，利害関係者からの関連するコミュニケーション
- **g)** 継続的改善の機会

マネジメントレビューからのアウトプットには，次の事項を含めなければならない．

— 環境マネジメントシステムが，引き続き，適切，妥当かつ有効であることに関する結論
— 継続的改善の機会に関する決定
— 資源を含む，環境マネジメントシステムの変更の必要性に関する決定
— 必要な場合には，環境目標が達成されていない場合の処置
— 必要な場合には，他の事業プロセスへの環境マネジメントシステムの統合を改善するための機会
— 組織の戦略的な方向性に関する示唆

組織は，マネジメントレビューの結果の証拠として，文書化した情報を保持しなければならない．

【解 説】

マネジメントレビューの要求事項は，品質マネジメントシステム規格や環境マネジメントシステム規格では，従来インプットとアウトプットが規定されて

いたが，附属書SLではインプットという表現がなくなり，具体的な課題を列挙してそれらを考慮しなければならないという表現に代わっている．インプットしても考慮しなければ意味がないからである．

マネジメントレビューでの考慮事項として環境固有に追加された項目は，いずれも附属書SLの一般的な要求事項を環境マネジメントシステムとして具体的に規定する趣旨で付加されたもので，特に説明は不要であろう．

マネジメントレビューで考慮すべき内容は，2004年版でインプットとして規定される8項目を全て包含しており，特に，組織の状況を含めて"変化"に関するレビュー事項が具体的に列挙されている．

アウトプットについては，附属書SLで規定される2項目に，環境固有の4項目が追加されている．このうち，"他の事業プロセスへの環境マネジメントシステムの統合を改善するための機会"という追記は，"事業プロセスへの統合"は，環境マネジメントシステムの成熟とともに進展するもので，初めから完全な形で統合が実現できるものではないという認識に基づいて記載されている．

また，組織の状況の変化に伴って"事業プロセス"自体が変わったり，環境マネジメントシステムで対処すべき新たな課題が出現することも多々あることである．こうした変化に対応するために"事業プロセスへの統合"についても継続的な見直しを進めてゆく必要がある．

それに続く，"組織の戦略的な方向性に関する示唆"とは，組織の状況の変化を環境の視点からレビューした結果，環境マネジメントシステムを超えて組織の事業戦略の見直しを必要とするような課題があれば，明確にするという趣旨である．こうした大きな課題への具体的な対応は，組織の役員会などで審議すべき事項であって，環境マネジメントシステムの範囲での対処を求めるものではない．細分箇条9.3での"文書化した情報"も保持するとされていることから，従来の"記録"に対応している．

マネジメントレビューの実施について，JIS Q 14001:2015の附属書A.9.3で次のような解説が掲載されている．

9. パフォーマンス評価

JIS Q 14001:2015　附属書A(参考)

マネジメントレビューは，高いレベルのものであることが望ましく，詳細な情報の徹底的なレビューである必要はない．マネジメントレビューの項目は，全てに同時に取り組む必要はない．レビューは，一定の期間にわたって行ってもよく，また，役員会，運営会議のような，定期的に開催される管理層の活動の一部に位置付けることもできる．したがって，レビューだけを個別の活動として分ける必要はない．

マネジメントレビューも細分箇条4.1，4.2及び6.1などと同様に，"高いレベル"，すなわち経営層の視点で行うもので，運用レベルの詳細にまで踏み込む必要はないという考え方が示されている．また，マネジメントレビューも組織の通常業務として実施される役員会などの中で実施することもできるとされ，いわばマネジメントレビュー自体を組織の事業プロセスの中に組み込むことが示唆されている．

【実施上の参考情報】

マネジメントレビューは，従来からトップマネジメントの重要な役割であったが，JIS Q 14001:2015では死活的ともいえるほど重要な責務となる．

2015年版のマネジメントレビューに関する要求事項では，"変化"に関するレビュー項目として，"環境マネジメントシステムに関連する外部及び内部の課題"，"順守義務を含む，利害関係者のニーズ及び期待"，"著しい環境側面"，"リスク及び機会"，の四つが列記されている．グローバル化の進展やITを中心とした技術の急速な変化，気候変動や資源問題を中心とした地球環境問題の深刻化など，組織をとりまく状況の変化はいっそう加速しており，変化への迅速かつ適切な対応が組織の命運を左右する．

マネジメントレビューにおいて，組織の外部・内部の状況の変化をいち早く適切に捉えて対応を決定するのは，トップの責任である．

これまで，マネジメントレビューは年1回としている組織が多いと思われ

るが，財務報告でも四半期ごとの情報の開示が求められる時代にあって，従来と同じ頻度のままで環境マネジメントシステムの有効性が十分に保たれるかどうか，組織は再考するとよい．組織の状況や順守義務の変化などは，経営全体のレビューの中に包含するなど，マネジメントレビューについても"事業プロセスへの統合"を考慮するとよい．

10. 改　　善

10.1　一般

> JIS Q 14001：2015
>
> **10.1　一般**
>
> 　組織は，環境マネジメントシステムの意図した成果を達成するために，改善のための機会（**9.1**，**9.2** 及び **9.3** 参照）を決定し，必要な取組みを実施しなければならない．

【解　説】

附属書 SL の箇条 10 は"不適合及び是正処置"から始まっているが，"改善"一般に関する包括的要求事項が必要であるとして，環境固有にこの細分箇条が導入された．JIS Q 9001：2015 でも同様の追加がなされており，箇条 10 の目次構成は両規格で整合したものとなっている．細分箇条 10.3 のタイトルは"継続的改善"であるが，細分箇条 10.1 では"改善"について述べている．

JIS Q 14001：2015 の附属書 A.10.1 では，"改善"の例として，是正処置，継続的改善，現状打破による変革（breakthrough），革新及び組織再編（re-organization）が挙げられている．

【実施上の参考情報】

この細分箇条に対しては，実施上の参考情報はない．

10.2 不適合及び是正処置

JIS Q 14001:2015

10.2 不適合及び是正処置

不適合が発生した場合,組織は,次の事項を行わなければならない.

a) その不適合に対処し,該当する場合には,必ず,次の事項を行う.
   1) その不適合を管理し,修正するための処置をとる.
   2) 有害な環境影響の緩和を含め,その不適合によって起こった結果に対処する.

b) その不適合が再発又は他のところで発生しないようにするため,次の事項によって,その不適合の原因を除去するための処置をとる必要性を評価する.
   1) その不適合をレビューする.
   2) その不適合の原因を明確にする.
   3) 類似の不適合の有無,又はそれが発生する可能性を明確にする.

c) 必要な処置を実施する.

d) とった是正処置の有効性をレビューする.

e) 必要な場合には,環境マネジメントシステムの変更を行う.

是正処置は,環境影響も含め,検出された不適合のもつ影響の著しさに応じたものでなければならない.

組織は,次に示す事項の証拠として,文書化した情報を保持しなければならない.

― 不適合の性質及びそれに対してとった処置

― 是正処置の結果

【解 説】

JIS Q 14001:2004 の細分箇条 4.5.3 のタイトルは,"不適合並びに是正処置及び予防処置"であったが,2015 年版の細分箇条 10.2 のタイトルからは"予防処置"が削除されている.これは,附属書 SL の規定どおりで,"予防処置"

が削除された理由は，本書第2部（附属書SLの解説）及び第3部の箇条6で説明したとおりである．

この細分箇条での附属書SLへの追記は少なく，a)の2)で"緩和"することを追加したのは，2004年版の要求事項を踏襲したものである．

そのほかにもささいな追記があるが，基本的に附属書SLの要求事項どおりと考えてよい．最後の"文書化した情報"の要求も"証拠として，文書化した情報を保持"と記されていることから，従来の"記録"を要求するものである．

【実施上の参考情報】

附属書SLによる是正処置に関する要求事項であるb)の3)に，"類似の不適合の有無，又はそれが発生する可能性を明確化する"ことが要求されている．

"類似の"という言葉の意味は特に解説されていないが，本来の予防処置は計画段階で組み込むものという附属書SLの考え方は正しくても，計画段階で全てが想定できるものではない．やはり実際の不適合に遭遇し，その原因究明を通じて，計画段階では想定できなかった新たな課題（ヒューマンエラーやシステムエラー）が認識されることが多い．そうした気付きをどこまで拡大するかは組織の自由であるが，"類似の"という意味をできるだけ広く考慮して，"予防処置"が全て計画段階（6.1）に移ったと考えるより，不適合やその是正処置の延長上にある狭い意味での"予防処置"に関する要求事項は残されていると考えるとよい．

"不適合とそれに対する是正処置"はマネジメントレビューの対象であるから，レビューを通じて予防すべき事項を洗い出すということもあるだろう．

10.3　継続的改善

―― JIS Q 14001:2015 ――

10.3　継続的改善

組織は，環境パフォーマンスを向上させるために，環境マネジメントシステムの適切性，妥当性及び有効性を継続的に改善しなければならない．

10. 改　　善

【解　説】

　ここでも，細分箇条 4.4 と同様に，"環境パフォーマンスの向上"を強調するフレーズが環境固有に追記されている．それ以外は，附属書 SL による規定どおりである．

【実施上の参考情報】

　"有効性"は"計画した活動を実行し，計画した結果を達成した程度"と定義され，また"パフォーマンス"は"測定可能な結果"と定義されている．

　したがって，"結果"を"パフォーマンス"という用語で置き換えると，"計画したパフォーマンスを向上した程度"という意味になる．それゆえ，"有効性の継続的改善"は"計画したパフォーマンスを向上した程度の継続的改善"となり，パフォーマンスを向上し続けることになる．すなわち，"環境マネジメントシステムの有効性の継続的改善"とは"環境マネジメントシステム"というシステムの継続的改善ではなく，システムの結果である環境パフォーマンスの継続的改善を意味することになる．

(1)　有効性の継続的改善ということ

　"環境パフォーマンスの向上"とともに，2015 年版では"環境マネジメントシステムの有効性の継続的改善"が要求事項となった．これは ISO 14001 にとって画期的な変化である．

　ISO 14001 の初版開発時，"環境マネジメントシステムの有効性の継続的改善"という表現を入れることを EU は主張したが，アメリカは絶対反対の姿勢を崩さなかった．アメリカはこの表現を使用すると"パフォーマンスの継続的改善"を求めることになり，それは環境負荷をゼロにすることと同じで，実現不可能であるとして強く反対した．

　しかし，今回の改訂審議では，アメリカをはじめいかなる国もこの表現に反対しなかった．環境問題の深刻化に歯止めがかからない状況の中で，システムをいくら改善しても結果（パフォーマンス）が改善しなければ意味がないことを全ての国が認識するようになったのである．

近年，認証審査の中でも"有効性審査"が強調されるようになっている．この背景には，2000年代前半頃から認証取得組織が環境法令違反で摘発されるといった事案が世界中で散見されるようになり，ISO規格への認証に対する社会的信頼が揺らぎ始めたことがある．

こうした状況を背景に，ISO/CASCO（適合性評価委員会）は，2006年9月に"マネジメントシステムの審査及び認証を行う機関に対する要求事項"の規格であるISO/IEC 17021:2006（JIS Q 17021:2007）を発行し，その序文でマネジメントシステム規格の認証の意味について次のような説明を記載した．

序　文（抜粋）

　マネジメントシステムの認証は，認証された組織のマネジメントシステムが次に示すとおりであることの，第三者による独立した実証を提供する．

a) 規定要求事項に適合している．
b) 明示した方針及び目標を一貫して達成できる．
c) 有効に実施されている．

つまり，認証とは，規格の要求事項への適合（例えば，手順がある）だけではなく，組織が表明した方針や目標を達成できるようなシステムになっており，計画したとおりの結果が得られていることを第三者が確認したということを意味すると明記したのである．

これを機に，我が国でも認証機関の認定を行う公益財団法人日本適合性認定協会（JAB）の認定基準はISO/IEC 17021と整合され，以降マネジメントシステムが計画したとおりの結果を出しているかどうかを確認する"有効性審査"が強調されるようになった．ちなみに，ISO/IEC 17021での"有効性"の定義は，附属書SLの定義と全く同じである．

(2) プロセスの有効性とは

　プロセスの概念を導入する目的は，組織により定められた目標の達成において，有効性及び効率を強化することにある．

"有効性"とは，附属書 SL で"計画した活動を実行し，計画した結果を達成した程度"と定義されており，"程度"という言葉で暗示されるように，有効か無効かの二分法ではなく"レベル"で表現すべき概念である．

プロセスやシステムの有効性の評価は，"成熟度評価"によって実施されることが多い．

"成熟度評価"という考え方は，アメリカのカーネギーメロン大学が開発した"能力成熟度モデル（CMM：Capability Maturity Model）"が起源とされている．ソフトウェアの開発・制作はハードウェアの開発・製造と比べて業務の進捗状況に関して目に見える部分が少ないため，品質・コスト・納期（QCD）といった基本的な管理の実行が，ハードウェアの場合よりも難しい．

1980 年代，ソフトウェアの規模が拡大するに伴って管理がますます難しくなり，大規模な防衛システムのソフトウェア開発を発注するアメリカ国防総省も QCD 管理の精度をいかに向上するかで頭を悩ませていた．このような背景から，アメリカ国防総省は 1986 年にカーネギーメロン大学のソフトウェア工学研究所（CMU/SEI）に，QCD 管理に優れたソフトウェア外注先の選定手法の開発を委託した．

CMU/SEI は，1989 年に"Managing the software process"と題した報告書を取りまとめ，QCD 管理レベルはソフトウェア開発プロセスの成熟度で評価できるとして，"能力成熟度モデル（CMM）"を提示した．能力成熟度モデルでは，5 段階の成熟度レベルを定義し，レベルごとに詳細な評価基準を定めている．能力成熟度モデルは，当初こそソフトウェア開発プロセスの能力成熟度評価のために開発されたツールであったが，その後は様々なプロセスの成熟度の一般的評価モデルとして活用されるようになった．

1991 年には能力成熟度モデルや欧州諸国などで開発された類似のモデルに基づく国際標準化活動がスタートし，1997 年から 1998 年にかけて，ISO/IEC TR 15504 という 9 部構成の技術報告書（TR：Technical Report）が発行された．その後 2003 年から 2006 年に，ISO/IEC 15504 シリーズ規格として 5 部構成に再編成されて国際規格となった．日本では，JIS X 0145 シリーズ（情

報技術—プロセスアセスメント）として発行されている．

JIS X 0145（ISO/IEC 15504）シリーズでは，**図 3.10** に示すように6段階の成熟度レベルとその評価基準が定められている．成熟度評価手法の解説は本書の目的を超えるので割愛するが，興味のある方は JIS X 0145 シリーズを参照されたい．

JIS X 0145 シリーズによるプロセスの成熟度評価も，ソフトウェア開発プロセスの評価を超えて広がっており，2008年度から導入された金融商品取引法の内部統制報告制度による内部統制の有効性評価でも，使用されている例がある．

ISO 9004:2009（組織の持続的成功のための運営管理—品質マネジメントアプローチ）の附属書A（自己評価ツール）に品質マネジメントシステムの成熟度評価手法が提示されている．一般規格である JIS Q 9004:2010 による成熟度評価モデルの概要を**図 3.11** に示す．ここでは5段階のモデルが使用されており，能力成熟度モデルに近い．

いずれのモデル（評価手法）によっても，プロセスが成熟するということは，プロセスのアウトプットについての予測の信頼性が向上する，すなわち，計画したとおりの成果が得られる可能性が高くなっていくことを意味している．

プロセスが成熟していくにつれて，次のような結果がもたらされる．

- 目標と実績のかい離が減少していく．
- 実績のばらつきが減少していく．
- プロセスのスループット（通過時間）が短縮していく．
- プロセスの可視性（見える化）が向上する．

プロセスの成熟は競争力の向上に直結しているため，近年，プロセス革新は経営者の大きな関心事となっており，2015年改訂でプロセスの概念に基づくマネジメントシステムが共通要求事項となったことは，時宜を得たものといえる．

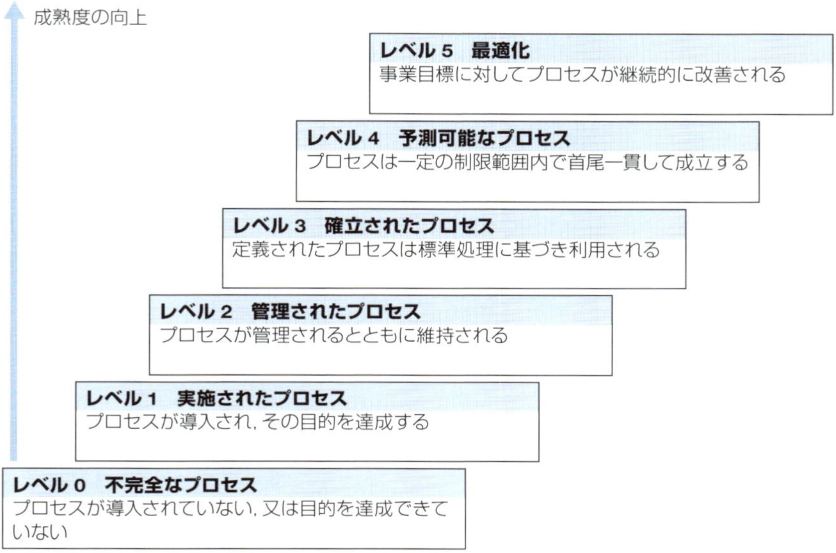

10. 改　　善

```
成熟度の向上 ↑

レベル 5　最適化
　事業目標に対してプロセスが継続的に改善される

レベル 4　予測可能なプロセス
　プロセスは一定の制限範囲内で首尾一貫して成立する

レベル 3　確立されたプロセス
　定義されたプロセスは標準処理に基づき利用される

レベル 2　管理されたプロセス
　プロセスが管理されるとともに維持される

レベル 1　実施されたプロセス
　プロセスが導入され，その目的を達成する

レベル 0　不完全なプロセス
　プロセスが導入されていない，又は目的を達成できていない
```

図 3.10　JIS X 0145 が規定するプロセスの成熟度レベル

主要要素	成熟度レベル				
	レベル1	レベル2	レベル3	レベル4	レベル5
プロセス	体系的でないアプローチ	基本的 QMS 整備　部門別アプローチ	効果的，効率的なプロセスアプローチを基礎とした QMS	効果的，効率的で，プロセス間でよい相互作用があり，迅速性及び改善を支持する QMS	革新及びベンチマーキングを支持し，利害関係者の期待とニーズに対応する QMS
結果の達成（パフォーマンス）	無作為	部分的目標達成	予見される結果	持続的で一貫した良好な，予想通りの達成	業界平均を超えて長期的に維持されている結果の達成

図 3.11　JIS Q 9004：2010 による QMS の成熟度評価の概要

附　属　書

附属書 A（参考）この規格の利用の手引

　附属書 A は，"参考"と表示されているように，あくまでも参考情報であって，要求事項ではない．附属書 A の冒頭，A.1（一般）には次のように記載されている．

　　"この附属書に記載する説明は，この規格に規定する要求事項の誤った解釈を防ぐことを意図している．この情報は，この規格の要求事項と対応し整合しているが，要求事項に対して追加，削除，又は何らの変更を行うことも意図していない．"

　附属書 A は，A.1 から A.10.3 までの細分箇条を含んでおり，このうち，A.4（組織の状況）以降 A.10.3（継続的改善）までは，要求事項の箇条 4 から細分箇条 10.3 までの番号にそのまま対応している．すなわち，要求事項の X.Y に対する説明情報が，附属書 A の A.X.Y に記載されている．

　本書では，これらの部分に記載された内容については，必要な範囲で要求事項の該当する部分の【解説】又は【実施上の参考情報】の中に織り込んで解説しているので，ここでは A.1 から A.3 までに記載されている内容に絞って解説する．なお，この部分に対する解説も，"序文"に対する解説と同様，記載されている内容の中で特に注目すべきポイントや，2004 年度との重要な違いなどについて指摘することにとどめる．

A.1（一般）

───── JIS Q 14001:2015　附属書 A(参考) ─────

A.1（一般）

　この附属書に記載する説明は，この規格に規定する要求事項の誤った解釈を防ぐことを意図している．この情報は，この規格の要求事項と対応し整合しているが，要求事項に対して追加，削除，又は何らの変更を行うことも意図していない．

この規格の要求事項は，システム又は包括的な観点から見る必要がある．利用者は，この規格の特定の文又は箇条を他の箇条と切り離して読まないほうがよい．箇条によっては，その箇条の要求事項と他の箇条の要求事項との間に相互関係があるものもある．例えば，組織は，環境方針におけるコミットメントと他の箇条で規定された要求事項との関係を理解する必要がある．

　変更のマネジメントは，組織が継続して環境マネジメントシステムの意図した成果を達成できることを確実にする，環境マネジメントシステムの維持の重要な部分である．変更のマネジメントは，次を含むこの規格の様々な要求事項において規定されている．

— 環境マネジメントシステムの維持（**4.4** 参照）
— 環境側面（**6.1.2** 参照）
— 内部コミュニケーション（**7.4.2** 参照）
— 運用管理（**8.1** 参照）
— 内部監査プログラム（**9.2.2** 参照）
— マネジメントレビュー（**9.3** 参照）

　変更のマネジメントの一環として，組織は，計画した変更及び計画していない変更について，それらの変更による意図しない結果が環境マネジメントシステムの意図した成果に好ましくない影響を与えないことを確実にするために，取り組むことが望ましい．変更の例には，次の事項が含まれる．

— 製品，プロセス，運用，設備又は施設への，計画した変更
— スタッフの変更，又は請負者を含む外部提供者の変更
— 環境側面，環境影響及び関連する技術に関する新しい情報
— 順守義務の変化

【解　説】
ここで最も重要な情報は，第2段落に記載されている．この規格の読み方

である．要求事項の間にはつながりがあり，全体的な視点から見ることの重要性が指摘されている．

第3段落で記載されている内容は，本書第3部8.1（運用の計画及び管理）の解説で述べた"変更のマネジメント（MoC）"に関する考え方の説明である．

A.2（構造及び用語の明確化）

――― JIS Q 14001：2015　附属書A（参考）―――

A.2（構造及び用語の明確化）

　この規格の箇条の構造及び一部の用語は，他のマネジメントシステム規格との一致性を向上させるために，旧規格から変更している．しかし，この規格では，組織の環境マネジメントシステムの文書にこの規格の箇条の構造又は用語を適用することは要求していない．組織が用いる用語をこの規格で用いている用語に置き換えることも要求していない．組織は，"文書化した情報"ではなく，"記録"，"文書類"又は"プロトコル"を用いるなど，それぞれの事業に適した用語を用いることを選択できる．

【解　説】

第2段落で述べられている，組織の環境マネジメントシステムは，規格の箇条構成や用語にしばられないということが重要である．これについては既に，本書第3部7.5.1（一般）の解説で説明したとおりである．

A.3（概念の明確化）

――― JIS Q 14001：2015　附属書A（参考）―――

A.3（概念の明確化）

　箇条3に規定した用語及び定義のほかに，誤った解釈を防ぐために，幾つかの概念の説明を次に示す．

　― この規格では，英語の"any"という言葉を用いる場合には，選定又は選択を意味している．

注記　JIS では，英語の"any"は，"どのような"又は"様々な"と訳しているほか，訳出していない場合もある．

— "適切な"，"必要に応じて"など（appropriate）と，"適用される"，"適用できる"，"該当する場合には，必ず"など（applicable）との間には，互換性はない．前者は，適している（suitable）という意味をもち，一定の自由度がある．後者は，関連する，又は適用することが可能である，という意味をもち，可能な場合には行う必要がある，という意味を含んでいる．
— "考慮する"（consider）という言葉は，その事項について考える必要があるが除外することができる，という意味をもつ．他方，"考慮に入れる"（take into account）は，その事項について考える必要があり，かつ，除外できない，という意味をもつ．
— "継続的"（continual）とは，一定の期間にわたって続くことを意味しているが，途中に中断が入る［中断なく続くことを意味する"連続的"（continuous）とは異なる．］．したがって，改善について言及する場合には，"継続的"という言葉を用いるのが適切である．
— この規格では，"影響"（effect）という言葉は，組織に対する変化の結果を表すために用いている．"環境影響"（environmental impact）という表現は，特に，環境に対する変化の結果を意味している．
— "確実にする"及び"確保する"（ensure）という言葉は，責任を委譲することができるが，説明責任については委譲できないことを意味する．
— この規格では，"利害関係者"（interested party）という用語を用いている．"ステークホルダー"（stakeholder）という用語は，同じ概念を表す同義語である．

　この規格では，幾つかの新しい用語を用いている．この規格の新規の利用者及び旧規格の利用者の双方の助けとなるよう，これらの用語についての簡単な説明を次に示す．

— "順守義務"という表現は，旧規格で用いていた"法的要求事項及び組織が同意するその他の要求事項"という表現に置き換わるものである．この新しい表現の意味は，旧規格から変更していない．
— "文書化した情報"は，旧規格で用いていた"文書類","文書"及び"記録"という名詞に置き換わるものである．一般用語としての"文書化した情報"の意図と区別するため，この規格では，記録を意味する場合には"…の証拠として，文書化した情報を保持する"という表現を用い，記録以外の文書類を意味する場合には"文書化した情報を維持する"という表現を用いている．"…の証拠として"という表現は，法的な証拠となる要求事項を満たすことの要求ではなく，保持する必要がある客観的証拠を示すことだけを意図している．
— "外部提供者"という表現は，製品又はサービスを提供する外部供給者の組織（請負者を含む．）を意味する．
— "特定する"（identify）から，"決定する"など（determine）に変更した意図は，標準化されたマネジメントシステムの用語と一致させるためである．"決定する"など（determine）という言葉は，知識をもたらす発見のプロセスを意味している．その意味は，旧規格から変更していない．
— "意図した成果"（intended outcome）という表現は，組織が環境マネジメントシステムの実施によって達成しようとするものである．最低限の意図した成果には，環境パフォーマンスの向上，順守義務を満たすこと，及び環境目標の達成が含まれる．組織は，それぞれの環境マネジメントシステムについて，追加の意図した成果を設定することができる．例えば，環境保護へのコミットメントと整合して，組織は，持続可能な開発に取り組むための意図した成果を確立してもよい．
— "組織の管理下で働く人（又は人々）"という表現は，組織で働く人々，及び組織が責任をもつ，組織のために働く人々（例えば，請負者）を含む．この表現は，旧規格で用いていた"組織で働く又は組織のため

> に働く人"という表現に置き換わるものである．この新しい表現の意味は，旧規格から変更していない．
> ― 旧規格で用いていた"目標"(target) の概念は，"環境目標"（environmental objective）の用語の中に包含されている．

【解　説】

"用語（term）"とは，"ある固有の対象分野における，一般的概念の言語的名称"[*28] であり，"定義（definition）"とは，"用語ではなく，概念を定義するもの"[*29] である．

ここでは，JIS Q 14001：2015 の箇条3（用語及び定義）で規定された用語及び定義に加えて，この国際規格で用いられる言葉や表現の概念について，追加の説明が提供されている．これらの言葉や表現の用法や意味については，本書では，これらが用いられている要求事項の解説部分で説明している．

附属書B（参考）JIS Q 14001：2015 と JIS Q 14001：2004 との対応

本書の表1.5に示すものと同様の，JIS Q 14001：2015 と JIS Q 14001：2004 の目次構成の対比表が掲載されている．

[*28] 出典：ISO 1087-1：2000（E/F）の 3.4.3
[*29] 出典：ISO 1078-1：2000（E/F）の 3.3.1

索　引

数　字

2004年版からの重要な変更点　64

A - Z

action　75
as applicable　108
as appropriate　108
awareness　73
can　72
CD　31
CD 1　32
CD 2　34
CEN　52
CENELEC　52
change　75
CMM　307
communicate　75
consider　74, 241
determine　108
DIS　16, 35
effect　171, 213
EMAS　18
EMAS-Ⅲ　48
emissions　75
EMS　15
　――の将来課題スタディグループ
　20, 44
environmental condition　74
environmental objective　74
FDIS　40
GHG　18

GHGプロトコル　193
GRI　48
HLS　82
identify　108
impact　171, 213
ISO　16
ISO 9001　20
ISO 9004　308
ISO 14001　15
ISO 14001：2015とISO 14001：2004の対比　43
ISO 14001継続的改善調査　57
ISO 14004　22
ISO 14031　291
ISO 14064-1　192
ISO 26000　46
ISO/IEC 15504シリーズ　307
ISO/IEC 専門業務用指針　79
ISO/TC 207/SC 1 対応国内委員会　37
ISO/TMB　81
ISO ドラフトガイド 83　87
issues　108
JIS　72
JIS Q 14001　72
JIS原案　72
JTCG　81
management　74
Management of Change　273
may　72
MSS　19
NWIP　21
PC　81
PDCA　151, 182

SC　16
shall　72
should　72
substitution principle　92
sustainable development　148
take into account　74, 241
TC　16
TF　82
TMB　21
TR　307
WBCSD　193
WD　26
WD 1　26
WD 2　29
WD 3　30
WRI　193

あ

アウトソース　278

い

著しい環境側面　217
著しさの基準　226

お

欧州認定機関協力機構　295
汚染の予防　166
温室効果ガス　18

か

改善　142, 302
外部委託先に対する管理　278
外部委託する　103, 278
外部及び内部の課題　184
外部コミュニケーション　259
環境　161
　──影響　164, 223
　──課題　69
　──管理システム小委員会　37, 72
　──状態　74, 164
　──側面　162, 221
　──側面の例　222
　──パフォーマンス　69, 181, 289
　──パフォーマンス評価　291
　──報告ガイドライン　192
　──方針　159, 210
　──マネジメントシステム　15, 158
　──目標　74, 165, 240
監査　105, 175
監視　104
管理責任者　212

き

教育訓練　249
共通テキスト　82
緊急事態　215, 286

け

計画　120
継続的改善　107, 144, 177, 304
経団連環境アピール　17

こ

国際標準化機構　16
コミュニケーション　70, 128, 251
　──に関する要求事項　253

し

支援　126
事業プロセス　203
　──の基本（3階層）モデル　204
　──への統合　203
資源　126, 246
持続可能性報告ガイドライン　48, 192

持続可能な開発　16, 148
指標　178
事務局　22
主査　22
順守義務　33, 70, 168, 229
　　——に関する要求事項　236
　　——の例　231
　　——をめぐる動向　191
順守評価　293

す

スクリーニング　282
スコープ3　193
ステークホルダー　94
　　——エンゲージメント　54

せ

成熟度評価　307
是正処置　107, 177
説明責任　201

そ

測定　104
組織　93, 159
　　——の状況　109, 181, 188

た

タートル図　196
代替の原則　92

て

定義　315
改訂プロセスの運営原則　25
適合　106
適用範囲の決定　189
手順　67

と

統制リスク　219
トップマネジメント　97, 160

な

内部監査　138, 175, 296
　　——プログラム　297
内部コミュニケーション　258

に

認識　249
認証制度　18
認証の移行　75

の

能力成熟度モデル　307

は

パフォーマンス　103, 244
　　——評価　137, 288
バリューチェーンの管理　280

ふ

附属書SL　79
　　——の適用ルール　88
不適合　106
プロセス　67, 102, 174, 195, 271
　　——アプローチ　67, 196
　　——マッピング　196
文書化した情報　71, 101, 129, 172, 261
文書化した情報の要求事項　263

へ

変更のマネジメント　136, 273

ほ

方針　98
ホットスポット　283

ま

マテリアリティ　283
マネジメントシステム　96, 158
マネジメントレビュー　141, 298
マンデート　21

も

目的　98, 125, 165
目標　98, 165, 245

ゆ

有効性　97
優先順位　272

よ

要求事項　95, 167
用語　315
用語の定義と分類　157
予防処置　122

ら

ライフサイクル　173
　——思考　70
　——の視点　70, 222, 275
　——の視点の重要性　279

り

リーダーシップ　116, 200
利害関係者　94, 160, 256
　——のニーズ及び期待　186

力量　101, 247
リスク　35, 100, 121
　——及び機会　38, 66, 122, 170
　——及び機会の決定　214
　——及び機会への取組み　212

著者略歴

吉田　敬史（よしだ　たかし）

- 1972年　東京大学工学部電気工学科卒業
  三菱電機株式会社入社
- 1974年～75年　米国ウエスティングハウス社留学
- 1975年　三菱電機株式会社制御製作所にて，電力系統保護システムの設計開発業務に従事
- 1991年　三菱電機株式会社環境保護推進部
- 2004年　三菱電機株式会社環境推進本部本部長
- 2006年　三菱電機株式会社退職，合同会社グリーンフューチャーズ設立
- 現　在　合同会社グリーンフューチャーズ　代表
  ISO/TC 207/SC 1 日本代表委員（エキスパート）
  環境管理システム小委員会（ISO/TC 207/SC 1 対応国内委員会）委員長
  品質マネジメントシステム規格国内委員会（ISO/TC 176 対応国内委員会）委員
  ISO/TMB/TAG 対応国内委員会 委員
  温室効果ガスマネジメント及び関連活動対応国内委員会（ISO/TC 207/SC 7 対応国内委員会）委員
- 平成 11 年度工業標準化事業功労者　通商産業大臣賞　受賞

〈主な著書〉

効果の上がる　ISO 14001:2015　実践のポイント，日本規格協会，2015
ISO 14001:2015（JIS Q 14001:2015）　新旧規格の対照と解説（共著），日本規格協会，2015

奥野　麻衣子（おくの　まいこ）

- 2000年　一橋大学大学院社会学研究科修了
- 現　在　三菱 UFJ リサーチ＆コンサルティング株式会社　副主任研究員
  環境・サステナビリティに関する企業コンサルティングや欧州環境政策調査，ISO マネジメントシステム実態調査等に従事．
  ISO/TC 207/SC 1 日本代表委員（エキスパート）
  環境管理システム小委員会（ISO/TC 207/SC 1 対応国内委員会）委員
  ISO/TMB/TAG 13-JTCG 対応日本代表委員（エキスパート）
  ISO/TMB/TAG 対応国内委員会 委員
  日本工業標準調査会（JISC）臨時委員
- 平成 25 年度　日本規格協会標準化貢献賞　受賞

〈主な著書〉

ISO 共通テキスト《附属書 SL》解説と活用―ISO マネジメントシステム構築組織のパフォーマンス向上（共著），日本規格協会，2015
ISO 14001:2015（JIS Q 14001:2015）　新旧規格の対照と解説（共著），日本規格協会，2015

ISO 14001：2015（JIS Q 14001：2015）
要求事項の解説

2015 年 11 月 20 日　　第 1 版第 1 刷発行
2024 年　5 月 24 日　　　　　　　第 9 刷発行

著　　者	吉田　敬史・奥野麻衣子
発 行 者	朝日　　弘
発 行 所	一般財団法人 日本規格協会

　　　　　〒 108-0073　東京都港区三田3丁目11-28　三田Avanti
　　　　　　　　https://www.jsa.or.jp/
　　　　　　　　振替　00160-2-195146

製　　　作　日本規格協会ソリューションズ株式会社
印 刷 所　株式会社ディグ
製 作 協 力　株式会社大知

Ⓒ T. Yoshida, M. Okuno, 2015　　　　　　　Printed in Japan
ISBN978-4-542-40265-2

● 当会発行図書，海外規格のお求めは，下記をご利用ください．
　JSA Webdesk（オンライン注文）：https://webdesk.jsa.or.jp/
　　電話：050-1742-6256　E-mail：csd@jsa.or.jp

図書のご案内

対訳 ISO 14001:2015
（JIS Q 14001:2015）
環境マネジメントの国際規格
［ポケット版］

日本規格協会　編
新書判・264 ページ
定価 4,510 円（本体 4,100 円＋税 10％）

リスク及び機会 実践ガイド

ISO 14001 を中心に

吉田　敬史　著
A5 判・188 ページ
定価 2,750 円（本体 2,500 円＋税 10％）

効果の上がる ISO 14001:2015 実践のポイント

吉田　敬史　著
A5 判・206 ページ
定価 2,970 円（本体 2,700 円＋税 10％）

日本規格協会　　　　https://webdesk.jsa.or.jp/

┌──── 図 書 の ご 案 内 ────┐

SDGsを
ISO 14001/9001 で実践する
ケーススタディと事例に学ぶ SDGs と ISO

黒柳要次　著
A5判・156 ページ
定価 2,420 円（本体 2,200 円＋税 10%）

ISO 14001/9001
規格要求事項と
審査の落とし穴からの脱出
思い込みと誤解はどこから生まれたか

国府保周　著
A5判・246 ページ
定価 2,750 円（本体 2,500 円＋税 10%）

2015 年版対応
ISO 9001/14001
内部監査のチェックポイント 222
有効で本質的なマネジメントシステムへの改善

国府保周　著
A5判・348 ページ
定価 4,400 円（本体 4,000 円＋税 10%）

ISO 9001:2015/ISO 14001:2015
統合マネジメントシステム
構築ガイド

飛永　隆　著
A5判・168 ページ
定価 2,420 円（本体 2,200 円＋税 10%）

日本規格協会　　https://webdesk.jsa.or.jp/